寂静的春天

〔美〕蕾切尔·卡森 著

熊姣 译

Rachel Carson
SILENT SPRING
Copyright © London: Hamish Hamilton, 1962
本书根据伦敦哈米什·汉密尔顿出版社 1962 年版译出

天地之大德曰生（代译序）

世人受制于惯性，对于累积的变化，哪怕是对自己有伤害的持续性变化，并不敏感。温水（毒水）煮青蛙，青蛙起初并不知觉，等到发现事情不对头，游戏已快结束。在现代社会中，即使意识到了风险、危害，当事者也往往劝说自己忍受、顺从，甚至同流合污、助纣为虐。关于污染、战争，更不用说每日的工作，人们都习以为常，对于其中体系化的浮士德式交易——以长远悲剧的代价换取眼前利益——听之任之。借助于地质学语言，我们正在经历的时代被正式称为"人类世"，大意是说人这个物种对大自然的影响非常大。

这个时代也是"杀生"的时代，人类内部虽然纷争不断但总体上看大屠杀现象比以前在减少，可是人的过分举止给人以外的生命世界造成了巨大伤害，且有增无减。古人讲"天地之大德曰生"，于是反过来讲，人这个物种很不地道，很不道德。最终，由于人类的贪婪，周围自然世界的破坏也将反作用于人类自身，即人在加速毁灭自己。

不过，谁是人类？谁代表人类？人类是个大杂烩。人类中有不同的人，身份、地位不同，想着不同的事，做着不同的事。

卡森是我们时代的先知、少有的杰出思想家。思想家颇讨嫌，因为惊了世人的梦，坏了大家的好事。卡森并不像现在一部分人想象的那样始终受欢迎，实际上，她与许多思想家一样，遭人嫉恨。特别是因为她动了人家的奶酪，反对滥用杀虫剂，让许多化工厂的老板甚至科学家不高兴。

2019年暑期在黑龙江大庆，当译者熊姣邀请我为卡森的经典著作新译本写篇序言时，我满口答应了。可是，事后一想，我能写出什么新东西，增加什么信息量？我想说的许多话，卡森在《寂静的春天》中提前近六十年说清楚了。这部经典的具体内容无须我再来介绍和分析；就写导言或者序言而论，我还能比得过沙克尔顿（Edward Shackleton）、赫胥黎（Julian Huxley）、戈尔（Al Gore）、梁从诫？他们都大力推荐过卡森的这部书，在不同年代为它写过序言。

关于卡森的生平，较好的中文资料可以参见台湾出版的卡森辞世50周年纪念文集《瑞秋·卡森：以笔开创环保新天地的斗士》（金恒镳、苏正隆主编，台北：书林出版有限公司2015年版）及朱瑞旻的文章"卡森的博物人生"（见刘华杰主编，《西方博物学文化》第18章，北京大学出版社2019年版，第390—410页），有兴趣的读者可以自己去查。在此我想就卡森的身份说几点。

第一，卡森是当代杰出思想家、哲学家，对可持续生存有深入的研究、体会。在女性当中，她在思想史上的地位估计与提出"内共生理论"的马古利斯（Lynn Margulis）相当。治哲学者，可分三类：治生者，治死者，和不占少数的治混者。生者，维生、护生、永恒；死者，终结、杀生、流逝；混者，混混，苟且活着，随波逐流。前两者一正一反，互相交织、帮衬，难解难分，都算正经为学。后者则常趋炎附势，浪费自家青春，误导黎民百姓。卡森属于前者，发现问题但不悲观。她赞美自然造化,为万千生灵呐喊,一生致力于生态系统的健康、可持续生存。

《寂静的春天》呼唤的是一个有声的、充满生机的世界。卡森已经成为一个世界级的大人物,并且主要因为眼前的这部书。但是当今主流世界并不认为她就是了不起的思想家,即使承认她思想超前,算个思想家,也算不上哲学家。因为从常识来看,哲学作品并不是这样写作的,哲学家看重理性、思辨,而不是感性、情感、数据。不过,在此,我想坚持一个判断:她是哲学家。哲学的一个重要功能是批判、反省主流话语,她做到了。哲学家关注本性、正义,她做到了,她的作品生动地、令人信服地展示了何谓自然、本性,我们应当如何与周围的世界相处。谁规定哲学作品只能以当代学院派哲学工作者认可的八股文呈现?老子、庄子、柏拉图、卢梭、歌德不是也用非标准方式做哲学吗?

几天前,恰好读到康慨的文章"六十岁法国哲学家攻击十六岁瑞典气候少女"(《中华读书报》,2019年8月7日,第4版),说的是法国著名哲学家翁弗雷(Michel Onfray)以傲慢姿态无理地抨击瑞典女孩通贝里(Greta Thunberg)的事件。查了一下7月27日《瑞典日报》(Sweden Daily),他是这样嘲讽的:"This girl has a cyborg face that ignores emotion — no smile, no laugh, no astonishment, no amazement, no pain, no joy."(这女孩长着一幅无表情的机器人面孔,既不微笑也不大笑,既不惊讶也不诧异,既不痛苦也不欢乐。)这实际上是很不合适的,有事说事,别拿人家的脸蛋开涮。翁弗雷是大红大紫的哲学家(还算有趣,比一般的哲学家要好许多),著作等身,如《哲学家的肚子》《宇宙》《论无神论》《享乐的艺术:

论享乐唯物主义》《享乐主义宣言》。通贝里是小小的气候活动家（climate activist），也算环保分子吧，坦率讲我也不喜欢她。她从儿童的视角讨论了气候变化，她的作品《没有一个人因为太小而不能带来变化》刚刚上市。但是，从前者不择手段地攻击后者（比如挖苦人家的长相、表情，说人家没大没小）、蔑视普通人参与生态保护等极端言论看，他离爱智慧的哲学反而越来越远，而小姑娘多少显得稚嫩的言行（有时装着老成），反而充满了反思，预示着民众的觉醒。她不是更像一位哲人吗？通贝里和卡森一样也是女性。由今日通贝里受攻击，也可以猜想卡森享受的"待遇"，当年一些人攻击卡森"不科学""歇斯底里""维护自然平衡的疯子""极端主义者""无儿无女的老处女"。当然，普罗大众还是喜欢卡森及其作品的，好比今日的民众也喜欢通贝里一般。翁弗雷缺乏的不是智力、文笔，也不是环保观念，他甚至直言"人类失去了美感体验""我们的文明在崩溃"；他缺乏的是宽容和进一步的反思能力。他允许自己整日在媒体上批判、"向左"，甚至胡扯，却看不得一个小姑娘稍微风光一下。其实，这还是表象，翁弗雷偶然的发飙，却可能暗示他先前理性地表述的大道理并不可信。翁弗雷在《弗洛伊德的谎言：偶像的黄昏》中质疑精神分析。可是，老叟怒怼少女，用套路化的精神分析倒是讲得通：在孤儿院生活四年的他恰在潜意识里想释放压力，弥补自己童年受压抑、不受待见之缺憾。

第二，卡森是一名优秀的博物学家（naturalist）。这个好论证，她的作品、她的行为都反复证明她是西方博物学文化的传人，她所做的与怀特（Gilbert White）、缪尔（John Muir）、利奥波德（Aldo Leopold）属于一个路子。卡森的作品《海风之下》（*Under the Sea*

Wind)的副标题就是 A Naturalist's Picture of Ocean Life，即"一位博物学家对海洋生命的描写"。卡森"像鲭鱼那样思考"与利奥波德的"像山那样思考"有类似之处。鲭鱼和大山处于大自然的存在链条、生态之网中，从它们的视角考虑问题就要有相当的超越性，超出人类或其子系统自己的小天地小算盘，同时权衡各个时空尺度，并且要始终考虑到万物的流变。

思想从哪里来？毛泽东讲的三大实践还是说得通的。当然，现实中也经常走捷径，从书本从教师从媒体那里获取知识、思想。但是要超越平庸与狭隘、避免过分的线性外推导致荒谬，还得借助三大实践本身。哲学思想的创新也不例外。哲学工作者不关注现实、死读书、穷辩论，只能进入解释学死循环。粉饰太平、事后诸葛、自娱自乐还可以，成为时代精神、引领未来，恐怕不着边际。对照来看，卡森的思想与其博物学、自然科学、自然写作实践密切相关。没有这些"低级的"情感培育、数据收集、知性积累，不会有超前的眼光和远大智慧。当然，这些条件并不充分，只是有利于。

第三，卡森接受过严格的写作训练和自然科学训练，她也熟悉政府-科学家-企业-公众四者之间的协同与博弈。

如果说前两条主要体现境界和胸怀，则此条涉及技巧和艺术。她在学校里主修了英语写作、普通生物学、海洋生物学和生态学，她自己通过实践参与了生态学、环境保护的变革，而且是保护生物学的奠基人之一。卡森的优美写作不是一天两天练成的，她不但写过《寂静的春天》，还写过多部关于海洋生物和海洋生态系统的畅销作品。在此，也要提及她起草过大量与生态保护相关的政府公文和宣传手册。她的主要作品现在均已有中译本，但是她在政府部门工作时编写的职务性小册子也值得直接译出。

现在已经是21世纪，很遗憾，中国的发展并没有很好地汲取美国等西方国家的教训。如今，我们要建设生态文明，现实却是，光鲜的表面背后是农药和化肥的过量使用，严重破坏了生态、污染了水体，置子孙后代的生存于不利地位。不久前我来到福建一个山区，专家告诉我，仅仅因为栽种柚子这一种水果，一个流域就被快速污染了，山坡下的水体中农药与化肥含量严重超标。可怕的是，发现问题后仍然没有好的解决办法。能让果农停下来吗？当首都北京的人们每天吃着新鲜蔬菜和水果时，可知道它们来自哪里？为了生产它们，大地、天空、河流忍耐了多久？我摘录一点公开发表的数据，以说明形势之严峻。

2018年中国各类农药数量占比大致是：除草剂37.2%，杀虫剂31.3%，杀菌剂26.5%，剩下的是植物生长调节剂、杀鼠剂及其他种类。目前我国有效登记农药产品数达4万多种，数量还在快速增加，平均每年增加6.9%。我国每年农药用量180万吨（是世界平均使用量的2.5倍），有效利用率不足30%，多种农药造成了土壤污染、害虫免疫力增强、生态破坏。中国每年有9.7万吨抗生素用于畜牧养殖业，占年总产量的46.1%。养殖业滥用抗生素是世界现象，但在我国更为严重。我国粮食产量占世界的16%，化肥用量却占31%，每公顷用量是世界平均用量的4倍，且用量还在增加。过量施用化肥导致土壤板结、盐碱化、地下水污染、农产品品质下降、土地长远效益低下、危害消费者健康。比如，我国农业生产中土壤的贡献率大约在50%—60%，比40年前下降10%，比西方国家至少要低10—20个百分点。我国土壤污染严重，中度和重度污染土壤约占 2.6%，轻微污染约占 11%，耕地中度和重度污染占 2.9%，而且污染速度在加快。中国农科院在北方 5 个省 20 个县集约化蔬菜种植区的调查显示，在 800 多个调查点中，50% 的地下水硝酸盐含量因过量用氮而超标。

谁来唤醒国民、管理者、企业？

卡森不仅仅属于美国，她属于全世界；也不仅仅属于人类，她是生态共同体的好公民。在中国，迄今还没有出现卡森级别的人物，但是受她影响，已有许多学者、普通公众，正在用他们的文字和行动参与到维系生态家园的伟大事业中。

"我们听任化学的死亡之雨洒落，就好像别无选择。而事实上还有很多选择。只要给我们机会，我们的聪明才智很快就会发现更多的替代方案。"要像卡森、通贝里那样行动起来。这样，人类，作为成员，在所居住的星球上，才有可能生生不息。

刘华杰

北京大学教授，博物学文化倡导者

2019 年 8 月 12 日于西三旗

致史怀哲

他曾说:
"人类已经丧失了预见和运筹的能力。
他将以毁灭地球而告终。"

目　录

致谢 ··· 1

作者按 ·· 4

导言 ·· 沙克尔顿　5

序 ·· 朱利安·赫胥黎　13

第一章　写给明天的寓言 ·· 16

第二章　承受的义务 ·· 19

第三章　死亡灵丹 ·· 28

第四章　地表水体和地下洋流 ····································· 51

第五章　土壤王国 ·· 63

第六章　地球的绿衣 ·· 72

第七章　无谓的浩劫 ·· 93

第八章　没有鸟鸣 ·· 108

第九章　死亡之河 ·· 134

第十章　从天肆意洒落 ··· 156

第十一章　超乎波吉亚家族的想象 ································ 173

第十二章　人类的代价 ··· 184

第十三章　透过一扇狭小的窗 ···································· 195

第十四章　四分之一 ··· 211

第十五章　大自然的反击 ······················· 234
第十六章　雪崩来临前的轰鸣声 ················ 250
第十七章　另一条道路 ························· 263

主要参考文献 ······································ 283
索引 ··· 345

致　　谢

1958年1月，奥尔加·欧文斯·赫金斯（Olga Owens Huckins）在信中向我讲述了她个人的惨痛经历：她身边的一个小世界变得了无生机。这使我猛然回想到此前早就在关注的问题。我意识到我必须写这本书。

之后的岁月中，我得到许多人的帮助与鼓励，由于人数众多，在此无法逐一提到。这些人来自国内外多个政府机构、大学和研究所，从事着不同的行业，他们慷慨无私地同我分享多年的经验和研究所得，在此衷心感谢他们抽出时间不吝赐教。

此外，特别感谢花时间阅读了部分手稿，并基于专业知识提出批评建议的人。这些专家有美国梅奥诊所的巴塞洛缪医生（L. G. Bartholomew, M. D.），得克萨斯大学的约翰·比塞尔（John J. Biesele），西安大略大学的布朗（A. W. A. Brown），康州西港市的莫顿·S. 比斯金医生（Morton S. Biskind, M. D.），荷兰植物保护署的布列吉（C. J. Briejèr），威德野生生物基金会[①]的克拉伦斯·科特姆（Clarence Cottam），克利夫兰临床医院的小乔治·克莱尔医

[①] 威德野生生物基金会，全称为罗布与贝西·威德野生生物基金会（Rob and Bessie Welder Wildlife Foundation），由罗布·威德创办。（本书脚注均为译者所加。）

生（George Crile, Jr., M. D.），康州诺福克郡的弗兰克·艾格勒（Frank Egler），梅奥诊所的马尔科姆·哈格雷夫斯医生（Malcolm M. Hargraves, M. D.），美国国家癌症研究所的威廉·休珀博士（W. C. Hueper, M. D.），加拿大渔业研究委员会的克斯韦尔（C. J. Kerswill），美国荒野保护协会的奥劳斯·缪里（Olaus Murie），加拿大农业部的皮克特（A. D. Pickett），伊利诺伊州自然调查署的托马斯·斯科特（Thomas G. Scott），塔夫脱卫生工程中心的克拉伦斯·塔兹韦尔（Clarence Tarzwell），以及密歇根州立大学的乔治·华莱士（George J. Wallace）。如果没有他们鼎力相助，我不可能完成此书。不过，最终成文中不准确和错谬之处，一概由我本人负责。

但凡以大量事实为依据的著作，都得益于训练有素的图书馆员的帮助。我要感谢很多图书馆员，尤其是美国内政部图书馆的艾达·约翰斯顿（Ida K. Johnston）和美国国立卫生研究所图书馆的希尔玛·鲁宾逊（Thelma Robinson）。

多年来，本书的编辑保罗·布鲁克斯（Paul Brooks）一直鼓励我，而且总是爽快地改变出版计划，迁就我的一再拖延。此外，他出色的编辑工作，也令我感激不尽。

在繁重的图书检索中，多萝西·阿尔吉利（Dorothy Algire）、珍妮·戴维斯（Jeanne Davis）和贝蒂·达夫（Bette Haney Duff）热心给予了专业上的帮助。另外，在一些艰难的处境下，如果没有我忠实的管家艾达·斯普罗（Ida Sprow）的帮助，我也不可能完成这些工作。

最后必须指出，我们应当深切地感激一群人，他们虽然有很多与我素昧平生，然而正是因为他们，这本书才有可能派上些许用场。正是他们最先站出来，反对轻率、不负责任地用毒药污染人类与众多生灵所共有的世界；甚至到今天，他们也仍在不断抗争，而那些无以计数的小战役最终将带来胜利，促使我们用常识和理智去面对周围的世界。

蕾切尔·卡森

作者按

我本来不想在文中添加过多的脚注,但是我意识到,很多读者可能希望进一步了解我们谈到的一些问题。因此我汇总了一份主要参考文献,分各章节标注对应的页码,附在本书的最后。

蕾切尔·卡森

导　言

在这部卓著而富有争议的作品中，蕾切尔·卡森小姐以生物学家的知识背景和作家的写作技巧，深度揭示了人类技术发展中重要的，甚至是险恶的一面。本书讲述的是美洲乡村使用有毒化学物质，以及野生动物普遍遭受毁灭（因杀虫剂、杀菌剂和除草剂所致）的故事。但是《寂静的春天》并不仅是关于有毒物质，还探讨了生态学，或者说是动植物与环境的关系，以及它们相互之间的关系。生态学家日益意识到，从这点上来说，人只是一种动物。诚然，人是最重要的动物，然而无论他的居所多么不同于天然环境，他也不能心安理得地允许生物界的自然环境遭到毁灭（他是在不久前才从生物界中脱颖而出的）。因此，从根本上说，卡森小姐的论证非常周密，而且很有说服力。她让人们学会理解这样一个事实：我们是栖居在地球上的整个生物界的一部分，我们必须了解生物的生存环境，并用我们的行动保证这些环境不受侵扰。

英国目前的问题不像美洲那样严重，但是也出现了一些阴暗面。例如，已经有多份报告称狐狸患上一种怪病。1959年11月，在北安普顿郡昂德尔附近，首次出现大量的"狐狸死亡"记录。很快英国各地都有报告传来，预计已经发现了1300只死掉的狐狸。人们对原因提出了大量假说。有人说死因在于一种病毒性疾病。

症状很明显：狐狸表现出眩晕和部分失明的状况，对噪音极度敏感，干渴欲死，随后死亡。据英国大自然保护协会报告，一个奇怪的症状是，患病的狐狸似乎丧失了对人类的恐惧感，它们甚至出现在海思罗普猎场主人的院子里——之前它们根本不可能去这些地方。在当时，还无法用检测来寻找答案。但是基于近期出现的更多研究方法，如今人们普遍认为，"狐狸死亡"是因氯化烃等有毒物质所致，而这类物质在乡村正被肆意使用。

然而，揭开真相的是大量鸟类的死亡。生物学家很多年前就发出了危险警告，20世纪60年代英国国会和其他机构也已经有人明确要求限制甚至禁止使用狄氏剂、艾氏剂和七氯等化学物质。控制使用显然远远不够，官方组织呼吁人们更多地关注这些问题。结果在1961年春天，人们发现成千上万鸟类横尸乡野或是在痛苦中挣扎着死去。仅仅从一个住宅区的情况，就可以看出这场灾难的严重性。据报告，1960年春天林肯郡图比市的鸟类损失惨重。1961年统计的死鸟数量超过了6000只。在诺福克郡桑德林汉姆的皇家庄园中发现的死鸟名录中包括雉鸡（pheasants）、红腿石鸡（red-legged partridges）、山鹑（partridges）、斑尾林鸽（woodpigeons）、欧鸽（stock doves）、欧金翅雀（greenfinches）、苍头燕雀（chaffinches）、黑鹂（blackbirds）、欧歌鸫（song thrushes）、云雀（skylarks）、水鸡（moorhens）、燕雀（bramblings）、树麻雀（tree sparrows）、家麻雀（house sparrows）、噪鸦（jays）、黄鹀（yellowhammers）、林岩鹨（hedge sparrows）、小嘴乌鸦（carrion crows）、冠小嘴乌鸦（hooded crows）、红额金翅雀（goldfinches）和雀鹰（sparrow hawks）。在11个半小时的特别调查中，共收集到超过142具鸟尸，后来的几个星期里又收集到数百具。其中有一些鸟类，比如燕雀，虽然有专门的法律保护，在有毒化学物质不加分辨的屠戮下，也沦为了牺牲品。

继这场灾难之后，压力进一步加大。这件事情在英国国会引起激烈的辩论。英国农业、渔业和食品部召开会议，大自然保护协会也在皇家鸟类保护协会和英国鸟类学基金会等博物学家学会的支持下出面干预，最终制定了一项自愿协约，呼吁避免使用某些种子包衣剂。包衣剂的使用限于预计有严重的麦种蝇危害的情况，而且只能用于秋季播种。然而证据表明，喷雾剂仍大行其道。尽管自愿禁令明显减少了因有毒的种子包衣剂而死亡的鸟类数量，1961—1962年的播种条件格外有利，想必也有助于减少鸟类伤亡数量，但是在很多不同的地方，还是有大量鸟类死亡的报告。图比市再次出现惨重的鸟类伤亡，尤其是雉鸡，就连幸存下来的鸟儿繁殖率也受到严重影响。那年年初就开始出现弃巢，在抽样调查的740枚雉鸡卵中，孵化数量远低于正常水平，而且很多雏鸟非常弱小，很快就夭亡了。随着分析手段的改进，人们发现很多经证实无法孵化的卵中，都含有汞和六氯苯（B. H. C., benzene hexachloride），而这两种都是普遍使用的农业化学物质。

游隼的故事尤其重要，它很典型地反映了英国乡村的变化——我们的乡村正在接受有毒化学物质的锻造。游隼等猛禽在乡村生态中起到重要的作用。如果观察一下1962年游隼的分布地图，你会看到英格兰南部的游隼基本上已经消失了。在英格兰北部，游隼数量还较为可观，但是即便有一些亲鸟产卵，一半以上也都不产卵了。苏格兰南部的情况与之类似。只有在高地地区和岛屿上，还有相对正常的繁殖季。从珀斯附近一个废弃的巢穴中取来的卵，经分析表明，同样含有毒药成分。

猫头鹰等其他猛禽也有死亡的情况。一个引人注意的例子是，1962年7月9日，有人在肯辛顿发现一只死去的灰林鸮（tawny owl）。皇家鸟类保护协会的化学家分析发现，这只鸟体内含有汞、六氯苯、七氯和狄氏剂。这只灰林鸮很可能是吃了伦敦居民花园里的啮齿动物或昆虫而摄入毒素。1962年夏天，伦敦市中心也有人发现一只死去的欧歌鸫，其体内有类似成分。市面上出售的氯化烃类园艺用品虽然打着"安全无害"的商标，但也是令人担忧的新的污染源。尤其是当你意识到，其中某些药品与在田野中引起浩然大劫的那些药品含有类似的化学成分。就连我们的花园，很可能也正在变成对野生动物来说极其危险的地方。

英国不像美国，这里没有宏大的政府机构在整个州郡范围内喷药来防治火蚁、云杉蚜虫或者舞毒蛾，在此过程中不仅严重侵害野生动物，甚而杀死家养动物。20世纪50年代我们也险些酿成大祸。当时商业利益团体试图说服英国公路管理部门改变方针，广泛喷施除草剂来清除路边绿化带和矮树篱。这种做法造成的可怕后果，卡森在讲述美国的经历时说得很清楚了；但是英国的大自然保护协会在一群愤怒的博物学家的支持下，坚决叫停喷施计划，只允许进行试验性防治。科学试验和成本分析都表明，夸大杂草的危害性和毫无根据地要求大规模使用化学物质将是经不住检验的。因此，英国的徒步旅行者和纳税人可以免遭卡森在《寂静的春天》中所记述的那种骇人听闻的事情，尽管如今在严格限制的前提下，英国也允许在主干道上喷药。

关于人类的方面可能是这本书中最险恶的部分，在此我必须把完整的故事留给卡森小姐本人去讲述。事实就是如此，化学残留物出现在我们的食品中。官方告诉我们，这没什么危险，但是切斯特·贝蒂研究所（Chester Beatty Institute）的博伊兰教授（Professor Boyland）也告诉我们，致癌物质是没有安全剂量可言的，如果真的有，我们也不知道究竟是多少。我们都在食用这些化学物质，或多或少，但是可以肯定，这些物质都会储存在我们的肝脏和脂肪中。无论你是否认可卡森小姐这部资料翔实的著作中所包含的证据，事实都无法改变，那就是在我们能证实一件事物安全之前，我们都应当认定，必须避免一切接触的可能。没有人会建议在田野里喷施放射性物质，然而我们却不假思索地使用致癌化学物质，同样是切斯特·贝蒂研究所的亚历山大博士已经指出了这类物质在特定方面的影响。这绝非小事，因为我们的食物中已经添加了很多化学物质，还有自然界中有些污染物，都可能对人类造成威胁。

说英国官方机构完全不关心，可能不太公正。最近已经成立了一些像英国工业生物研究协会这样的组织，也正在积极关注这个问题。高效的政府和科学委员会以及农业、渔业和食品部，不管在公众看来多么乏善可陈，如今也采取了有效的控制措施来预防农业工人中毒，在这个领域也做了很多超出其官方职务范围的其他工作。化工厂同样是如此。

我们需要看到问题的两面，记住诸如爱尔兰土豆饥荒这样的灾难，而另一方面，在使用特定毒药时，我们常对危险缺乏紧迫感，尤其是对那些潜藏的危险。农业机构十分相信使用这些物质能增加产量，带来更大的收益，以致当他们从功利的角度来权衡问题的各方面时，他们觉得很难看清更普遍、更长远的结果。看起来，无论我们喜欢与否，我们都将继续吞食这些化学物质，而实际后果很可能要等到二三十年后才能看到。

现在也还没有做足够的研究。桑德斯委员会的报告明确揭示了这一点。莫非这对人类的好处就如此之大，以致我们需要继续去冒这种被很多专家（当然不是全部专家）声称可以忽略不计的危险？如果是这样，那我们要忽略野生动物的伤亡和毁灭吗？这又是一种危险，也是生态学家尤其关注的。几年前，西非种植的可可受到一种疾病的严重入侵。人们发现，这种疾病是由存在于蚧壳虫体内的一种病毒引起的。而这种蚧壳虫受到蚂蚁的保护。于是人们对蚂蚁发起反击，可可发病率是降低了；但是大自然的平衡也被扰乱了，随后竟然爆发了不下四种新的疾病！另一种氯化烃类物质——DDT（滴滴涕）——已经被证实并不总是那么有效了。现在已经有不下 26 种疟蚊对 DDT 具有抗药性，事实将证明，那些化学武器将会折损在我们手上。

生态科学告诉我们，我们需要理解我们所生活的自然环境中一切生物的内在关系。很幸运，英国有一个官方的机构——大自然保护协会，这个机构的存在就是为了研究自然环境，从研究和实验中学习如何管理并保护大自然，实现人与自然的和谐共处。然而，很多人只把大自然保护协会视为一个单纯关心保护鸟类、蝴蝶和野生花卉的组织。公众亟须了解，像大自然保护协会这样的组织，有严重得多也危险得多的问题要去解决。《寂静的春天》将是促使非科学家去关注这些问题的重要手段。

土壤并不是惰性的；土壤中充满微小的动植物，我们依赖它们。然而我们在土壤上遍地喷施毒药。捕食者的死亡，对于处于最顶端的捕食者——人类——来说，或许是一种警告。最近在世界野生生物基金会于伦敦举办的宴会上，荷兰的伯恩哈德王子（Prince Bernhard）说道：

"我们梦想着征服太空。我们已经准备好征服月球。但是如果我们打算像对待我们自己的星球一样对待别的星球，我们最好是彻底不要去打扰月球、火星和木星！

"我们在毒害城市上空的空气；我们在毒害河流和海洋；我们在毒害土壤本身。有些行为可能是无法避免的。但是如果我们不尽一切可能携手同心去阻止对地球母亲的侵犯，终有一天——这一天或许会来得很早——我们会发现自己生活的世界成为一片充满塑料、混凝土和电子机器人的荒漠。在那样一个世界上，'自然'将不复存在；在那样一个世界上，人类和少数家养动物将是唯一的生物。

"然而，人类无法在不与自然界接触的情况下生活。这对人类的幸福至关紧要。"

我希望那些觉得这本书中某些内容不合他们的口味，或是认为可以推翻其中某些论证的人从全局来看问题。我们是在与危险的事物打交道，等到有确凿的证据来证明危险，可能为时太晚。沙利度胺事件、抽烟引起肺癌，诸如此类的众多悲剧，都是由于无法预见风险并迅速采取行动造成的。一位著名的英国生态学家对我说，他认为《寂静的春天》有些内容现在看来言过其实，但在十年——或者要不了那么长时间——之后，人们可能会发现这些说法还太保守了。

在理想状况下,我们应该寻求更合理的解决方案——研发抗病品种的作物,这项工作将会发展缓慢;最重要的是通过生态管理来促进大自然的平衡,这将也符合人类的需求。目前大学里几乎没有这些领域的教育。这对科学家来说不是件容易的事,因此对人类来说也是如此,但又是我们必须面对的。这意味着我们需要将更多的资金投入基础研究,而可能要减缓直接面向市场开发新产品。乡村野生动植物的悲剧涉及伦理价值和审美价值,对人类的生存也会产生影响。正如爱丁堡公爵(Duke of Edinburgh)在世界野生生物基金会举办的宴会上所说:

"矿工们用金丝雀来为致命的毒气发布预警。如果我们能从乡间死去的鸟类身上得到同样的预警,也不失为一个好主意。"

沙克尔顿

伦敦,英国上议院

湖中的芦苇已经枯萎，没有鸟儿歌唱。

——济慈

我对人类这个族群很悲观，因为他太聪明，一心想着自己的利益。我们对待大自然的态度就是要把它打败。如果我们能适应这个星球，用欣赏而不是怀疑和自大的眼光看待它，我们的生存状态可能会更好。

——E.B. 怀特

序

虽然有沙克尔顿阁下那篇精彩的导言在前，我没有什么可以多说，但我还是很高兴能和他一起将蕾切尔·卡森这部重要的著作推荐给英国公众。

我只想提几点。害虫防控当然是必要的、可取的，但这是个生态问题，不能完全交给化学家。目前大规模的化学治理运动，不单是受到盈利动机的驱使，也是我们浮夸的技术手段和定量方法的一种表现。与之相反，生态方法旨在实现一种动态平衡，在一些相互竞争的因素乃至表面看来相互冲突的利益之间达成一种协调的整体模式。

于人类有利的生态学，绝不能仅是定量的或算式的：它需要处理全局，而且必须从数量和质量两方面来考虑。现在和未来、眼前的局部利益和未来的整个人类利益之间，存在着一种冲突。因此，生态学的目的，必须不仅是最佳地利用资源，也要最好地保持资源。不仅如此，这些资源既包括给人带来享受的资源，比如风景和孤独、美和兴趣，也包括食物或矿物等物质资源；我们必须与粮食生产的利益相抗衡，平衡其他利益，比如人类健康、流域保护和游憩。

在英国，大规模使用化学杀虫剂引起的最明显后果是，我们眼看着许多蝴蝶消失了（过去引来大群优红蛱蝶和孔雀蛱蝶的醉鱼草属植物上，如今只偶尔栖息着荨麻蛱蝶①或菜粉蝶；白垩质的高地上几乎看不到一只灰蝶②）。布谷鸟变得格外稀少，因为它们的主要食物——毛虫——被杀死了。鸣禽也受到了影响，一方面由于供它们食用的昆虫和蠕虫减少，另一方面也是由于食物中留存的毒素。乡间树篱和道路边缘以及草地上失去了可爱的常见野花。事实上，正如我的兄弟阿道斯·赫胥黎在读了蕾切尔·卡森这本书之后所说，我们英国诗歌中提到的自然事物中有一半正在离我们而去。

人们的热情在于灭除害虫，而不是控制害虫，这方面的例子蕾切尔·卡森给出了许多。这正是量化思想的另一种表现形式。灭除害虫的想法，本质上是非生态的。要灭除一种为数众多的昆虫，几乎可以肯定是不可能的；而在此过程中，却很容易灭除数量不多也并未构成危害的其他昆虫。

并不是说没有可行的控制方法。卡森小姐给出了美洲很多成

---

① 荨麻蛱蝶，又名小樱蝶。
② 灰蝶，又叫蓝蝶。

功的例子。最有意思的生物防虫方法之一，是投放经过放射处理的雄虫：这些雄虫是不具有生殖力的，如果大量投放，就会显著减少害虫的繁殖率。

不要以为我在主张摒弃化学防治。化学家给了我们防治各种危害人类生活的害虫的方法，我们应该深深地感激他们。我们只需想想抗生素在传染病防治上的作用，或是滴滴涕在控制疟疾上的作用（尽管在这些方面也突然出现了一些最初无法预料的令人尴尬的后果，具体表现形式为细菌和蚊子中出现抗药品系）。我所反对——在此，我相信我代表的是广大的生态学家、博物学家和环境保护主义者群体——而且强烈谴责的，是将大规模化学治理法作为主要的害虫防治手段来倡导和施行。化学防治虽然可能非常有用，但反过来也需要加以控制，只有在没有其他方法可用的情况下才允许使用，而且应当有严格的规范，并顾及总体的生态规划。

在导言的最后一段，沙克尔顿阁下将这场浩劫称为野生生物的悲剧。无疑是这样；但还不止是这样。这是一场生态悲剧。这幕剧在人类逐渐破坏和摧毁自己的栖息地的进程中举足轻重。而在进程失控之前，我们必须制约那些害虫防治者。

朱利安·赫胥黎

第一章 写给明天的寓言

在美国的中心地带,曾经有一个小镇。在那里,一切生灵似乎都与周围世界和谐共处。这个小镇坐落在星罗棋布的繁茂农场中间,周围有庄稼地和连绵起伏的果园。春天,碧绿的田野上空漂浮着一片白色的花海。秋天,橡树、枫树和白桦树的色彩混杂在一起,如同火焰一般,从大片松林形成的屏障中闪现出来。狐狸在山丘上嗥叫,小鹿静悄悄地穿过田野,在秋日晨曦的薄雾中若隐若现。

一年中大部分时间,道路两旁的月桂树、荚蒾、桤木,还有巨大的蕨类植物和各色野花令旅行者赏心悦目。即便在冬季,路边也是美不胜收。无数鸟儿在那里啄食浆果和从雪地里冒出头来的干草上支棱着的种子。事实上,这个乡村以数目繁多的各类鸟儿闻名,每到春秋季,迁徙的鸟儿如潮水一般涌过。这时候,总有人大老远赶来观看。还有人过来钓鱼。冷冽的清泉从山上潺潺而下,深潭中时有鳟鱼出没。自从多年前第一批居民在这里营房挖井、建筑谷仓,情形就是这样。

后来,一种怪病潜入这一地区,一切随之改变。某种厄咒凌驾于这个村子之上:神秘的瘟疫使鸡群大批死亡;牛羊死的死,病的病。到处笼罩着一片死亡的阴影。农民们家常议论的话题大多是疾病。新的疾病日益涌现,令镇上的医生越来越摸不着头脑。已经出现好几起莫名其妙的突发性死亡。死者不仅有成人,甚至还有孩子。那些孩子可能会在玩耍的时候突然发病,不出几小时就一命呜呼。

村子里安静得出奇。比如说,鸟儿们都到哪儿去了?很多人都在询问,疑惑而又心神不宁。后院里喂鸟的处所荒芜了。四处难得见到的几只鸟,也都是奄奄一息;颤抖得厉害,飞不起来。这是一个无声无息的春天。从前清晨回荡着知更鸟①、园丁鸟②、鸽子、松鸦、鹪鹩以及许多其他鸟类的拂晓大合唱,如今却是鸦雀无声。田野、树林和沼泽地里,只剩下一片寂静。

农场里,母鸡在窝里抱蛋,却孵不出小鸡。农民们抱怨养不了猪——母猪生养太少,生下来的小猪也活不过几天。苹果树正开花,花丛中却没有蜜蜂飞舞;没法授粉,也就不可能结果。道路两侧从前风景迷人,如今却是焦黄的衰草夹道,就像被大火肆虐过一样。这些地方同样一片寂静,了无生息。就连溪流也失去了生机。再没有垂钓者光顾,因为所有的鱼都死了。

屋檐下和屋瓦之间的沟槽里,依然散落着零星几撮颗粒状的白色粉尘。几周以前,粉尘如雪花一般倾泻下来,落在屋顶、草地和田野上,还有小溪里。阻止这个满目疮痍的世界重新焕发生机的,并不是巫术,也不是敌对破坏行动,而是人们自己的所作所为。

---

① 知更鸟(robin),欧亚鸲(*Erithacus rubecula*)的俗称,属鸫科(Turdidae)鸟类。此处应指"北美知更鸟",即旅鸫(*Turdus migratorius*)。

② 园丁鸟(catbird),叫声似猫,又名猫嘲鸫、猫声鸟、猫鹊。生活在北美洲、澳大利亚、墨西哥、巴布亚新几内亚和少数南亚岛国一带。

***

现实中并不存在这样一个小镇。然而在美国或是世界上任何地方,或许都能轻而易举地找到一千个类似的地方。我没听说过有哪个社区遭受过以上描述的一切苦难。然而这些灾难中的每一种,都在某个地方实际发生过。在现实生活中有很多社区蒙受过好几种灾难。一个可怕的幽灵几乎在我们不知不觉中潜了进来。这种虚幻的悲剧,很可能轻而易举地变成我们所有人都要直面的赤裸裸的现实。

是什么让美国无数个城镇的春天变得鸦雀无声?本书将试图解答。

第二章 承受的义务

地球上的生命史，历来是生物与周围环境之间互动的历史。很大程度上，地球上的植被和动物的形态与习性，都是由环境塑造而成的。反过来，生命确实也会改造其周围环境。就宏大的地质时间来说，这种作用一直相对微小。只是在以本世纪为代表的有限时间里，一种生物——人类——获得了足以改变世界本质的显著力量。

在过去四分之一个世纪里，这种力量不仅提升到令人不安的程度，而且发生了性质上的转变。在人类对环境的所有侵袭中，最令人惊心的，是使用危险的甚至是致命的物质，污染空气、土壤、河流和海洋。这种污染多数是无法挽回的；由此引发的一连串恶性后果，不仅出现在生命赖以生存的地球上，而且出现在生物机体内，这些后果多数也是不可逆的。在这种普遍的环境污染中，化学制品险恶而又掩人耳目，伙同辐射一道改变了世界的本质——地球上生命的本质。通过核裂变释放到空气中的锶90，随雨水降落在大地上，或是以放射尘的形式飘洒下来，驻留在土壤中，进入地里生长的禾草、玉米或谷物，并趁机进驻人体骨骼，直到这个人死去时还留存在那里。类似地，喷洒在农田、森林或花园里的化学制品长时间驻留在土壤中，进入有机体内部，在一连串的毒害与死亡中，由一种生物传递给另一种生物。或是悄无声息地随着地下水流移动，直到重新露出地面，在空气与阳光的炼化下，组合成一些新的形式，致使植被死亡，牲畜害病，给那些从已被污染的井泉中饮水的人带来不可知的伤害。正如史怀哲所说："人类几乎难以认出自己创造的魔鬼。"

历经数亿年时间，地球上才形成如今栖居其中的生物。在这段亘古的时间里，生命发展、演进，并产生分化，与周围世界达成一种协调、平衡的状态。生存环境严格塑造着生物形态，同时引导其发展方向，而其中既包含有害的因子，又有有益的因子。某些特定的岩石放射出危险的射线，就连太阳光，万物能量的来源中间，也存在一些具有伤害力的短波辐射。时间是关键要素；但是现代世界中没有时间。

新环境产生之速，与变化之快，是因循人类鲁莽而冒失的步伐，而不是大自然审慎的步伐。辐射不再单纯是早在地球上出现任何生命之前就已存在的那几类，即岩石的背景辐射、宇宙射线的轰击，以及太阳的紫外线。如今的辐射，是人类撞击原子造成的非自然产物。现在，生命需要应对的化学物质，不再仅仅是钙、二氧化硅、铜，以及从岩石中冲刷出来，随着河流汇入海洋的一切其他矿物质，而是人类开动脑筋，在实验室开发出来的合成物。大自然中并没有与之对应的物质。

要适应这些化学物质，所需的时间将是大自然尺度上的。这将不仅是一个人有生之年的时间，而是数代人有生之年的时间。即便在数代人的有生之年里，如果不能借助某种奇迹实现的话，或许也是徒劳无功的。因为新的化学物质源源不断地从实验室里流出；单单在美国，每年投入实际应用的化学物质，几乎就有500种。数据

第二章 承受的义务

十分惊人,而这意味着什么,还很难说得清:每年500种化学物质进入人类和动物体内,需要设法去适应——这还是一些完全超出生物体经验范围之外的化学物质。

其中有很多被用于人类对大自然的抗争。自20世纪40年代中期以来,人类创造了两百多种基本的化学药剂,用来杀虫、除草、消灭鼠类以及现代社会中俗称"害虫"的其他生物。市场上售卖的化学药剂有数千个不同的品牌。

这些喷雾、粉尘和气溶胶,如今几乎普遍应用于农场、园林、森林和家庭。这些化学品的药力,足以不加选择地杀死所有的昆虫,无论是"益虫"还是"害虫",能使鸟类的歌声沉寂下来,使溪流中的鱼儿打挺翻白,使叶子上蒙上一层致命的膜,还能长期滞留在土壤中——尽管这一切效果针对的目标可能只是区区几种杂草或昆虫。谁能相信,在地球表面投放如此大量的毒药,却有可能不对生命产生危害?这些药剂不该叫"杀虫剂",而应该叫"杀生物剂"①。

喷洒药剂的整个过程,似乎陷入了一种无限的循环。自从DDT被开放用于民用后,更新换代的升级过程就一直在进行;人们必须寻找毒性越来越强的物质。之所以发生这种情况,是因为昆虫已经演化出对特定杀虫剂免疫的高级种类——这为达尔文的适者生存原则提供了成功的辩护,由此人们总是必须开发出更致命的杀虫剂;接着是另一种更致命的。之所以发生这种情况,也是因为,在喷洒过农药之后,破坏性昆虫经常会出现"反攻",或者说回潮(resurgence),数量比以前更多(下文中将会指出原因)。因此,

---

① "杀生物剂"(biocide),或称生物灭除剂、除生物剂。

这场化学战永远打不赢,而且一切生命都避不开这场战争中猛烈的交火。

伴随着核战争导致人类灭绝的可能性,我们这个时代的中心问题,已经成了这些潜在危害惊人的物质对人类整个生存环境的污染。这些物质积聚在植物和动物的组织中,甚至渗透到生殖细胞中,粉碎或是改变决定生物未来形态的遗传物质。

有一些人自命为人类未来的设计师,他们期望,有一天我们将能通过设计来改变人类基因质粒(germ plasm)。但是,现在我们很可能出于冒失而轻而易举地实现这一点,因为很多化学物质能导致基因突变,就像辐射一样。人类竟然有可能通过像选择杀虫喷雾这样看起来微不足道的事情来决定自己的未来,想一想这点,实在很讽刺。

我们已经身处这一切险境——为了什么呢?未来的史学家或许会对我们扭曲的主次观念深感惊讶。有智慧的生物,怎么会试图依靠一种对整个环境造成污染,甚至给自身带来疾病和死亡威胁的方法,来防治区区几种讨厌的生物呢?

然而这恰恰是我们所做的。我们已经这样做了,而且是出于一些一经审视就会崩溃的理由。我们听到的说法是,要维持农业产量,大量推广使用杀虫剂是必需的。然而,我们真正的问题不正是生产过剩吗?尽管政府采取措施使一部分耕地退出生产,并对不从事耕种的农民给予补贴,农场过剩的作物数量依然十分惊人。1962年,美国的纳税人一年要支付10多亿美元,作为富余食品贮藏项目的全部执行成本。这种情况还会变本加厉:农业部一个分支机构试图减少粮食产量,而另一些分支机构则声称——正如其在1958

第二章 承受的义务

年所说——"普遍认为，由土壤银行①提供补贴减少耕地面积，将会刺激人们使用化学农药来从留用耕地上获得最大作物产量"。

以上所述并不是说不存在害虫问题，或不需要进行防治。相反，我想说的恰恰是，害虫防治必须面向现实情况，而不是虚构想象出来的情形。我们采用的方法，也必须是那些不至于把我们连同昆虫一起摧毁掉的方法。

* * *

我们尝试用来解决问题的方案，在实施过程中带来了一系列灾难。这个问题是现代人生活方式的伴生物。在人类的时代之前，昆虫已经在地球上栖居了很久。它们是一类具有惊人的变异性和适应性的生物。自人类到来之后的岁月中，50多万种昆虫中有一小部分，以两种主要方式与人类利益产生了冲突：其一是作为食物资源的竞争者，其二是作为人类疾病的携带者。

在人群聚居的地方，尤其是在卫生条件差的情况下，诸如自然灾害或战争爆发时期，或是极度贫穷和物质极度匮乏的境况下，携带疾病的昆虫变得至关重要。防治某种昆虫便势在必行。这是一个严峻的事实。然而，正如我们马上就会看到的那样，大规模的化学防治方法，只取得了有限的成功，而且还存在使原本想要遏制的情况进一步恶化的危险。

在原始的农业环境下，农民几乎不用考虑害虫问题。农田害虫问题源于农业集约化——大面积种植单一粮食作物。这样一种农田

---

① 土壤银行(Soil Bank)，指美国1956年农业法规定的"土壤银行计划"，即用停耕一部分土地的办法来减少农产品产量和保护水土资源的计划。

体系，为特定昆虫种群的爆炸性增长搭好了台子。单一作物耕种得不到大自然的运行原则带来的好处；那是一种工程师才有可能构想出来的农业。大自然为大地景观引入了极其丰富的多样性，人类却表现出一种使之简单化的激情。这样一来，人类就摧毁了大自然借以将物种控制在一定范围内的内在平衡机制。自然界中一个重要的制约机制，就是对每一物种而言，适宜的栖居地总量是有限的。那么很显然，一种吃小麦为生的昆虫，在专门种植小麦的农场里，比起在小麦与其他不适宜昆虫生活的农作物混合种植的农场里，就能建立起级别更高的种群。

在其他场所，也发生了同样的事情。一代人或者数代人以前，美国大面积的城镇街道两边都栽种着美观大方的榆树。如今，一种甲虫携带的疾病席卷榆树，人们精心创建的景观面临全盘毁灭的威胁。如果这些榆树只是多元化种植中散植的树木，那么这种甲虫原本只有有限的机会建立起庞大种群，并在树木之间扩散。

造成现代昆虫问题的另一个因素，是数千种不同种类的生物从原产地蔓延开来，入侵新的领地。这一因素必须放在地质历史和人类历史的背景下来考虑。英国生态学家查尔斯·埃尔顿（Charles Elton）在其近期的著作《入侵的生态学》(The Ecology of Invasions)中，已经对这种世界范围内的迁徙进行了研究，并绘出了转移路线图。几亿年前，在白垩纪时期，海洋洪水切断了大陆之间的许多大陆架。生物被困在埃尔顿所谓的"单独隔开的巨大自然保护区"(colossal separate nature reserves)内。在那里，它们与同种的其他个体隔离开来，发展出很多新的种。大约在1500万年前，当某些陆地板块重新联合起来时，这些物种开始向外转移，进入新的领地——这一行动不仅仍在进行中，如今还得到了来自人类的大量援助。

在现代的物种传播中，植物进口是首要媒介。因为动物几乎会不可避免地随同植物一起进入。检疫是相对晚近才创设的，而且并不完全有效。单就美国的植物引种办公室而言，从世界各地引入的植物已近20万个种和变种。在美国180种左右主要的植物害虫天敌中，近半数是不经意间从国外进口的，而且大部分是搭载植物的顺风车过来。

在新的领地里，一旦原产地上制约物种数量的自然天敌鞭长莫及，入侵的植物或动物就能分外地繁盛起来。因此，最令人头疼的昆虫是引入物种，这绝非偶然。

这些入侵活动，无论是自然发生，还是依赖于人力协助的，都有可能无限期地持续下去。检疫和大规模的化学品安全运动，只是极端昂贵的购买时间的手段。用埃尔顿博士的话来说，我们面临着"一种生死攸关的需求，不单是寻找新的技术手段来抑制这种植物或那种动物"；我们需要的是关于动物种群及其与周围环境之关系的基本知识。这将"促成一种稳定均衡状态，降低种群暴发和新物种入侵的爆炸力"。

如今有很多至关紧要的知识可供参考，但是我们没有采用。大学里培养生态学家，政府机构甚至也聘用生态学家，但是我们极少采纳他们的建议。我们听任化学的死亡之雨洒落，就好像别无选择。而事实上还有很多选择。只要给我们机会，我们靠聪明才智很快就会发现更多的替代方案。

难道我们已经麻木不仁，听天由命地接受低劣或是有害之物，就好像已经丧失了追求美好事物的意愿或眼光?用生态学家保罗·夏普德(Paul Shepard)的话来说,这种想法无异于"不管自身生存环境败坏成什么样,只要脑袋还露在水面,高出于忍耐极限几英寸,就安之若素……我们为什么要忍受带有轻微毒性的食物、周边环境索然无味的家园、一群充其量不算敌人的熟人圈,还有刚好控制到不至于叫人发疯的喧嚣车声?谁会希望生活在一个充其量不使人致命的世界里?"

然而这样一个世界正向我们逼近。为创建一个化学上无菌、不受昆虫困扰的世界而发起的"圣战",似乎已经在众多专家中的部分人员,以及大多数所谓的管制机构中间,激起一种狂热的激情。那些参与农药喷洒行动的人施展了专横的势力,证据路人皆知。康涅狄格州的昆虫学家尼利·特纳(Neely Turner)如是说道:"具有监管权的昆虫学家们身兼数职……他们在执行自己下达的命令时,既是检察官、法官和陪审团成员,又是估税员、收税员和治安官。"无论在州立机构还是联邦机构,最明目张胆的滥用职权行为都横行无忌。

我并不是主张必须杜绝使用化学杀虫剂。我要说的是,我们不分轻重地把那些对生物具有杀伤力的有毒化学品,交到了基本或完全不知道其潜在危害的人们手中。我们自作主张地让为数众多的人群接触这些毒物,根本没有得到他们的同意,他们通常也毫不知情。如果说《权利法案》中没有任何条款保障公民不受私人或是政府机关分发的致命毒药危害的权利,那无疑只是因为,我们的祖先尽管有过人的智慧和远见,却无法想到这类问题。

不仅如此,我还想说,我们很少或者说压根儿没有事先调查化学药剂对土壤、水、野生动物以及人类自身的影响,就允许使用这些东西了。我们对万物赖以生存的自然界之完整性缺乏审慎的思考,未来世世代代的人是不可能原谅我们的。

人们对化学品潜在危害的认识依然极其有限。这是一个专家的时代,每位专家看到的都是自己的问题,对背后更宏大的框架要么不懂,要么不屑一顾。这也是一个工业主导的时代,只要能赚到一美元,你有权不惜代价,这几乎不容置否。当公众面临杀虫剂造成毁灭性后果的明显证据并提出抗议时,便会有人给他们喂些半真半假的镇静药片。我们迫切需要终止这些虚假的保证,去除包裹在那些令人难以接受的事实外面的糖衣。虫害防治机构所计算的风险,需要由公众来承担。公众必须决定,他们是否希望继续沿着目前的道路行进。而且,只有在完全掌握事实的情况下,他们才能去做决定。用吉恩·罗斯坦德(Jean Rostand)的话来说:"承受的义务赋予我们知情权。"

第三章 死亡灵丹

有史以来头一遭,每个人被迫接触危险的化学品,从孕育出来的那一刻,直到去世。在不足二十年的推广应用中,合成杀虫剂已经广泛分布于生物界和非生物界,几乎随处可见。人们已经从大部分主要水系,乃至地下涌动的暗流中回收到这些物质。这类物质在土壤中的残留期,可以达到十多年。它们进入鱼类、鸟类、爬行类动物以及家畜和野生动物体内,并留存在那里。这种现象极其普遍,科学家在进行动物实验时发现,几乎不可能找到不受这种污染的个体。这些化学物质已经出现在偏远高山湖泊里的鱼类体内,寄寓土壤中的蚯蚓体内,鸟类的卵里面——以及人类自身体内。如今这些化学物质储存在绝大多数人体内,不分老少。它们出现在母亲的乳汁里,很可能还出现在胎儿的组织里。

这一切之所以发生,是缘于一个生产具有杀虫性能的人造或合成化学品的产业突然崛起并繁盛。这个产业是第二次世界大战的产物。在研发化学武器的过程中,人们发现实验室发明的一些化学物质对昆虫是致命的。这一发现并非偶然所得:昆虫被广泛用于测试使人致死的化学药剂。

其结果是几乎源源不断出现的合成杀虫剂。通过实验室里对分子的操纵、原子的替换,以及对分子和原子排列方式的巧妙改变,

第三章 死亡灵丹

这些人造物质截然不同于"二战"前更为简单的杀虫剂。先前那些杀虫剂，来源于天然生成的矿物和植物产品——砷、铜、锰、锌以及其他矿物质，从干燥的菊花中提炼出的除虫菊，从烟草的某些近缘种中提炼出的硫酸烟精，以及从来自东印度群岛的豆科植物中提炼出的鱼藤酮。

使新的合成杀虫剂独树一帜的，是它们对生物巨大的杀伤力。它们拥有巨大的力量，不仅毒害生物，而且能直接进入机体的生命程序，通常以致命的方式，暗中改变生命程序。因此，我们将会看到，它们摧毁酶，而这些酶的功能正是保护身体免受伤害；它们扼制身体赖以获得能量的氧化过程，阻碍各种器官的正常运行。它们还有可能诱使某些特定的细胞发生缓慢而不可逆的变化，导致恶性肿瘤出现。

然而，每年都有新增的更致命的化学品出现，人们还在开发新的用途。与这些物质的接触，几乎已经遍及全球。在美国，合成杀虫剂的产量从1947年的124,259,000磅飙升至1960年的637,666,000磅——增加了五倍还不止。这些产品的零售价值远远超过两亿五千万美元。但是按照农药产业的计划和预期，如此巨大的产量额度，还只是个开始。

因此，关于杀虫剂的种种，事关我们所有人。如果我们要与这些化学物质亲密相处，把它们吃进去、喝进去，一直带进骨髓里，那么我们最好了解一下它们的性质和药效。

虽然"二战"标志着一个转折点，杀虫剂从此从无机化学界进入了奇妙的碳分子世界，但是早先的少数几种材料保留了下来。其中主要是砷。在多种除草剂和杀虫剂中，砷仍然是基本的成分。砷是一种毒性很强的矿物,广泛存在于各种金属矿石的伴生物中。火山、海洋和泉水中也存在极其微量的砷。砷与人类的关系一言难尽,而且由来已久。由于很多砷化合物并没有味道,自波吉亚家族①的时代之前很久,直到现在,它一直是最受青睐的杀人工具。英国人烟囱里排放的煤烟中含有砷,人们认为煤烟的致癌作用归因于砷和某些芳族烃。这是近两个世纪以前的一名英国医师指出的。慢性砷中毒在广大人群中长期引发的疾病有案可查。遭受砷污染的环境还造成了牛、马、山羊、猪、鹿、鱼和蜜蜂的生病与死亡。尽管如此,人们依然在广泛应用含砷的喷雾剂和药粉。在美国南部采用含砷喷雾剂的棉花种植区,养蜂产业几乎已经绝迹。长期使用含砷药粉的农民已经罹患慢性砷中毒,牲畜也已经受到含砷的农田喷雾剂或除草剂的毒害。从蓝莓地里飘出来的含砷烟尘已经扩散到邻近的农场,污染河水,毒杀蜜蜂和奶牛,并使人罹患疾病。环境性癌(environmental cancer)方面的权威人士、美国国家癌症研究所的休珀博士如是说道:"在处理含砷物质的问题上,无视人群总体健康……鲜有比我国近年来的做法更加彻底的。"他表示:"任何人在观看了喷洒含砷杀虫剂的场景之后,都必定会对人们播散有毒物质时几乎无以复加的轻率态度感到震惊。"

***

现代的杀虫剂更为致命。其中绝大部分属于两类化学物质,一

---

① 波吉亚家族是15、16世纪影响整个欧洲的西班牙裔意大利贵族家庭,也是文艺复兴时期仅次于美第奇家族的一个著名的家族。他们明目张胆的势力扩张,使得整个家族树敌无数,被指控的诸多罪行包括:通奸、买卖圣职、盗窃、强奸、受贿、乱伦、谋杀(特别是毒杀)。

第三章 死亡灵丹

类以DDT为代表,被称为"氯化烃"(chlorinated hydrocarbons);另一类由有机磷杀虫剂组成,以马拉硫磷和对硫磷为代表。这两类物质都有一个共同点,正如上文中提到的,它们都建立在碳原子的基础上。碳原子也是生命世界不可或缺的结构单元,因此被归为"有机的"。要想了解碳原子,我们必须弄清碳原子的构造,以及它们是如何接受改造而变成死亡工具的,尽管它们与一切生命的基本化学组成联系在一起。

碳这种基本元素的原子能彼此结合,形成链式、环式以及其他结构,还能同其他物质的原子联结起来。碳原子的这种性能几乎是无限的。事实上,生物令人难以置信的多样性,从细菌到巨大的蓝鲸,大体上都归功于碳原子的这种能力。复杂的蛋白质分子以碳原子为基础,脂肪分子、碳水化合物、酶和维生素也是如此。为数众多的非生物也以碳原子为基础,因为碳不一定是生命的象征。

某些有机化合物完全由碳和氢组合而成。其中最简单的是甲烷,又叫沼气。沼气由细菌分解水下的有机物天然形成,与适当比例的空气混合后,就变成了矿井里可怕的"爆炸性瓦斯"①。其结构具有完美的简单性,由1个碳原子和依附其上的4个氢原子组成:

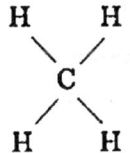

化学家已经发现,我们有可能将1个氢原子或者所有的氢原子

---

① "爆炸性瓦斯"(fire damp),字面意思为"潮湿的火"。

分离出来,用别的元素替代。例如,用一个氯原子替换一个氢原子,我们就生产出了一氯甲烷(又名甲基氯):

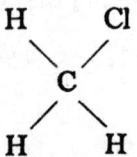

将三个氢原子分离出来,用氯原子替换,我们就得到了麻醉剂氯仿:

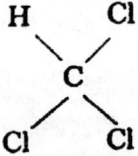

用氯原子替换所有的氢原子,结果便是常用的洗涤剂四氯化碳:

这些在基本的甲烷分子层面发生的变化,以极尽简单的语言阐述了氯化烃的性质。但是这种阐述鲜有涉及烃的化学世界中真正的复杂性,以及有机化学家借以创造出无限多种材料的操纵方式。有机化学家所处理的,不是由单个碳原子构成的简单的甲烷分子,而可能是包含多个碳原子的烃类分子。这些碳原子排列成链状或环状,上面带有侧链或支链,而通过化学键与之相连的,不仅有简单的氢原子或氯原子,还有各式各样的化学基团。通过看似微小的

第三章 死亡灵丹

变化，就能改变物质的全部属性。比如说，不单只依附在碳原子上的成分，还有依附的位置，都极其重要。这种巧妙的操纵，已经产生了一系列药效相当显著的毒药。

***

DDT（双对氯苯基三氯乙烷[①]的简称）最初于1874年由一名德国化学家合成，但是直到1939年人们才发现其杀虫性能。DDT几乎马上被誉为杜绝昆虫引发的疾病、让农民在一夜之间胜利摧毁农作物害虫的手段。DDT的发明者，瑞士的保罗·穆勒（Paul Müller），也获得了诺贝尔奖。

如今DDT的应用极其普遍。在大多数人心目中，这种产品因司空见惯而呈现出无害的假象。有关DDT无害的神话，或许是因为，它最初的用途之一，是在大战期间喷洒到数千名士兵、难民和战俘身上祛除虱子。人们普遍认为，既然这么多人直接接触DDT，也没有马上产生不良反应，这种化学物质就肯定是完全无害的。这种情有可原的错误观念源于这样一个事实：不同于其他的氯化烃，粉末状态下的DDT并不能轻易渗进皮肤。人们通常将DDT溶解在油中，在这种状态下，DDT绝对是有毒的。如果喝进肚子里，人体就会通过消化道缓慢吸收；很可能还会通过肺部吸收。DDT一旦进入人体，绝大部分就会储存在富含脂肪物质的器官（因为DDT本身是脂溶性的），诸如肾上腺、睾丸，或是甲状腺里面。还有相对较多的量沉积在肝、肾以及肠道外面起保护作用的大的肠系膜上。

[①] 双对氯苯基三氯乙烷，或称二氯二苯基三氯乙烷，化学式 $(ClC_6H_4)_2CH(CCl_3)$。DDT 直接来自英文缩写，中文名称又叫滴滴涕、二二三。

人体内储存的DDT从极微量的摄入开始（这类化学物质残留在大多数食品中），持续增加到含量水平极高的程度。脂肪储存库充当了生物放大镜，饮食中摄入极少量的DDT，哪怕只是1ppm（parts per million），在这里就会达到约10—15ppm的储存量，增加了100倍，甚至更多。这些专业数据对于化学家或药物学家来说极其寻常，而对我们大多数人来说并不熟悉。1ppm听起来似乎极小——实际上也确实如此。但是这类物质毒性极强，一丁丁点就能使身体产生巨大变化。在动物实验中，人们发现，3ppm的量就能抑制心肌中一种至关重要的酶的活性；仅仅5ppm的量就能导致肝细胞坏死或崩溃；仅仅2.5ppm的狄氏剂和氯丹等近缘物质，也能起到同样效果。

这确实不足为奇。在人体正常的化学反应中，原因与结果之间的差距本来就是如此悬殊。例如，少至万分之二克的碘，就决定了健康与疾病之间的差别。由于这些少量的杀虫剂累积储存起来，同时只能缓慢排出体外，慢性中毒和肝脏等器官产生衰变的风险极有可能出现。

对于人体内能够储存多大含量的DDT，科学家并未取得共识。美国食品药品监督管理局首席药理学家阿诺德·雷曼博士（Dr. Arnold Lehman）表示，既不存在一个下限，低于这个含量人体就不会吸收DDT，也没有一个上限，超出这一含量人体就会停止吸收和储存。另一方面，美国公共健康服务部的韦兰·海斯医生（Dr. Wayland Hayes）声称，每个人体内都能达到一个平衡点，超出这个量的DDT会被排出。就实用的目的而言，孰是孰非并不怎么重要。已经有人调查过人体内储存的DDT含量，我们知道，人均储存量

第三章 死亡灵丹

已经可能造成危害。根据各项研究，没有直接接触DDT（除了饮食中不可避免的之外）的人，体内DDT的平均储存量为5.3—7.4ppm；农业工作者为7.1ppm；农药厂的工人则高达648ppm！可见，目前已经得到证实的储存量范围十分广泛。而更关键的是，超出哪个最小值就会导致肝脏以及其他器官或组织受损。

DDT及其近缘物质最险恶的特征之一，是它们通过整个食物链从一种生物传递到另一种生物上的方式。例如，苜蓿地里喷洒DDT；随后人们将苜蓿制成饲料，喂给母鸡吃；母鸡生下含有DDT的鸡蛋。或者是干草，其中残留的DDT含量为7—8ppm，也会被拿来喂牛。牛奶中DDT的含量，将进而达到3ppm左右。而用这种牛奶制成的黄油中，DDT浓度可能会高达65ppm。通过这样一种转移过程，起初极少量的DDT，最终将达到极高的浓度。虽然美国食品药品监督管理局禁止在州际贸易中运输有农药残留的牛奶，但是如今农民们已经很难弄到未受污染的饲料来喂养奶牛。

毒素也会从母亲身上传给下一代。食品药品监督管理局的科学家对人体内的乳汁进行了抽样检测，从中回收到残留的杀虫剂。这意味着，母乳喂养的婴儿体内也接收到尽管量少，却在持续增加、累积的有毒化学物质。然而，这绝非婴儿首次接触毒素。我们有足够的理由相信，婴儿还在子宫里就开始接触到毒素。传统上，胎盘将胎儿同母体中的有害物质隔离开来。而在动物实验中，氯化烃杀虫剂却能畅通无阻地穿越这层保护套的阻碍。虽然婴儿接收到的毒素量通常很小，但是这并非无关紧要。因为婴儿比成人更易于受到毒素的影响。这种情况也意味着，如今每个人几乎从生命之初，体内就开始存储日渐累积的化学物质，然后必须永远携带下去。

从极低的含量水平开始储存，随后逐渐累积，对肝脏造成损害——日常饮食很容易达到这一含量水平。早在 20 世纪 50 年代，这一切事实就促使食品药品监督管理局的科学家声明，"一直以来 DDT 的潜在危害极有可能被低估了"。医学史上没有堪与比拟的案例。没人知道最终的结果如何。

＊＊＊

另一种氯化烃，氯丹，除具有 DDT 的一切恶劣属性之外，还有一些自身特有的性质。它能长时间残留于土壤、食品或是农作物表面。氯丹利用一切可能的通道进入人体。它能被人体通过皮肤吸收，以烟雾或粉尘形式被吸进肺里，当然，如果把残余物吞咽进去，也会通过消化道吸收。像所有其他的氯化烃一样，氯丹以累积的方式在体内越聚越多。通过动物实验可知，饮食中含量极少的氯丹，例如 2.5ppm 的量，最终会导致动物脂肪中 75ppm 的储存量。

1950 年，经验丰富的药理学家雷曼博士（Dr. Lehman）称氯丹为"毒性最强的杀虫剂之一——任何人接触它都会中毒"。从郊区居民毫不介意地大肆使用掺有氯丹的药粉来治理草坪的行为来看，人们一直没把雷曼博士的警告听进去。郊区居民没有立即生病，这是事实，但这个事实没多大意义。因为毒素会长时间潜伏在人体内，数年或月后才表现出来，引发一种几乎无从追踪病源的不明原因疾病。而另一方面，死亡也会很快降临。一名不小心将氯丹浓度为 25% 的工业溶剂溅到皮肤上的受害者，不出 40 分钟就出现中毒症状，没来得及救护就去世了。如果预先得到警告，或许还能及时抢救，但我们不能指望这一点。

氯丹的组成成分之一，七氯，在市场上作为一种药剂单独出售。

七氯能够大量储存在脂肪中。如果饮食中仅含有 1ppm 的七氯，人体内就会达到相当可观的量。七氯还具有一种特异的能力，它能转变成一种独特的化学物质，也就是所谓的七氯环氧化物（heptachlor epoxide）。这种转变能在土壤和动植物组织中发生。在鸟类身上做的试验表明，这种转变产生的环氧化物比原材料毒性更强，而七氯本身的毒性又是氯丹的 4 倍。

早在 20 世纪 30 年代中期，人们就发现，一类特殊的烃类物质，即氯化萘，能导致肝炎，还能在职业性接触这类物质的人身上引发一种罕见而且往往致命的肝病。氯化萘已经造成电气行业从业者的生病和死亡；最近一段时间，在农业界，人们认为氯化萘是造成牛身上一种通常致命之怪病的一个因素。鉴于这些先例，无怪乎三种与此类物质相关的杀虫剂，即狄氏剂、艾氏剂和异狄氏剂，都名列毒性最猛烈的烃类物质。

狄氏剂因德国化学家狄尔斯而得名。如果吞服下去，其毒性约为 DDT 的 5 倍。但是如果以溶剂形式通过皮肤吸收，毒性便是 DDT 的 40 倍。它以迅速作用于神经系统，引发可怕后果，使受害者产生抽搐而臭名昭著。因此，中毒者恢复起来，也正如诊断清楚慢性影响一样缓慢。如同其他氯化烃一样，这些长期影响包括使肝脏严重受损。漫长的残留期和强效的杀虫作用，使狄氏剂跻身当今使用最多的杀虫剂之一，尽管随之而来的是野生动物的惊人毁灭。在鹌鹑和雉鸡身上做的测试证明，狄氏剂的毒性约为 DDT 的 40 倍到 50 倍。

对于狄氏剂在人体中储存、散布或排出的方式，我们所知的与真相还有巨大差距。在发明杀虫剂的过程中，化学家的聪明才智早已超出有关这些药品对生物之作用方式的生物学知识。然而，存积的毒素可能会像沉睡的火山一样潜伏不动，直到在生理应激期，当身体调动脂肪储备时，毒素才会喷发出来。我们目前所知的，大部分是在世界卫生组织开展的抗疟战役中，通过惨痛的经历得来。狄氏剂刚替代DDT用于疟疾防治工作（因为传播疟疾的蚊子已经对DDT产生抗药性），就开始发生喷药人员中毒的案例。毒发时情形十分严重——半数到全部（不同的防治计划中有所变化）受到药物感染的人员发生惊厥，好几个人死亡。有些人在最后一次接触药物后，过了长达四个月时间才产生惊厥。

艾氏剂是一种有点神秘莫测的物质。因为它虽然作为一种独立的实体存在，但是与狄氏剂有难分彼此的关系。在一片喷洒过艾氏剂的苗圃里，当人们把胡萝卜拔出来时，发现其中含有狄氏剂残留物。这种变化能在活体生物组织中产生，也能在土壤中产生。这种炼金术般的转变促成了许多错误的报告。因为，如果一名化学家知道某处使用过艾氏剂，在进行检测时，他就会受到蒙骗，以为所有的残留物都分解了。残留物仍然存在，但却是狄氏剂残留物。这需要进行另一种检测。

艾氏剂像狄氏剂一样，毒性极强。它会造成肝肾的衰变。一片阿司匹林那么大的艾氏剂，足以毒死400多只鹌鹑。多起人员中毒病例也有案可稽，其中大多数与行业运作相关。

艾氏剂像大多数同类的杀虫剂一样，给未来蒙上了一层可怖的阴影：不育的阴影。雉鸡食用的艾氏剂量太少，不足以致命。然而它们几乎不生蛋，孵出来的雏鸡很快就死亡了。这种影响并不仅限于鸟类。接触过艾氏剂的老鼠更加难以怀孕，它们的幼崽病病歪歪，活不了多久。服用过艾氏剂的母狗产下的狗崽，不出三天就死去了。通过这样那样的方式，父母身上的毒素使新生的后代备受折磨。没人知道是否会在人类身上看到同样的结果，然而这种化学物质一直在从飞机上喷洒到郊野地带和农田里。

异狄氏剂是所有氯化烃中毒性最强的。虽然它在化学构造上与狄氏剂极其相似，但是它的分子结构产生些微的改变，毒性就增强了4倍。异狄氏剂使得此类杀虫剂中所有成员的鼻祖——DDT，相比之下似乎完全无害了。异狄氏剂对哺乳动物的毒性是DDT的15倍，对鱼类的毒性是DDT的30倍，对某些鸟类的毒性约为DDT的300倍。

在十多年的使用中，异狄氏剂毒死大量的鱼类，让那些在喷药的果园里驻足的牛群受到致命毒害，并且污染了井泉。这已经引起至少一个州立卫生部的严重警告：异狄氏剂的滥用正在危及人类生命。

在一起最悲惨的异狄氏剂中毒案例中，根本不存在明显的疏忽大意，当事人已经尽力采取了足够的预防措施。一个1岁的美国小孩，被父母带到委内瑞拉居住。这家人搬过来时，屋子里有蟑螂。几天后，他们使用了含有异狄氏剂的喷雾。喷药时间大约是某天早上的9点。在此之前，他们将宝宝和家里的小狗带到了屋子外面。随后他们冲洗了喷过药的地板。15点左右，宝宝和狗回到家中。一个多小时后，狗开始呕吐，抽搐，然后死了。当天22点，宝宝也开始呕吐，抽搐，人事不省。由于接触了致命的异狄氏剂，这个正常、健康的孩子变得仅次于一个植物人——看不见，听不见，肌肉痉挛频繁发作，明显与周围世界完全失去了联系。在纽约一家医院接受为期几个月的治疗后,他的病情没有好转,也没有丝毫复原之望。主治医师在报告中写道:"能否恢复到一定程度,非常值得怀疑。"

***

第二大类杀虫剂,烷基,或者说有机磷酸盐,名列世界上毒性最强的化学物质。在有机磷酸盐的使用中,最主要、最明显的危险,是人们在使用喷雾剂或无意间接触到飘浮的烟雾剂、喷洒过烟雾剂的植物,以及盛装过药品的废弃容器时产生的急性中毒。在佛罗里达州,两个孩子找到一个空袋子,用它来修摇摆椅。随后没过多久,这两个小孩死了。他们的同伴中有三人生了病。这个袋子先前是用来装农药的,这种农药叫作硫磷杀虫剂,属于一种有机磷。检测表明,死亡是对硫磷中毒所致。在另一起案例中,威斯康星州的两个小男孩,一对表兄弟,在同一天晚上死去了。一个先前在院子里玩耍,当时他父亲在邻近的地里给马铃薯喷洒对硫磷,喷雾飘进了院子里;另一个曾经淘气地跟在父亲后面跑进谷仓,把手放在喷雾器的喷嘴上。

这些杀虫剂的起源具有一种特别的讽刺意味。虽然有些化学物质——有机磷酸酯类化合物——本身早在多年前已经为人所知,但是其杀虫性能一直到20世纪30年代后期才被德国化学家格哈德·施拉德(Gerhard Schrader)发现。德国政府几乎马上意识到这类化学物质的另一价值:在人类战争中充当新的毁灭性武器。当时与之相关的工作是秘而不宣的。有些有机磷酸酯类化合物变成了致命的神经毒气。另一些结构上极其类似的有机磷酸酯类化合物变成了杀虫剂。

有机磷杀虫剂以一种特殊的方式作用于活的有机体。它们能够摧毁酶——在生物体内执行关键职能的酶。有机磷杀虫剂打击的目标是神经系统,无论其受害者是昆虫,还是温血动物。正常情况下,脉冲在神经之间传导,需要借助于一种叫作乙酰胆碱的"化学递质"(chemical transmitter)。这种物质完成重要的职能,然后就消失了。事实上,它的存在极其短暂,如果不借助特殊的程序,医学研究者根本无法在身体摧毁它之前进行取样。这种化学递质稍纵即逝的性质,对于维持身体的正常功能是必需的。在一个神经脉冲经过后,如果乙酰胆碱没有马上被破坏,脉冲就会继续通过神经之间的桥梁闪动。与此同时,乙酰胆碱会以更猛烈的方式发挥作用。整个身体的运动变得不协调,出现震颤、肌肉痉挛、抽搐,然后很快导致死亡。

身体已经为此提供了应急措施。一旦身体不再需要这种化学递质,一种叫作胆碱酯酶的保护酶就会及时将其摧毁。借助这种方式,即可达到一种精确平衡。体内乙酰胆碱的含量,也永远不会聚集到引发危险的程度。但是,一旦接触有机磷杀虫剂,这种保护酶就被破坏了。随着这种酶的含量减少,化学递质的含量越积越多。就这种效果而言,有机磷化合物类似于在一种毒蘑菇,即毒蝇伞①中发现的剧毒生物碱蝇蕈碱。

多次接触毒素会降低人体内胆碱酯酶(cholinesterase)的含量水平,直至达到急性中毒的边缘——将其推向边缘的,很可能只是"最后一根稻草"。因此,有人认为,农药喷洒人员以及其他定期接触农药的人员定期进行抽血检查是非常重要的。

---

① 毒蝇伞,学名为 *Amanita muscaria*,又称毒蝇鹅膏菌、蛤蟆菌。

对硫磷是用途最广泛的有机磷酸酯之一。它也是药效最强、最危险的有机磷酸酯之一。蜜蜂一旦接触对硫磷，就会变得"狂野而好斗"，出现疯狂的呕吐行为，在半小时内濒临死亡。一位化学家试图以最直接的方式弄清多大剂量会使人急性中毒，便吞下了极其微量、约合 0.00424 盎司的对硫磷。瘫痪来得如此之快，他连预先准备好的解毒剂都没来得及吃，就一命呜呼了。据说，如今在芬兰，对硫磷是自杀的首选材料。近年来，据加利福尼亚州报告，意外的对硫磷中毒事故平均每年有 200 多起。在世界上很多地方，对硫磷中毒的死亡率高得惊人：1958 年，印度死亡 100 例，叙利亚死亡 67 例，在日本，平均每年死亡 336 例。

而在美国，约计 700 万磅对硫磷目前正由手动喷雾器、机动鼓风机、喷粉机以及飞机施用于农田和果园。根据医学界一位权威人士的说法，单只加州农场使用的对硫磷总量，就能"提供令 5 倍到 10 倍于全世界人口的人致命的剂量"。

仅仅是少数几个条件使得我们免于以这种方式灭绝。条件之一是这样一个事实：对硫磷以及其他此类化学物质会迅速分解。因此，农作物上此类物质的残留物，相对于氯化烃类残留物，留存时间较短。然而，它们留存的时间已经长到足以制造灾难，产生一系列程度不等的后果：从单纯的危害，一直到使人致命。在加州河畔县（Riverside, California），30 名摘橘子的农民中，有 11 人突发重病，除 1 人之外，其他人全都不得不住院治疗。患病者的症状是典型的对硫磷中毒。大约在两三周之前，果树林里喷洒过对硫磷。那些使他们出现干呕、陷入半盲、半昏迷境地的残留物，已经过了 16 天到 19 天了。这绝非一起孤案。一个月前，喷过药的果树林里已经发

第三章 死亡灵丹

生过相似事故。而在使用标准剂量的对硫磷喷洒过的橘子皮中，六个月后还能发现对硫磷残留物。

在田间、果园和葡萄园中施用有机磷杀虫剂，给所有劳动者带来极大的危险。有些使用这些化学农药的州已经建立了实验室，医生在诊断和治疗中可以从那里获取帮助。即便医生本人也可能有一些危险，除非他们在救治中毒者时戴上橡胶手套。清洗中毒者衣物的洗衣妇同样如此，衣物上吸附的对硫磷很可能足以对她造成影响。

另一种有机磷酸盐，马拉硫磷，几乎同DDT一样为公众所熟知。马拉硫磷被广泛应用于园艺、家用杀虫、灭蚊，以及诸如在佛罗里达州面积近百万英亩的社区中喷杀地中海果蝇的全方位灭虫行动。马拉硫磷被认为是这类化学物质中毒性最小的。很多人以为可以随意使用马拉硫磷，而不用担心受到毒害。商业广告鼓励这种处之泰然的态度。

马拉硫磷所谓的"安全性"建立在相当可疑的基础上，尽管人们起初并未发现这一点——事情通常是这样，直到这种化学物质已经被使用了好多年。马拉硫磷之所以是"安全的"，只是因为，哺乳动物的肝脏，一种具有极强保护力的器官，使马拉硫磷相对无害了。肝脏中的一种酶起到了解毒作用。然而，如果某种因素破坏这种酶，或是干扰这种酶的行动，人体接触马拉硫磷，就会受到毒素的全部药力影响。

对我们所有人来说，不幸的是，发生这类事件的机会林林总总。就在几年前，食品药品监督管理局一个科学家团队发现，同时注射马拉硫磷和其他一些有机磷酸盐，就会产生剧毒——毒性高达预计将两者加起来所产生毒性的50倍。换句话说，两种化合物的剂量都不足以致命，组合起来就会致命。

这一发现促使人们开始对其他组合进行试验。如今我们知道，很多有机磷杀虫剂配对后危险性极强，毒性通过组合行动加剧，或者说"增效"（potentiated）。增效似乎是在一种化合物破坏肝脏中负责解毒的酶时发生的。两者不应该同时使用。这种危险，不仅对这周喷洒一种杀虫剂，下周又喷洒另一种杀虫剂的人来说是存在的；对喷过农药的农产品消费者来说也是存在的。一碗普通的沙拉，可能会轻而易举地弄出好几种有机磷杀虫剂的组合。完全在法律允许限度内的残留物，有可能相互发生反应。

这些化学物质相互反应可能产生的全部危险，目前尚鲜为人知。但是科学家实验室里正不断传来令人不安的发现。其中一个发现是，使有机磷酸酯毒性增强的另一种药剂，并不一定是杀虫剂。例如，一种增塑剂甚至能比另一种杀虫剂发挥更猛烈的作用，促使马拉硫磷变得更加危险。这同样是因为，这种增塑剂抑制了肝脏中通常能让有毒杀虫剂"解除武装"的酶。

正常人类环境中的其他化学物质又如何呢？尤其是人们服用的药物？这方面的研究才刚刚开始，但是我们已经知道，一些有机磷酸酯（对硫磷和马拉硫磷）使某些肌肉松弛剂的毒性增强，而另一些（依然包括马拉硫磷）则能显著地延长巴比妥类睡眠时间（sleeping time of barbiturates）。

***

希腊神话中，女巫美狄亚因为被情敌夺去丈夫伊阿宋的爱慕，一怒之下，献给新娘子一件用魔药浸泡过的长袍。穿上这件长袍的人瞬间惨死。这种借物杀人之法在当今社会找到了对应物,亦即所谓的"内吸杀虫剂"(systemic insecticides)。内吸杀虫剂是一类性能极强的化学农药。使用内吸杀虫剂,即可使植物或动物变得剧毒无比,成为一种美狄亚的长袍。这样做的目的,在于消灭试图靠近这些植物或动物,尤其是通过吮吸汁液或血液的形式与之接触的昆虫。

内吸杀虫剂的世界是一个怪诞的世界,超乎格林兄弟的想象——与之最接近的大概是查尔斯·亚当斯[①]的卡通世界。在这个世界里,童话中充满魔力的森林变成了有毒的森林,昆虫啃食一片叶子,或是吮吸一点植物汁液,就会一命呜呼。在这个世界里,跳蚤咬了狗,就会死掉,因为狗的血液已经是有毒的了;昆虫会被它从来没碰过的一株植物散发出的气体熏死;蜜蜂会带着有毒的花蜜返回蜂巢,随后生产出有毒的蜂蜜。

当应用昆虫学领域的从业者意识到可以从自然界中寻找灵感时,昆虫学家梦寐以求的内置杀虫剂诞生了:人们发现,在富含硒酸钠的土壤中生长出来的小麦,能免遭蚜虫或红蜘蛛侵扰。硒是一种天然元素,少量分布于世界上很多地方的岩石和土壤中。硒的这种免疫性能,使它成为了第一种内吸杀虫剂。

使一种杀虫剂成为内吸杀虫剂的,是其渗入植物或动物的所有组织,让动植物组织带有毒性的能力。一些氯化烃类化合物以及

---

① 查尔斯·亚当斯(Charles Addams),美国著名漫画家,1912年出生于美国新泽西韦斯特菲尔德,从小迷恋棺材、骨骼和墓碑之类的东西,后来以黑色幽默漫画著称于世。曾创作漫画作品《亚当斯一家》(*The Addams Family*)。

另一些有机磷类化合物具有这种性质。这些化合物均为合成产物。除此以外，某些天然生成的物质也具有这种性质。然而在生产实践中，多数内吸杀虫剂源于有机磷类化合物，因为有机磷类残留物的问题似乎不那么明显。

内吸杀虫剂也以其他狡猾的手段发挥作用。用内吸杀虫剂对种子进行处理，无论是采用浸种还是裹上一层与碳结合形成的种衣剂（a coating combined with carbon），①药效都能延伸到下一代植株中，萌发出对蚜虫及其他刺吸式昆虫有毒的幼苗。人们有时用这种方法来保护豌豆、蚕豆和甜菜等蔬菜不受虫害。美国加利福尼亚州有时采用内吸杀虫剂对棉籽进行包衣。在那里，1959年，圣华金河谷地区（San Joaquin Valley）曾有25名种植棉花的农场雇工因接触几袋用药物处理过的棉籽而突发疾病。

英国曾有人试图弄清，当蜜蜂撷取了以内吸杀虫剂处理过的植物产生的花蜜时，后果会怎样？人们在用一种叫作八甲磷的化学农药治理过的区域内进行了调查。尽管是在植物开花之前喷洒的农药，后来产生的花蜜中还是含有农药。调查结果或许可想而知：蜜蜂酿出的蜂蜜，也受到了八甲磷污染。

内吸杀虫剂在动物身上的使用，主要集中于防治一种危害家畜健康的寄生虫——牛蛴螬。必须保持格外的小心，才能使寄主的血液和组织具有杀虫效果，同时又不对寄主产生致命毒害。这种平衡

---

① 指种子包衣技术，也就是在种子外面包上一层含有杀虫剂、杀菌剂、复合肥料、微量元素、植物生长调节剂、缓释剂和成膜剂的药剂"外衣"，这层外衣叫作种衣剂。碳在其中可能起到示踪剂的作用。

关系极其微妙。政府兽医①已经发现，多次使用小剂量农药，能逐渐耗尽动物体内的保护酶胆碱酯酶。因此，额外增加一丁点剂量，就会毫无预警地导致中毒。

有明显的迹象表明，更贴近我们日常生活的领域正被打开。如今，你可能会给爱犬喂上一片据称能使狗的血液变得有毒，从而杀死跳蚤的驱虫药。内吸杀虫剂施用于牛所产生的危害，大约也适用于狗。到目前为止，似乎还没有人发明出某种让我们对蚊子具有致命毒性的人类内吸杀虫剂。或许这是下一步。

＊＊＊

在本章中，到目前为止我们一直在讨论人类在灭虫战役中用到的致命化学物质。与此同时，我们对野草的战役又如何呢？

人类希望便捷而快速地除掉讨厌的杂草。这种愿望催生了一系列数目庞大且日益增长的化学物质，也就是所谓的除草剂（herbicides）。或者采用更通俗的说法，叫作杀草剂（weed killers）。人类是如何使用并滥用这些化学物质的呢？我们将在第六章中讲述这段历史。此处要关注的问题是，除草剂是否是毒药，除草剂的兴起，又是否会促成对环境的毒害？

一直以来广为流传的说法是，除草剂只对植物有毒，故而对动物生命并不构成威胁。但是很不幸，事实并非如此。这些植物灭杀剂中包括许许多多既作用于植物也作用于动物的化学物质。它们

---

① 政府兽医（government veterinarians），政府雇佣的官方兽医，主要负责依照动物卫生法律从事肉类卫生、进出口协议和监管、诊断实验室和研究工作，签发相应的产地检疫证书，执行规定的动物的检疫工作，保护动物健康和公共卫生。

对生物的作用千差万别。有些是广谱农药，有些是药效极强的代谢刺激剂，能造成致命的高热，有些能单独或与其他化学物质联合诱发恶性肿瘤，还有一些通过导致基因突变来改变物种的遗传物质。因此，除草剂如同杀虫剂一样，包括某些非常危险的化学物质。以为除草剂是"安全的"而使用不慎，可能会带来灾难性后果。

尽管有实验室里源源不断流出的新的化学物质相与争锋，砷化物依然用途广泛，既被用作杀虫剂（正如上文中所提到的），也被用作除草剂。在被用作除草剂时，通常呈现为亚砷酸钠的化学形式。砷的使用历史并不让人乐观。喷洒在路边的含砷喷雾剂，害死了很多农户的牲口，以及无以数计的野生动物；喷洒在湖泊和水库中的含砷除藻剂①，使公共水域变得不适宜饮用，甚至不适宜游泳；田地里用来焚毁马铃薯藤蔓的含砷喷雾剂，也对人类和非人类生命造成了惨重损伤。

英格兰之前采用硫酸来焚毁马铃薯藤蔓，大约在1951年，因硫酸短缺，才兴起使用含砷喷剂的行动。当时农业部认为，必须在喷洒过砷剂的地里设置禁止进入的警告牌。但是，牲口看不懂警告牌（同样，我们必须假定，野生动物和鸟类也看不懂）。千篇一律的牲口砷中毒的报道层出不穷。当一个农民的妻子也因饮用被砷污染的水而去世时，英国的几家大型农药厂之一（于1959年）停止生产含砷喷雾剂，并召回业已供应给经销商的药剂。此后不久，农业部宣布，亚砷酸盐对人畜具有极高的风险，因此应当强令限制使用。

---

① 除藻剂，又名除水草剂。

1961年，澳大利亚政府颁布了一项类似的禁令。然而在美国，并没有类似的禁令阻止人们使用这些农药。

一些"二硝基"化合物也被用作除草剂。这些化合物被列为同类材料中最危险的种类。二硝基苯酚是一种强效的代谢兴奋剂。因此，它一度被用作减肥药。但是使人纤瘦的剂量和中毒、致死所需的剂量之间的界限极其微妙，导致若干病人死去，还有很多人在最终停药之前受到了永久的伤害。

五氯苯酚是二硝基苯酚的一种近缘化合物，有时也叫"五氯酚"。五氯酚既被用作除草剂，也被用作杀虫剂，通常喷洒在铁路轨道沿线以及荒郊野外。它对范围广泛的生物体，从细菌到人，均具有剧毒。像二硝基苯酚一样，五氯酚干扰——通常是致命干扰——身体的能量来源，这样一来，受药物作用的生物几乎要把自身能量耗干。其惊人药效在美国加州健康部近期报道的一起致命事故中表露无遗。当时，一名罐车司机正把五氯苯混在柴油里配制棉花脱叶剂。当他把浓缩的化合物从化工桶里抽出来时，无意间碰掉了阀门。他直接用手捡起阀门，把它重新塞好。虽然他马上洗了手，但他还是遽然病倒，次日便与世长辞。

亚砷酸钠或酚类除草剂造成的后果极其明显，而另一些除草剂的作用却更为隐秘。例如，如今闻名遐迩的蔓越莓专用除草剂氨基三唑，或称杀草强，被列为一种毒性相对较低的农药。但是从长远来看，杀草强在野生动物，甚或人类身上引发甲状腺恶性肿瘤的倾向，可能远远更为显著。

有一些除草剂被归为"诱变剂"，也就是说能使遗传物质，即基因发生改变的药剂。我们对辐射造成的遗传效应[①]感到震惊,这是理所当然的;那么,对于广泛播散到环境中的化学物质造成的同一效果,我们又如何能无动于衷呢?

[①] 遗传效应指因辐射作用于生殖细胞所致,影响到受照者后裔的有害效应。除遗传效应外,辐射显现在受照者自身的有害效应称为躯体效应。

第四章 地表水体和地下洋流

在我们的一切自然资源中，水已经成为最宝贵的资源。迄今为止，地球表面绝大部分都被无边的海洋覆盖着。然而处在如此充足的水体中间，我们却急需要水。出于一种奇怪的悖论，地球上充沛的水体中，大部分都无法为农业、工业或居民日常生活所用，因为这些水富含海盐。世界上大多数人口正处在严重缺水的困境中，或是面临缺水的危险。在这样一个时代，当人类已经忘了自己的根本，连自身最本质的生存需求也视而不见时，水就像其他资源一样，成了人类这种麻木态度的受害者。

只有在人类整个环境遭受污染的语境下，我们才能理解杀虫剂污染水体的问题。这是整体中的一个部分。进入水域系统的污染物来源极多：反应堆、实验室和医院排放的放射性废物；核爆炸产生的辐射尘埃；城乡居民生活垃圾；工厂的化工废料。除此以外，还有一种新的烟尘——农田、花园以及森林和田野里喷洒的化学喷雾剂。在这一惊人的大混杂中，很多化学药剂效仿并加强了辐射的危害效果。而在这类化学药剂内部，它们自身也会暗中产生几乎令人难以捉摸的相互反应、转化以及效果的叠加。

自从化学家开始制造自然界中从未产生的物质，水的净化问题就变得日益复杂。人们在用水时面临的危险也与日俱增。正如我们已经看到的，合成化学物的大批量生产始于20世纪40年代。如今，生产已经达到极高的规模，每天倒进美国水域系统中的化学污染物泛滥之势惊人。不可避免地，当这些化学污染物与排放到同一水域中的生活垃圾及其他废料混合时，有时会无法凭借净水厂采用的常规方法检测出来。这些化学污染物多数非常稳定，常规手段无法令其分解。通常甚至难以弄清它们的成分。麻省理工学院的罗尔夫·伊莱亚森教授（Professor Rolf Eliassen）向一个国会委员会证实，要预测这些化学物质的合成效应，或是鉴定清楚从混合物中产生的有机物质，都是不可能的。他如是说道："河流里面污染物的种类多得让人难以置信，这些污染物混合形成的沉积物，卫生工程师只好绝望地称之为'黏稠物'（gunk）。我们根本就不了解那是什么东西，它对人又有什么影响呢？我们并不了解。"

那些用来防治昆虫、鼠类或杂草的化学药剂，正以日益加剧的速度促成水体中有机污染物的增长。有些药剂是人为投放于水体中，用来清除植物、昆虫幼虫或是不受欢迎的鱼类。有些来自森林上空喷洒的农药——单单为了杀一种害虫，就可能遍及整整一个州两三万英亩的面积，农药直接洒进溪流，或是通过森林的冠层滴落到林地上，在那里汇入潺潺的地表潜流，开启通往海洋的漫长旅程。这类污染物中的绝大多数，可能来自农田里用于防治昆虫或鼠类的数百万磅农药。这些农药经由雨水冲刷，滤出地面，汇入东流到海的百川之中。

到处都有明显的证据，表明这些化学药剂存在于我们的河流，甚至公共用水中。例如，从宾夕法尼亚州一片果园周围地区抽取的饮用水样本，在实验室里用鱼类做试验时，里面含有的农药足以在

第四章 地表水体和地下洋流

区区四个小时内杀死所有的受试鱼类。从喷洒过农药的棉田附近一条灌溉水渠中取来的水，即使经过净水厂加工后，依然能使鱼类毙命。在田纳西河流经亚拉巴马州的15条支渠中，从施用过毒杀芬，也就是一种氯化烃类化合物的地里流出的径流，毒杀了河流中栖居的所有鱼类。这些支渠中有两条是市政供水来源。而在施用过杀虫剂一周后，河水依然具有毒性。这一事实由悬浮于下游水域中的笼养金鱼每日的死亡得到了证实。

大多数情况下，这种污染是无声无息的。只有当成百上千条鱼类纷纷死去时，人们才会发现其存在，但是在更多数情况下永远无法觉察到。为水质把关的化学家们无法用常规检测来探查这些有机污染物，也无从清除它们。但是无论能否检测到，农药都是存在的。而且我们可以预料到，以如此庞大之规模施用于土地上的任何物质，目前都已顺利进入很多甚或是国家所有的大型河流系统。

我们的水域几乎已经普遍受到农药污染。如果有人质疑这一点，他应该研习一下1960年美国鱼类和野生动植物管理局发布的一篇小报告。该组织开展研究，考察了鱼类身体组织中是否像温血动物一样有农药积存。第一批样本取自西部森林地区，那里为防治云杉卷叶蛾而喷施过大量的DDT。正如人们所预料到的，这些鱼体内全都含有DDT。当调查人员转而对距最近的喷药地点约30英里的一条僻静的小溪进行对照实验时，真正重大的发现产生了。这条小溪处在前一个取样地点的上游，中间还隔着一道极高的瀑布。当地据说并没有喷洒过农药。然而，这里的鱼体内也含有DDT。这种化学物质是通过地下隐藏的流水到达了这条偏远的小溪吗？或者是被风吹过来，像尘埃一样飘撒在溪流表面？在接下来的另一项对照实验中,从一个鱼类孵化场取来的鱼体内也出现了DDT。孵化场的水来自一口深井。当地同样没有喷药的记录。唯一可能的污染途径,似乎就是通过地下水。

在整个水污染问题中,最令人忧心的,可能莫过于地下水遭受普遍污染的危险。在任何地方的水域中投放农药,都不可能不威胁到全球各地的水质。大自然的活动绝少在封闭、独立的空间中进行,至少在分配地球上水源供应时,她并没有那样做。雨水降落在大地上,通过土壤与岩石中的小孔和罅隙渗入地下,并不断向深处渗透,直到最终到达某个地带:在那里,岩石孔隙内充满了水;一片黑暗的地下洋流,在山丘下面抬升,在峡谷下方下沉。这片地下水始终处在运动中,有时以极慢的速率行进,一年还不到50英尺,有时则更为迅速,一日之中几乎能移动十分之一英里。它通过不可见的水道行进,直到在各个地方露出地表,形成泉水,或许还能被挖掘成井。但是在大多数情况下,地下水形成溪水,然后汇入河流。除了直接进入溪流中的雨水或地表径流之外,地表所有的流水,都曾经是地下水。因此,在非常真实而且可怕的意义上,污染地下水,就是污染全球水源。

***

想必正是通过这片黑暗的地下洋流,有毒的化学物质从科罗拉多州一家制造厂转移到数英里外的一片农产区,污染了井泉,使人畜生病,并且损害了农作物——这一非同小可的事件,很可能只是众多类似事件中的头一个。这段故事的历史,简单来说就是这样。1943年,坐落在丹佛附近的落基山化学军工厂(Rocky Mountain Arsenal of the Army Chemical Corps)开始生产战备物质。八年后,兵工厂房产被租赁给一家私人石油公司,用来生产杀虫剂。然而,甚至还在业务转型之前,各种神秘的传闻已经风起云涌。距离工厂好几英里的农场开始盛传家畜出现不明原因的疾病;农民们抱怨农作物大面积受害。叶子枯黄,植株无法成熟,很多农作物被彻底毒死。此外还有部分人员生病的报道,也有人认为与此相关。

这些农场的灌溉用水都是从浅水井中抽出来的。当人们对井水进行检测时(那是在 1959 年的一项研究中,当时有好几个州和联邦的机构参与了这项研究),发现其中含有丰富多彩的多种化学物质。落基山兵工厂在几年的运营中,向废水存贮池中排放了氯化物、氯酸盐、磷酸盐类,以及氟和砷。很显然,兵工厂和农场之间的地下水已经被污染了。在七八年的时间里,废水在地下行进了三英里左右,从存贮池一直流到距离最近的农场。这种渗透持续蔓延,进一步污染了一片范围尚不明确的地区。调查人员无从遏制污染源,也无法阻止其前进。

这种情形已经够糟了。但是,整个故事中最神秘、从长远看来可能也最重要的情节是,在一些水井和兵工厂的存贮池中,发现了除草剂 2,4-D。无疑,2,4-D 的存在足以解释用井水灌溉过的农作物受害的现象。但是神秘之处在于,兵工厂在任何运营环节中都没有生产过 2,4-D。

经过长期细致的研究,化学家们得出的结论是,2,4-D 是在露天水池中自发形成的。它由兵工厂排放的其他物质形成;在空气、水分和阳光的作用下,根本不需要化学家的人为干预,存贮池变成了化学实验室,生产出一种新的化学物质——这种物质接触到大多数植物,都会对其造成致命损害。

因此，科罗拉多州农场农作物受损的故事，具有一种超越地区意义的重要性。不仅是在科罗拉多州，而是全球各个地方，有哪些类似的污染物进入公共水域的情况？各地的湖泊和溪流，在空气和阳光的催化作用下，又会有哪些危险物质从化学家标记为"无害"的母质中生成？

确实，水的化学污染中最令人震惊的情况之一正在于此——在河流、湖泊或水库里，或者就拿端上餐桌的一杯水来说，里面都混杂着各种化学物质，没有哪个负责任的化学家会考虑在实验室里将这些物质混合起来。这些自由混杂的化学物质之间可能产生的相互反应，令美国公共卫生服务部官员深感担忧。他们公开表示担心那些由相对无害的化学物质生成的有害物质，可能会大规模产生。相互反应可能在两种或多种化学物质之间，或是化学物质与河流中排放量日益增加的放射性废物之间产生。在电离辐射的影响下，原子可能极易发生重组，以一种不仅不可预测而且无法控制的方式，改变化学物质的根本性质。

当然，不仅地下水受到污染，地表的水流——溪流、河流，以及灌溉用水亦然。关于灌溉用水，一个令人不安的例子可能建立在图里湖（Tule Lake）和克拉马斯湖下游（Lower Klamath）的国家野生动物保护区的基础上。两处均位于加利福尼亚州。这两个保护区是一系列保护区中的一部分，该系列中也包括位于克拉马斯湖上游、正好超出俄勒冈州边界的保护区。所有的保护区彼此关联，这种关联或许是生死攸关的，因为水源供应是共同的，并且同样的事实对它们都造成了影响：它们就像小岛一样，周围环绕着大片的农田——这里起初是沼泽地和开放水域构成的一片水鸟天堂，后来经

第四章 地表水体和地下洋流

过排水工程和水渠改道，垦殖成了农田。

如今，人们从克拉马斯湖上游引水灌溉保护区周围的农田。灌溉结束后，又将水从田地里抽出来，灌进图里湖，水再从那里流到克拉马斯湖下游。野生动物保护区内所有水域都建立在这两大水体的基础上，因此全都掺杂了农田排出的废水。联系到近些年发生的事情，记住这一点非常重要。

1960年夏季，保护区工作人员在图里湖和克拉马斯湖下游捡拾到数百只已经死去或是濒临死亡的鸟儿。其中多数是鱼食性的鸟类：苍鹭、鹈鹕、海鸥。分析发现，这些鸟的体内含有杀虫剂残留物，经鉴定为毒杀芬、DDD（滴滴滴）和DDE（滴滴伊）。从湖里打捞起来的鱼体内也含有杀虫剂；浮游生物的样本也是如此。保护区管理员认为，杀虫剂残留物随着喷洒过大量农药的农田里回收的灌溉用水，进入这些保护区的水域，并在这里积聚起来。

在这片被划归保护区的水域，每个捕捉西洋鸭的狩猎者，每个欣羡地目睹水鸟在夜幕中划破苍穹，并倾听它们歌声的人，都感受到了农药污染所带来的后果。这几处保护区在西方的水鸟保护中占据关键地位。它们正好位于一个关键点，相当于一个漏斗的瓶颈位置，所有鸟类迁徙路线，包括所谓的太平洋鸟类迁徙路线（Pacific Flyway），都在此处交会。秋季迁徙时节，这几个保护区迎来数百万只鸭和鹅，这些鸟类的筑巢地从白令海沿岸往东，一直延伸到哈德逊海湾——在秋季南下进入太平洋沿岸各州的所有水鸟中，足足占据四分之三。夏季，保护区为水鸟们，尤其是两个濒危物种，即美洲潜鸭和棕硬尾鸭提供了筑巢场所。如果这些保护区的湖泊和池塘受到严重污染，对远西地区（Far West）的水禽种群造成的损害将是无法挽回的。

此外，水的重要性，必须从水域维持的食物链来加以考虑——从浮游植物尘芥般大小的绿色细胞开始，经过微小的水蚤，到以水中浮游生物为食的鱼类，鱼类反过来又被其他鱼类捕食，或是被鸟类、水貂与浣熊猎杀——生物之间存在一种无穷无尽的物质循环。我们知道，水中很多生物必需的矿物质，正是如此在食物链的各个环节中传递。我们能否假定，我们引入水中的农药，就不会进入自然界的循环呢？

加州的明湖（Clear Lake）那段令人震惊的历史，将告诉我们答案。明湖位于旧金山以北约90英里的丘陵地带，向来是垂钓者云集之地。明湖之名并不副实，因为浅浅的湖底覆盖着一层黑色的软泥，它实际上是一片相当混浊的湖泊。对渔民和岸上的度假者来说不幸的是，湖水为一种小蚋蚋，即幽蚊（*Chaoborus astictopus*）提供了理想的栖息地。这种蚋蚋虽然与蚊子有密切的亲缘关系，但是它们并不吸血，成虫阶段可能根本不进食。然而，仅仅因为它们的数量，就惹恼了同在一片栖息地中生活的人类。人们想方设法防治幽蚊，但是大体上并无成效，直到20世纪40年代后期，氯化烃类杀虫剂提供了新的武器。这种被选来进行新一轮攻击的化学物质，是DDD。DDD是DDT的近亲，但是对鱼类的危害似乎更小一些。

1949年推行的新防治措施事先经过了精心的策划，几乎谁也没有想到可能造成任何危害。人们对明湖进行勘测，确定了湖泊容量。杀虫剂经过高度稀释，按1∶7000万比例投放到水中。一开始，蚋蚋防治非常成功。但是到1954年，人们不得不再次施药进行防治。这一次杀虫剂投放于水中的比例是1∶5000万。这时人们认为

第四章 地表水体和地下洋流

灭蚊工作基本完成了。

随着第二年冬季的到来，其他生物遭受药物影响的迹象露出了苗头：湖上的北美䴙䴘开始死亡，公开报道的死亡数目很快就超过了一百只。明湖上的北美䴙䴘是一种繁殖鸟（breeding bird），也是被湖中大量鱼类吸引来的冬季候鸟。这种鸟外形优美，生活习性耐人寻味。它将巢穴筑在美国西部和加拿大的浅水湖泊上顺水漂流。北美䴙䴘又称"天鹅䴙䴘"，这是有原因的。当它穿过湖面时，它的身体压低，雪白的脖颈和黝黑发亮的脑袋高高抬起，几乎不会惊起一丝波纹。刚孵化出来的雏鸟披着一身柔软的灰色绒毛；短短几个小时后，它就能依偎于亲鸟的双翼庇护之下，附在父母背上，一同飞向水面。

1957 年，人们对负隅顽抗的蚊蚋种群展开第三轮进攻。随之而来的是更多北美䴙䴘的死亡。情况正如 1954 年一样，经检查，死鸟身上并未发现传染性疾病的迹象。但是，当有人想到分析北美䴙䴘的脂肪组织时，人们发现其中 DDD 浓度高达 1600ppm。向湖水中投放杀虫剂时，水中最大浓度是 0.02ppm。而北美䴙䴘体内积聚的农药含量，怎么会达到如此高的水平？当然，这些鸟都是鱼食性鸟类。当人们对明湖中的鱼也进行了分析后，整个图景逐渐清晰起来——毒素被最微小的生物吸收，经过浓缩，传递给更大的捕食者。浮游生物体内农药含量为 5ppm（大约为水体中最大浓度的 25 倍），植食性鱼类体内积聚的农药含量为 40—300ppm 不等。肉食性鱼类体内的药物存储量最高，一只云斑鮰体内含量水平竟然达到了 2500ppm！这是一种层层叠加的效应：浮游生物从水中吸收农药，食草动物吞吃浮游生物，食肉动物吞吃食草动物，小的食草动物又被更大的食肉动物捕食。

随后又有了更惊人的发现。刚施用过DDD后，水中并没有发现这种化学物质的踪影。但是，农药并没有从湖水中消失，而是进入了湖泊所维持的生物机体组织之中。最后一次施药时隔一年零十一个月，浮游生物体内药剂含量依然高达5.3ppm。在这近两年的时间段里，浮游生物一茬接一茬地涌现，而后消逝。农药虽然不复存在于湖水中，却通过某种方式在浮游生物间代代相传。农药也在湖中动物体内绵延不绝。停止施药一年后，所有接受检测的鱼类、鸟类和蛙类体内依然含有DDD。动物肌体中的农药含量，总是比最初湖水中的浓度高出数倍以上。这些携带农药的生物中，有最后一次施药九个月后孵出来的小鱼、北美鸊鷉，还有加利福尼亚鸥（California gulls），其体内积聚的DDD浓度超过了2000ppm。与此同时，来此筑巢孵卵的北美鸊鷉数量减少，首次施药前是1000多对，到1960年只剩下约30对。就连这30对筑巢的鸟儿似乎也是徒劳无功，自上次施用过DDD之后，湖上并没有看到新生的北美鸊鷉出现。

因此，这一整个连锁反应，似乎是建立在浮游植物的基础上。农药最初必定是积聚在浮游植物上。但是处在食品链另一端的人类，又如何呢？人类——大概对这一系列事件一无所知——甩着钓竿从明湖中钓出一堆鱼，带回家去烹制晚餐。大剂量的DDD，或许还是一再大量服用，对人类会造成怎样的危害？

加利福尼亚州公共卫生部虽然声称没有看出任何危险，却在1959年下令禁止向湖中施用DDD。鉴于这种化学物质巨大的生物杀伤力已经得到科学证明，此举似乎是最低程度的安全措施。DDD

的生理学效应,在杀虫剂中大概是独一无二的。它破坏肾上腺的部分组织,即分泌肾上腺激素的外层细胞,通常称为肾上腺皮质(adrenal cortex)。这种可怕的效应自1948年已为人知。起初人们以为这一效应仅限于狗,因为在对猴子、老鼠或兔子等动物所做的实验中并未发现类似情况。然而,DDD在狗身上引发的症状,非常类似于人体阿狄森氏病发时的情形。最近医学研究表明,DDD确实能显著抑制人体肾上腺皮质的正常运行。如今临床上利用DDD这种破坏细胞的功效,用它来治疗一种罕见的肾上腺癌。

✻✻✻

明湖的状况引发了一个问题:采用对生理过程具有强效作用的物质防治害虫,尤其是在防治措施涉及直接向水体中投放化学物质时,是否明智、审慎之举?这个问题是公众必须面对的。投放的杀虫剂浓度确实很低,但是这毫无意义。药剂浓度沿着湖中食物链一路爆炸性上升,足以证实这一点。然而明湖只是一个典型案例,类似情形为数众多,而且日见增多。在这类情况下,本来是要解决一个显而易见却往往微不足道的问题,结果造成远远更为严重,只是一时半会儿还不那么惹眼的问题。就明湖而言,那些痛恨蚊蚋者的问题是解决了。可代价是,一切从湖中饮水或捕捞食物的生物,都面临一种并未明示,甚至很可能并没有明确意识到的风险。

引人注目的是,下意识地向水库中投放农药,眼看已成为司空见惯之举。目的通常是为了便于休闲娱乐,即便事后准定要花钱治理水质,使之符合原定的饮用水标准。当某地区的活动家们想要"改善"水库的钓鱼事业,他们就会极力撺掇政府机关下令向水中倾洒药物,除掉那些不受欢迎的鱼类,用更合其口味的鱼苗取而代之。

这一过程具有一种爱丽丝梦游仙境式的怪诞性质。创建水库，原本是为了满足公共用水。大众很可能对那些活动家的提议并不知情，却被迫饮用含有农药残留物的水，或是为治理受到农药污染的水域而交纳税款——治理也绝非万无一失的。

随着地下水和地表水受到杀虫剂及其他化学物质污染，公共供水中不仅存在有毒物质进入的危险，而且还有引入致癌物质的危险。美国国家癌症研究所的休珀博士警告人们，"在不久的将来，因饮用受污染的水而罹患癌症的危险将显著增长"。事实上，20世纪50年代初在荷兰发起的一项研究提供了证据，表明受污染的河道可能带来患癌症的危险。从河流中汲取饮用水的城市居民，相比从其他不那么容易遭受污染的水源，诸如井泉中取水的地区居民，癌症死亡率更高。砷是人类生活环境中最易于查明的致癌物质。两起居民供水污染引起癌症多发的重大案例，都与砷有关。一起案例中的砷来自矿场挖出的废渣，另一起案例中则源自天然砷含量极高的岩石。由于含砷杀虫剂的大量应用，类似环境条件将很容易重现。在这些地方，土壤被毒化。随后，雨水将一部分砷冲进溪水、河流和水库，以及地下水汇成的地下汪洋之中。

这再一次提醒我们，自然界中没有孤立存在的事物。为了进一步弄清我们的世界是如何受到污染的，我们必须转向地球上另一种基本的资源：土壤。

第五章 土壤王国

薄薄的土壤层,形成一块片状的包被,覆盖于各大陆之上。这层包被主宰着地球上各种动物以及人类自身的生存。如果没有土壤,陆生植物固然无法生长;没有植物,动物也就不能存活。

然而,如果说以农业为基础的人类生活依赖于土壤,反过来,土壤也依赖于生命。土壤最初的形成,以及土壤肥力的维持,都与动植物密切相关。土壤部分是生命的创造,源于亿万年前生物与非生物之间奇妙的互动。随着火山喷发出的灼热泥流,随着陆地上裸露的岩石表面奔涌的水流切开最坚硬的花岗岩,随着冰刀霜剑令岩石分崩离析,土壤母质(parent materials)聚集在一起。随后,生物开始施展创造性的魔力,这些缺乏活性的物质一点点地变成了土壤。地衣率先爬上岩石,分泌出酸性物质,加速岩石分解,为其他生物提供了栖居之所。苔藓乘虚而入,占据小块简单的土壤——经由地衣的鲸吞蚕食,再加上昆虫短暂一生中蜕下的壳,以及刚从海洋爬上陆地的动物残骸形成的土壤。

生命不仅塑造了土壤,也塑造了土壤中丰度与多样性均令人难以置信的其他生物。如若不然,土壤将变得死气沉沉,缺乏生机。土壤中无数有机物的存在及其活动,使土壤得以供养地球的绿色外衣。土壤以一种持续变化的状态存在,参与到既没有开头也没有结尾的循环之中。岩石的风化、有机物的腐烂,雨水中溶解的氮气及其他气体,不断地为土壤补充新的材料。与此同时,生物不断从土壤中带走其他的材料,借来供一时之需。微妙而且无比重要的化学变化无时无刻不在进行中,将源于空气和水的元素,转变为适于植物利用的形式。而生物体是这一切变化中的活化剂(active agents)。

很少有研究能比研究生活在土壤内黑暗王国中的拥挤的生物种群更令人着迷,与此同时,也很少有研究比其更不受人重视。我们对土壤生物相互间、它们与地下世界以及地上世界之间的纽带关系,都知之甚少。

土壤中最重要的,或许是那些最微小的生物——不可见的细菌与线状真菌群体。其统计数据之丰富,瞬间就能让我们窥见天文数字。一茶匙表层土壤中,可能含有数十亿个细菌。尽管细菌极其微小,一英亩肥沃土壤表层的细菌群,总重量可达一万磅。放线菌具有长长的细丝,在数量上稍逊于细菌。但是因为放线菌更大,同一块土壤中放线菌的总重量,可能与细菌大致相当。再加上小小的绿细胞,也就是所谓的藻类,就构成了土壤中的微观植物世界。

细菌、真菌和藻类是加速腐烂的主要作用者,它们将动植物残体中的矿物质重新分解出来。碳、氮等化学元素在土壤、空气和生物组织中的巨大循环运动,不借助这些微生物,就无法进行。例如,如果没有固氮菌,尽管周围充满含氮的空气,植物也会因缺氮而死。其他有机物形成二氧化碳,溶解为碳酸,加速岩石的腐化。还有一些土壤微生物发挥各种氧化和还原作用,将铁、锰和硫等矿物质转化为适合植物利用的形式。

微小的螨虫，和一类叫作跳虫的原始无翅昆虫，也大量存在于土壤中。这类小虫虽然极其微小，但是在分解植物残体，以及协助林地上的枯枝败叶缓慢转变为土壤的过程中发挥重要的作用。有些小虫的工作分工之细，简直令人吃惊。例如，有几种螨虫，一开始只能在云杉树上落下的针叶中生活。它们隐藏在里面，掏空针叶的内部组织。等到螨虫发育完成时，整枚针叶只剩下最外层的细胞。就处理每年落叶中的大量植物材料而言，真正成果惊人的，要数土壤和林地中的一些小昆虫。它们腐蚀叶子，将其消化，并且促进分解出来的物质与表层土壤的混合。

除了这些微乎其微却无时无刻不在辛苦劳作的小生物之外，当然还有很多更大的生物。土壤中的生命形式，从细菌到哺乳动物一应俱全。有些是分布于黑暗地层中的常住居民；有些在地下洞穴中休眠，或是度过生命周期中特定的阶段；还有一些在洞穴与地上世界之间来去自如。总体上，土壤中所有栖居者的作用，就是疏松土壤，改善土壤的排水性能，并促进水分向植物生长层中渗透。

在所有体形较大的土壤居民中，大概没有比蚯蚓更重要的了。逾四分之三个世纪以前，查尔斯·达尔文出版了一本书，名叫《蔬菜的霉变》(*The Formation of Vegetable Mould, through the Action of Worms, with Observations on Their Habits*)。在这本书中，达尔文最先认识到蚯蚓作为地质工作者运输土壤的重要作用。他描绘了这样一幅图景：地表裸露的岩石逐渐被蠕虫从地下搬运上来的细土覆盖，在条件最优越的地方，一英亩地上每年搬运上来的土壤总量可达数吨。与此同时，叶子和禾草中所含有机物质（在一码见方之地，六个月内累积的量多达二十磅），则被拖进地下洞穴，融入土壤。达尔文的计算表明,在十年时间里,蚯蚓的辛苦劳作能使土壤层加厚一英寸半。而蚯蚓所做的,绝不仅止于此。它们在土壤中打洞,使土壤保持良好的排水性能,并且有助于水分向植物根系中渗透。蚯蚓的存在,既增进了土壤中细菌的硝化能力,也减缓了土壤肥力的衰退。有机物质通过蠕虫的消化道,分解出来,并以排泄物的形式滋养土壤。

因此,土壤中的群落由错综复杂的生命网络构成,其中每种生命,都以某种方式与其他生命联系起来。生物依赖于土壤,反过来,土壤又是地球上重要的生命元素——只要土壤中的群落繁盛发展。

在这里,我们所关心的问题,是一个极少有人考虑到的问题:当化学农药被用作"消毒剂"直接撒在土壤中,或是通过雨水穿过森林茂密的冠层、果园和农田时冲刷下来的致命污染物,一路进入地下世界时,土壤中那些数量惊人而且对生命至关紧要的栖居者,又会怎样呢?我们以为能用一种广谱杀虫剂消灭地下处于幼虫阶段的农作物害虫,同时又不伤害那些在有机物质的分解中发挥关键作用的"益虫",或是用一种非特异性(nonspecific)杀菌剂,却不伤害很多树木根系内有助于树木吸收土壤中养分的益生菌,这种想法是否理性?

事实明摆着,土壤生态学中这一至关重要的研究课题,连科学家也在很大程度上忽视了,而负责治理害虫的相关人员,则几乎是完全忽略了。化学防治虫害得以推广开来,似乎是基于这样一种假定:土壤能够而且愿意承受任何程度的毒药污染,而不对人类实施报复。大体上,我们一直对土壤世界的真实本质漠不关心。

通过目前极有限的一些研究,杀虫剂对土壤的影响正缓慢地浮现出来。无足为怪，这些研究得出的结论并不总是一致的。因为土壤类型千变万化，在一个地方造成危害的，在另一个地方可能安全无害。细沙质土壤受到的损害，远远重于腐殖质土壤（humus types）。化学物质混合起来，似乎比分开来使用的危害更大。这些研究尽管结论不一，但足以证明杀虫剂的危害。积累起来的可靠证据，已经引起很多科学家方面的共识。

某些情况下，在生命世界中占据核心地位的化学转化反应，也会受到药物影响。使大气中的氮得以被植物吸收利用的硝化反应，就是一个典型例子。除草剂2,4-D会导致硝化反应暂时中断。在佛罗里达州最近的实验中，氯丹、七氯和六氯苯施用到土壤中仅两周后，就减缓了硝化反应；六氯苯和DDD施用一年后，出现了显著的不利影响。在另一些实验中，六氯苯、艾氏剂、氯丹、七氯和DDD，对于固氮菌在豆科植物根部形成植物生长所必需的根瘤，均起到了阻碍作用。真菌和高等植物根系之间奇异而又互益的关系，受到了严重扰乱。

有时候，问题在于杀虫剂打乱了种群之间的微妙平衡。而自然界中的长远目标，正是借助这种平衡关系得以实现。当土壤中某些生物种群受到杀虫剂的抑制，另一些生物则出现爆炸性增长，由此扰乱了捕食者与猎物之间的平衡关系。这类变化能轻而易举地改变土壤的代谢活动，影响土壤生产力。这也意味着，某些存在潜在危害的生物，先前有所抑制，而现在却能逃开自然天敌的控制，升级为害虫。

最重要的是，别忘了，杀虫剂在土壤中的残留期之长，不以月份来计算，而是以年来计算。艾氏剂施用四年后还能回收到，既有残余之迹，也有更多转变成了狄氏剂。混进沙土中用来灭白蚁的毒杀芬，十年后还有足量的残留物。六氯苯至少能残留十一年；七氯或是由七氯衍生出的另一种毒性更大的化学物质，至少能残留九年。氯丹施用十二年后，回收到的量，为最初用量的百分之十五。

一年中杀虫剂的用量看似不多，土壤中累积起来的量却十分惊人。由于氯化烃药效持久，残留期长，每次施用后，都会在上一次基础上再增加一些。以前流行的说法是"一英亩地里施用一磅DDT安全无害"，但是如果多次喷洒，也就毫无意义了。目前已经发现，马铃薯地里每英亩土壤含DDT15磅，玉米地里每英亩含量高达19磅。在一小块经过调查的蔓越莓地里，每英亩土壤含有34.5磅DDT。苹果园里土壤污染程度似乎达到了巅峰，DDT累积增长的速度几乎与每年施用的频率保持同步。单单一个季节，果园里喷上四五次药，累积的DDT残留物，就可达到30—50磅的最高值。数年中经多次喷药，果树间隙处每英亩土壤DDT含量从26磅到60磅不等；果树下面则高达113磅。

农药几乎会永久残留于土壤中，砷提供了一个典型例子。虽然自20世纪40年代中期以来，烟草地里使用的含砷喷雾，大体上已由人工合成的有机杀虫剂取代，但是1932—1952年之间，在产自美洲的烟草制成的香烟中，砷含量增加了3倍。后来的研究表明，增长量已经高达6倍。亨利·萨特利博士（Dr. Henry S. Satterlee）是砷的分子毒理学方面的权威，他表示，虽然有机杀虫剂很大程度上已经取代了砷剂，但是烟草植株还在继续吸取原来残留的毒素，因为烟草种植园的土壤中已经充满大剂量的残留物，这是一种相对不可溶的毒剂：铅的砷酸盐。这种毒剂将继续以可溶的形式释放出砷。根据萨特利博士的说法,在种植烟草的土地上,大部分土壤已经遭受"累积性的永久毒化"。没有使用含砷杀虫剂的地中海东部国家种植的烟草,则并未出现砷含量增加的现象。

因此,我们面临着第二个问题。我们必须要关注的,不仅是土壤目前的情况。我们还必须考虑,在受到污染的土壤中,杀虫剂在多大比例上被植物吸收并进入植物组织。这很大程度上取决于土壤和农作物的类型,以及杀虫剂的性质与浓度。富含有机质的土壤,比其他类型的土壤释放出的农药更少。在所有经过研究的作物中,胡萝卜比其他作物吸收的杀虫剂更多。如果碰巧使用的是氯丹,胡萝卜内部实际积聚的药物,会比土壤中存在的药物浓度更高。将来我们在种植特定的粮食作物之前,或许必须分析土壤中所含的杀虫剂。否则,即便没有喷过药的作物,仅仅从土壤中吸收的杀虫剂,也足以使之不符合市场标准。

这种污染源已经至少给一家处于领先水平的婴儿食品制造商造成无穷无尽的问题。这家企业不愿购买任何使用过毒性杀虫剂的水果或蔬菜。最让他们头疼的化学农药,是六氯苯。六氯苯被植物根系和块茎吸收后,会通过一股霉味呈现出来。加州原野上,两年前使用过六氯苯的地方,种植出来的甘薯依然含有农药残留物,因此不得不被拒之门外。有一年,这家企业本来已经与南卡罗来纳州签订合同,向对方购买生产所需的全部甘薯。结果,人们发现甘薯种植地大面积受到了污染,这家企业被迫向公开市场(open market)采购甘薯,遭受惨重的经济损失。数年中,美国各州种植的各类水果和蔬菜,都相继被拒之门外。最伤脑筋的是花生的问题。南部各州通常将花生与棉花轮植,而六氯苯在棉田里被广泛采用。

随后在这片地里长出的花生，也吸收了大量的杀虫剂。事实上，只要有一星半点的农药残余，就足以混入那股惹麻烦的霉味。这种化学药品渗入花生中，根本无法去除。加工处理非但远远不能消除霉味，有时反倒欲盖弥彰。一家厂商想要杜绝六氯苯，唯一可行的办法就是拒斥一切施用过这种化学农药，或是在受污染的土壤中种植出来的农产品。

有时农药也会危及作物本身——只要土壤受到杀虫剂污染，这种危险就始终存在。有些杀虫剂会影响诸如大豆、小麦、大麦或黑麦之类的敏感植物（sensitive plants），延缓根系发育，或是抑制幼苗生长。华盛顿州和爱达荷州啤酒花种植者的遭遇，就是一个典型的例子。1955年春季，有很多啤酒花种植者参与了一项旨在防治草莓根象甲（strawberry root weevil）的大规模行动。当时啤酒花的根部出现了大量草莓根象甲幼虫。种植者听从一些农业专家和杀虫剂制造商的建议，选择用七氯来控制虫害。在施用七氯后，不出一年，喷过药的园子里长出的啤酒花藤蔓全都枯黄萎缩，奄奄待毙。没有喷过药的地里却未曾出现任何问题；受损的范围，正好以喷药与没喷药的田地之间的交界为限。重新垦殖荒山花费甚多，然而第二年，人们发现新插的藤蔓又枯死了。四年后，土壤中依然含有七氯。科学家无法预测土壤中毒性会残留多久，也无法给出任何改变这种状况的建议措施。联邦农业部一度声明，允许将七氯以施用于土壤的形式来防治啤酒花害虫。直到1959年3月，农业部意识到这种观点的错误之处，废止这种用法合法性的禁令才姗姗来迟。与此同时，啤酒花种植者将农业部告上法庭，索取赔偿。

随着农药的继续使用，以及土壤中那些几乎无法消除的残留物持续的积聚，我们几乎可以肯定，麻烦即将到来。这是1960年一群专家在美国锡拉丘兹大学集会讨论土壤生态学时达成的共识。对于使用诸如化学物质和放射线之类"强大而又鲜为人知的工具"的危害，他们如是总结道："人类稍微走错一步，就可能摧毁土壤的生产力，节肢动物便会趁虚而入。"

第六章　地球的绿衣

　　水，土壤，和地球上葱茏如盖的植物，构成了地球上动物赖以生存的整个世界。虽然现代社会中极少有人记得这一点，但是如果不是植物攫取太阳的能量，并制造出人类维持生命的基本食物，我们就无法生存。我们对植物的态度偏狭得出奇。我们只要发现一株植物眼下有任何用处，就会趋之若鹜。要是我们出于某种原因，不想要这种植物，或是觉得可有可无，就会马上判处其死刑。除了各种对人畜有毒，或是与粮食作物争抢地盘的植物之外，许多植物之所以被我们打上死亡标记，仅仅是因为，依据我们狭隘的观念，它们碰巧在错误的时间，出现在了错误的地点。还有很多植物被消灭，仅仅是因为它们正好与人们讨厌的植物关联在一起。

　　地球上的植被，是整个生命网络中的一部分。在这张大网中，植物与地球之间，植物与其他植物之间，以及植物与动物之间，都存在密切而且重要的关系。有时我们扰乱这些关系是别无选择，但是我们应当三思而后行，对我们的行为在遥远的将来，以及在遥远的地方所可能产生的后果有充分的认识。可是，当今蓬勃发展的"除草剂"事业并未打上这种谦卑的标记。销量飙升和推广运用，是以残杀植物为目的的化学药剂生产活动的显著特征。

　　我们莽撞地破坏了大地景观。最悲惨的例子之一，出现在西部的艾草地上。在那里,消灭艾草①、改造草原的大运动正如火如荼。如果说一项事业需要从地貌的历史和意义中受到启发,这项活动正是如此。因为在这里,自然景观一览无遗地呈现出各种景观塑造因子的交互作用。它像一本打开的书一样,一页页地展现在我们面前。从中我们可以读出,土地为什么是现在这个样子,我们又为什么应该保持土地的完整性。这些书页摆在那里,却无人去读。

这片艾草地,是一片由高高的西部平原和平原上隆起的山丘较低的坡地构成的土地。这片土地诞生于数百万年前落基山脉的大抬升。这是一个气候极端严酷的地方:在漫长的冬季,暴风雪从山坡上呼啸下来,平原上积雪深深;夏日炎炎,雨水稀少,干旱入地三尺,干热的风窃走了植物叶子和茎干上的水分。

在大地景观的演进中,植物必定经过了长期的试错过程,极力试图在这片狂风肆虐的高地上扎下根。它们必定经历了多次的失败。最终演化形成的一类植物,综合了生存必需的一切属性。艾草的植株矮小,呈灌木状,能牢牢驻扎在山坡和平原上,灰色的小叶片内部能保持足够的水分,抵御掠夺性的狂风。西方的大平原成为艾草的天地,这绝非偶然,而是大自然长期试验的结果。

与植物一道,动物也在按照这片土地所希望满足的条件演化。曾经有两种动物像艾草一样,与这片栖息地达成了完美的和谐。其一是一种哺乳动物,敏捷而优雅的叉角羚②。另一种则是一种鸟,艾

---

① 艾草(sage),本意为鼠尾草,此处指菊科蒿属植物(sagebrush),尤指三齿蒿,俗称艾草。鼠尾草有时也称山艾、洋苏草,但是鼠尾草属于唇形科植物。

② 叉角羚(*Antilocapra americana*),又名美国羚羊,偶蹄目叉角羚科唯一的一属一种。起源介于牛科和鹿科之间,角也介于二者之间,似牛科分为骨心和角鞘,雌雄均有角,角不脱落,但是角像鹿角那样分叉,角鞘则每年脱落。

草松鸡①——刘易斯和克拉克所谓的"平原公鸡"。

艾草和松鸡似乎为彼此而生。这种鸟的原产地范围正好与艾草的分布范围一致,随着艾草地的缩减,松鸡种群数量也减少了。对于平原上的这些鸟儿来说,艾草意味着一切。山麓一带低矮的艾草,为鸟儿们的巢穴和雏鸟提供了庇护所;生长更繁茂的地方,是鸟类游荡和栖息的场所。无论何时,艾草都能为松鸡提供日常必需的食物。然而,这种关系是双向的。雄鸡求偶时引人注目的表演,有助于疏松艾草植株下方和周围的土壤,协助在艾草遮蔽之下生长的小草入侵。

叉角羚的生活同样与艾草达成了和谐。它们是平原上主要的动物。冬季,当第一场雪降临时,那些夏天在山上避暑的动物,便会下移到低海拔处。在那里,艾草提供的食物,让它们渡过冬季的难关。当其他植物的叶子都已脱落时,艾草依然保持常绿,灰绿色的叶子——味道发苦,具有芳香,富含蛋白质、脂肪和必需的矿物质——依附在茂密的灌木状植株的茎干上。尽管雪花重重叠叠覆盖着大地,艾草顶端依然露在外面,或者,可以被叉角羚用尖尖的蹄爪刨出来。在这个时节,松鸡也以艾草为食。它们在被风吹开积雪的裸露岩石上觅食,或是跟在叉角羚后面,在羚羊刨掉积雪的地方觅食。

其他生物也仰仗艾草。骡鹿通常以艾草为食。艾草可能还意

---

① 艾草松鸡(*Centrocercus urophasianus*),又名艾草榛鸡,北美洲最大的松鸡。走禽,喙短,呈圆锥形,适于啄食植物种子;翼短圆,不善飞;脚强健,具有锐爪,善于行走和掘地寻食。雄鸟具有极大的肉冠,羽毛鲜艳,鼻孔和脚均有被羽,适应严寒。在地面觅食,以三齿蒿、昆虫和其他植物为食物。

味着冬季放牧牲畜的生存。羊在冬季山脉上吃草时,很多地方都是大片的艾草,几乎形成清一色的艾草林。在半年的时间里,艾草是它们主要的饲料,这种植物的能量价值甚至比苜蓿干草还高。

严酷的高地平原,艾草凋零的紫花,迅捷的野生羚羊,还有松鸡,当时是处在完美平衡中的一个自然体系。现在还是吗?谓语的时态必须改变了——至少在人类极力推动自然进程的地方是这样。那些地方已经幅员辽阔,而且仍在增加。土地管理机构以进步为名,采取行动,来满足畜牧人对放牧地无休止的需求。他们以这种标准来定义草地:有禾草,但是没有艾草。原本在这片土地上,天然适宜生长的禾草与艾草混杂,在艾草的荫蔽之下生长。而如今,人们倡议消灭艾草,创建整块的草地。似乎极少有人去问,在这个地区,草地是否是一个稳定的理想目标。无疑,大自然自身的回答是,并非如此。这片土地上极少下雨,年降水量不足以维持形成草皮的优良草种;相反,它更适于那些生长在艾草荫蔽下的多年生丛生禾草。

然而艾草歼灭计划已经开展了好几年。一些政府机构在其中发挥了积极作用;企业也参与进来,带着促进和鼓励一项事业的热情——这项事业不仅为禾草种籽,也为割草、翻耕和播种的机器开拓了市场。最新增加的武器是化学喷雾剂。如今,每年有数百万英亩的艾草地上喷洒了农药。

结果如何呢?消灭艾草,种植牧草,最终取得的成效,很大程度上只是主观臆测。据长久以来熟知这片土地习性的人们说,在这片原野上,禾草在艾草丛中间和下方,较之在起固水作用的艾草消失后形成的清一色草地上,生长得更好。

然而即便这项计划成功实现眼前的目标，显而易见，联系紧密的生命之网，也已经被撕裂了。叉角羚和松鸡将会与艾草一同消失。鹿也会受到损害，由于野生动物的毁灭，这片土地将变得更为贫瘠。家畜是计划中原定的受益者，可是就连它们也会蒙受损失；夏天青草的量不足，无法避免羊群在冬季暴风雪到来时，因缺乏艾草、三齿苦木①以及其他的野生平原植被而忍饥受饿。

这些是第一个明显的后果。第二个后果，是通常以"打霰弹枪的策略"对待大自然（shotgun approach to nature）所致的一类后果：喷药过程中，也歼灭了大量并非命定目标的植物。威廉·道格拉斯法官（Justice William O. Douglas）在他近期的一本书《我的荒野：东游卡塔丁》（*My Wilderness：East to Katahdin*）中，讲述了一个关于美国林务局在怀俄明州的彩虹桥国家森林造成生态毁灭的惊人例子。畜牧人要求增加牧地面积，林务局迫于压力，在约一万英亩的艾草地上喷洒了农药。如其所愿，艾草被消灭了。然而沿着蜿蜒的溪流，一路横跨平原、充满盎然生机的青青柳色，也一同消失了。先前鹿居住在这些柳林中，柳树对于鹿而言，正如艾草之于叉角羚。河狸先前也居住在这里，它们啃食柳树，把柳枝咬断，横在河流隘口处，筑成一座坚固的大坝。通过河狸的劳动，一个堰塞湖形成了。山涧里的鳟鱼极少超过六英寸长；而在湖泊中，鳟鱼生长非常旺盛，有很多达到了五磅重。湖水也引来了水禽。仅仅因为有这些柳树，还有赖其生活的河狸，该地区过去是一个迷人的休闲之

---

① 三齿苦木（*Purshia tridentata*），一种蔷薇科植物，广泛分布于北美高山地区，有较大饲用价值。

地，有极好的渔猎条件。

然而随着林务局发起的"改良"运动，柳树步艾草的后尘，也被敌我不分的喷雾剂毒死了。当道格拉斯法官于1959年，也就是喷药的那一年到访该地区时，他吃惊地看到枯萎凋亡的柳树——"令人难以置信的重创"。鹿将会怎样呢？河狸，还有它们创建的小世界，又会怎样呢？一年后，他重返旧地，在满目疮痍的大地上看到了答案。鹿消失了，河狸也是如此。它们的大坝，因为缺乏技艺高超的建筑者的关注，已经消失了。湖水枯竭了。巨大的鳟鱼一条不剩。残存的涓涓细流，在无遮无避、光秃灼热的大地上蜿蜒前行，没有一条鱼能在其中生活。那个充满生机的世界崩溃了。

***

除了400多万英亩的牧场每年接受喷药之外，大片其他类型的土地，也成为化学除草方案的潜在或现实接受者。例如，一片比整个新英格兰还大，约计5000英亩的区域，被划为公用事业管理用地，绝大部分面积要接受常规的"灌木防治"。在西南地区，据估计，有7500万英亩牧豆树林地需要以某种手段实施管理。而喷洒化学农药，是最积极推行的办法。如今，为了从抗药性更强的针叶树中"剔除"硬木树种而采用空中喷药的林木生产用地，尽管面积不详，但是规模极大。1949年之后的十年中，采用除草剂防治杂草的农业用地面积翻了一番。1959年，总量达到了530万英亩。再加上私家草坪、公园和高尔夫球场，如今采用农药防治的面积，无疑达到了一个天文数字。

化学除草剂绝对是一种新鲜玩意儿。它们发挥作用的方式引人注目；它们给予那些操纵除草剂的人一种征服自然的权力感，至于长远的、效果并不那么明显的后果，大可斥之为悲观主义者毫无根据的想象而不加理会。在这个急于将犁铧打造成喷枪的世界里，"农业工程师"说起"化学耕种"来满怀喜悦。来自一千个社区的城乡官员，都很乐意同农药经销商以及热切的承揽人洽谈。这些人声称能除掉路边的"灌丛"——只要花点钱。他们叫嚣，使用化学药剂比用割草机更便宜。从官方文本上一条条整饬的数据来看，似乎确实如此。但是如果算上真正的成本，不仅是以金钱来算，而且以很多等价的、我们很快就要考虑的债务来算，我们将会看清化学药剂的销售广告，意识到化学防治方法不但花费更多，还会给大地景观的长远健康，以及与之有种种利益依赖关系的人们，都造成永久的损害。

比方说，遍布各地的每家商会都极其珍视的商品——旅游者的好感度。愤怒的抗议之声正持续高涨：化学喷雾毁掉了路边先前的美景，枯寂无边的褐色，萎缩的植被，取代了美丽的蕨类植物、野花，以及点缀着花朵或浆果的本土灌木。新英格兰一位女士生气地给报社写信："我们正把路边搞得一团糟，肮脏，黯淡，死气沉沉。这不是旅游者所期望的、我们花了那么多广告费宣传的美景。"

1960年夏天，来自好几个州的环保主义者，会聚于美国缅因州一座宁静平和的小岛之上，见证这座岛屿的主人米利森特·托德·宾汉姆（Millicent Todd Bingham）向国家奥杜邦学会陈述岛屿情况。当天关注的主题是保持自然地貌风光，以及由自微生物至人的各条主线交织而成的复杂生命网络。然而在这些到访者所有对话的背后，是对沿途风光遭受的破坏无比的愤慨。过去，沿着这些杨梅、甜蕨、桤木和越橘夹道的道路，在四季常青的森林中穿行，曾是一大快事。如今，四处一片荒凉寂寥。一名环保主义者提到 8 月份前往缅因州一座岛屿的朝圣之旅时，如是写道："归来时……缅因州路旁美景受到的亵渎让我很气愤。前几年，那里公路边上都是野花和迷人的灌木，现在只剩下一英里接一英里枯死的植被……从经济学上来说，这种景象会导致游客好感度的丧失，缅因州支付得起这一损失吗？"

缅因州的道边，仅仅是一个例子，尽管对于我们这些深爱着缅因州美景的人来说，是一个尤为伤感的例子。在美国各地，以道边灌木防治为名，还有许多无谓的破坏正在进行之中。

康涅狄格州植物园的植物学家们声明，清除美丽的本土灌木与野花的行动，已经达到一次"道边危机"的程度。杜鹃花、山月桂、蓝莓、越橘、荚蒾、山茱萸、杨梅、甜蕨、矮生唐棣[①]、北美冬青[②]、野樱桃和野李子，在化学的重火力攻击下，几近垂死。雏菊、黑眼苏珊[③]、野胡萝卜花[④]、一枝黄花属的植物，以及那些使大地平添一份优雅美观的秋菊[⑤]，也一概如此。

喷药行动不仅计划失当，而且时有滥用药物的事故发生。例如，在新英格兰南部一个小镇上，一名承揽人完成任务后，喷雾桶里还剩下一些化学农药。他把农药倾倒在林地的路边，这些地方原

---

① 矮生唐棣（low shadbush），古代又名赤棣、白棣、常棣、栘、地棠，在植物学分类上为蔷薇科，唐棣属。拉丁名为 *Amelanchier sinica* (Schneid.) Chun。

② 北美冬青（witerberry），又名轮生冬青、美洲冬青，为冬青科冬青属多年生灌木。拉丁名为 *Ilex verticillata*。

③ 黑眼苏珊（black-eyed Susans），爵床科山牵牛属植物，又名黑苏珊、翼柄老雅嘴、翼叶山牵牛。拉丁名为 *Thunbergia alata*。

④ 野胡萝卜花（Queen Anne's lace），字面意思为"安妮女王的花边"。

⑤ 秋菊（fall asters），菊科紫菀属植物，农业上泛指早秋的开花植物。

本并没有人授权他去喷药。结果，这个社区的道路边上，失去了蓝黄两色交映的美丽秋景——那些秋菊和一枝黄花形成的盛景，本来是值得不远万里去观看的。在新英格兰另一个社区，一名承揽人未经公路部门许可，私自改动国家规定的城镇喷药标准，在给路边植被喷药时将高度调到了八英尺，而不是规定的最大高度四英尺，结果弄出一长条大煞风景的枯萎植被。在马萨诸塞州的一个社区，乡镇官员从一名热心的化学农药推销员手上购买了一种除草剂，根本不知道里面含有砷。喷洒到路边后，导致的后果之一是，十几头奶牛因砷中毒致死。

1957年，沃特福德镇往路边喷洒了化学除草剂之后，康涅狄格州植物园的自然保护区里面的树木严重受损。就连没有直接喷上药的大树，也受到了影响。在春季生长的季节，橡树叶子却开始打卷，变黄。接着，新的嫩枝开始伸展出来，异常迅速地生长，使树木呈现出一种弯曲下垂的形态。过了两个季节之后，树上的大枝条已经枯死，还有一些枝条上的叶子全部脱落，而整棵树弯曲变形的效果却保留下来。

在我非常熟悉的一个路段，天然的风光为路边提供了一道桤木、荚蒾、甜蕨和杜松构成的边界，还有四时景致不一的绚丽花朵，或是秋季如同宝石般一簇簇悬挂在树上的果实。这条道路根本不需要承载重负荷的交通；基本上没什么急转弯或是岔道口，不用担心灌木阻碍驾驶员的视线。但是喷雾器不容分说，沿路数英里变成了人们只想匆匆走过的地方。只有当一个人紧闭心灵之窗，不去想我们听任技术人员鼓捣出来的这个缺乏生机的丑陋世界时，才能忍受这种景象。不过，官方偶尔也会手软，不知怎地疏忽大意，在实

第六章 地球的绿衣

行严酷、死板管制的区域内,留下一些美丽的绿洲——这些绿洲使得大部分遭受毁弃的路段愈发叫人不堪忍受。在这些地方,见到起伏不定的白三叶,或是紫野豌豆的花海,还有不时出现的木头百合火红的杯状花朵,总会令我精神为之一振。

这类植物,仅仅对那些以兜售和使用化学农药为业的人来说,才是"杂草"。杂草防治会议如今已成惯例,在其中一次会议的一卷论文集中,我曾读到过一篇文章,极好地体现了一位杂草杀手的哲学。这位作者坚决主张消灭有益的植物,"只是因为它们与有害的植物长在一起"。他说,那些抱怨路边野花被歼灭的人,让他想起反对活体解剖论者:"要是以那些人的行为方式来判断,一只流浪狗的生命,在他们看来,倒是比孩子们的生命更神圣些。"

对这篇文章的作者来说,我们很多人无疑都有严重人格变态的嫌疑,因为我们宁愿看到野豌豆、三叶草和木头百合稍纵即逝的纤柔之美,而不是路边如同被火燎过一样的焦土,干枯发黄的灌木,还有从前骄傲地扬起花边一样的茎叶,而如今已萎靡不振、垂头丧气的欧洲蕨。我们似乎软弱得可悲,居然能容忍"杂草"丛生的景象,不为成功剿灭这些杂草而欢呼雀跃,不为人类再一次战胜邪恶的大自然而满心狂喜。

道格拉斯法官提到,他参加过一次联邦野外工作人员的会议,会上讨论了市民对农药喷杀艾草计划提出的抗议。关于这项计划,我在本章前文中已经提到过。那些人觉得非常好笑:有个老太太反对这项计划,是因为野花会受到破坏。当时这位富有人文精神和洞察力的法学家问道:"可是,她寻求一朵条纹百合(banded cup)或卷丹(tiger lily,又称虎安百合)的权利,难道不也跟畜牧业主寻求牧草、伐木人要砍树的权利一样不可剥夺吗？荒野的美学价值，与丘陵上的铜矿矿脉和金矿矿脉，以及高山上的森林一样，都是我们同样珍贵的遗产。"

保护路边植被的愿望，当然不仅是出于美学上的考虑。天然植被在大自然经济体系中占据重要的位置。乡村道路两旁和田野边上的树篱，为鸟类提供食物、遮蔽和筑巢之所，也为很多小动物提供了家园。在东部各州70余种典型的路边灌木与藤本植物中，约有65种是野生动物重要的食物来源。

这类植被也是野蜂和其他授粉昆虫的栖息之地。人类对这些野生授粉昆虫的依赖性，比我们通常意识到的更为强烈。就连农民自己也极少了解野蜂的价值，而且时常参与那些使其失去野蜂帮助的剿灭行动。一些农作物和许多野生植物要么部分依赖，要么全部依赖本土授粉昆虫的帮助。数百种野蜂参与栽培作物授粉过程——单只光顾苜蓿花的，就有100种。如果没有昆虫授粉，未开垦的区域内大部分固土的和保持土壤肥力的植物都会绝迹，对整个区域生态造成深远影响。森林里和放牧区的很多草本植物、灌木和乔木，都要依靠本土昆虫才能结果繁殖；要是没有这些植物，很多野生动物和牧场蓄养的牲畜就几乎找不到食物。现在，对绿篱和杂草的彻底清理与化学破坏，正在铲除授粉昆虫最后的避难所，切断那些将生命维系在一起的纽带。

这些昆虫对农业极其重要，事实上据我们所知，它们对大地景观也至关重要。我们理应好好对待它们，而不是毫无道理地毁掉它们的栖息地。蜜蜂和野蜂很大程度上依赖诸如一枝黄花、芥菜和蒲公英之类"杂草"提供花粉，用来喂养它们的后代。在夏季苜蓿开花之前,野豌豆为蜜蜂提供了春季必需的食粮,帮助它们度过这个初期阶段,做好为苜蓿授粉的准备。秋季找不到其他食物时,蜜蜂依靠一枝黄花来储备冬粮。凭借大自然本身精准而微妙的时间节律,一种野蜂恰好在柳树开花的同一天出现。不乏了解这些情况的人,但那些人不是下令在大地上大量喷洒化学农药的人。

按理说有人懂得适当的栖息地在野生动物保护中的价值,可是那些人在哪里呢?他们中间有太多的人坚称除草剂对野生动物是"无害的",因为人们认为除草剂的毒性比杀虫剂小。于是他们说,除草剂不会造成任何危害。然而,随着除草剂倾泻在森林和田野、沼泽和牧场上,它们带来了显著的变化,甚至对野生动物的栖息地造成永久的破坏。摧毁野生动物的家园和食物来源,从长远来看,或许比直接杀害它们还糟糕。

这种对路边和公共道路系统不遗余力的化学攻击,具有双重的讽刺性。这样做只能使试图纠正的问题没完没了地延续下去。经验已经清楚地表明,除草剂的地毯式应用,并不能永久防治路边"灌丛",不得不年复一年地反复施药。而更为讽刺的是,我们还坚持这样做,尽管事实上目前已有非常成熟的选择性喷药方法,对大多数植被都能达到长期防治效果,无须反复喷药。

防治道路和公路系统沿线的灌丛,目的不是清除大地上除草类之外的任何东西。相反,目的在于清除有可能长得太高,以致阻挡驾驶员的视力,或是妨碍交通干线的植物。这通常意味着乔木。大多数灌木都比较低矮,不足以构成危险;蕨类和野花无疑也是如此。

选择性喷药法,是弗兰克·艾格勒博士在美国自然博物馆设立的一个公路系统灌丛防治建议委员会(Committee for Brush Control

Recommendations for Rights-of-Way）担任理事的几年期间提出来的。这种方法利用了大自然内在的稳定性，其依据的事实基础是，大多数灌木群落对乔木的入侵有很强的抵抗性。相比之下，草原很容易被乔木幼苗入侵。选择性喷药的目的，并不是在路边和公路系统植草，而是直接采取防护措施，清除掉高大的木本植物，而保留所有其他的植被。清理一次足矣，只有一些极端顽固的树种可能需要采取后续措施；此后，灌木占据主动权，乔木不再出现了。最理想、最便宜的植被防治工具，并不是化学农药，而是其他的植物。

这种方法已经在分布于美国东部各处的研究区经过了测试。结果表明，一片区域一旦经过合理的防治，就会稳定下来，至少20年不需要再次喷药。喷药时通常由喷药人员徒手操作，采用背负式喷雾器，将农药完全喷洒在需要治理的地方。有时也可以将压缩泵和农药装载在卡车底盘上，但是绝不进行地毯式喷洒。防治仅针对乔木，以及因异常高大而必须清除掉的灌木。由此保全了环境的完整性，既无损于野生动物栖居地的巨大价值，也没有牺牲掉灌木、蕨类植物和野花之美。

通过选择性喷药进行植被管理的方法，已经在各地得到采纳。多数情况下，固步自封的习惯模式很难根除，地毯式的喷药依然兴盛，每年需要纳税人负担高额的成本，并且对生物生态网络造成破坏。毫无疑问，地毯式喷药之所以兴盛，只是因为人们不明真相。当纳税人了解到，为城镇道路喷药开出的账单应当是一代人交付一次，而不是每年一次，那时他们定然会站出来，要求改变先前的做法。

选择性喷药的好处很多，其中之一在于，它能尽可能减少施用到大地上的化学农药总量。药物不会扩散，而是集中应用于树木的基部。这样就将对野生动物可能造成的伤害控制在最低限度。使用最广泛的除草剂是2,4-D、2,4,5-T以及同一类别的复合农药。这些农药究竟是否有毒，是个备受争议的问题。用2,4-D喷洒自家草坪的人，身上被喷雾打湿了，偶尔会出现严重的神经炎症状，甚至瘫痪。虽然这类事故显然并不常见，但是医疗机构建议慎用这类复合农药。还有一些更为隐蔽的危险，可能也伴随2,4-D的兴起而来。已有实验证明，2,4-D扰乱细胞呼吸作用基本的生理过程，对染色体的破坏与X射线相仿。就在最近，有研究表明，鸟类的繁殖可能会受到这些农药以及其他一些除草剂的不利影响，危害程度远远低于那些造成死亡的药物。

在使用某些除草剂时，除引起直接的毒性反应之外，还会带来古怪的间接后果。人们已经发现，包括野生食草类动物和牲畜在内的各种动物，有时会对喷过药的植物产生奇特的兴趣，哪怕这种植物并不属于它们天然的食料。如果喷洒的是一种毒性极强的除草剂，例如含砷的除草剂，动物接近那些萎蔫植被的强烈欲望，势必造成灾难性的后果。要是植物本身碰巧是有毒的，或是长有棘刺或刺果，低毒除草剂同样会引起致命的结果。例如，牧区有毒的杂草，喷过药之后，突然变得对牲畜有吸引力了，动物们因耽溺于这种原本不合口味的食料而死亡。兽医学文献中类似的例子比比皆是：猪食用喷过药的苍耳，由此导致严重的疾病；羔羊食用喷过药的蓟；喷过药的芥菜开花后，蜜蜂因采集花粉而中毒。野樱桃的叶子具有剧毒，一旦叶面上喷洒过2,4-D之后，就会对牲畜产生致命的吸引力。很显然，喷药（或是剪义）后萎蔫的茎叶，使植物变得颇有吸引力。千里光属植物提供了另一个例子。家畜通常对这种植物避而远之,除非是在晚冬和早春季节,迫于其他牧草的缺乏而非吃它不可。然而,在千里光属植物的叶子上喷洒过 2,4-D 之后,动物们便会趋之若鹜。

这种奇特的行为,有时似乎是源于化学农药给植物本身的代谢活动带来的改变。植物体内含糖量在短期内显著增加,使之对许多动物更具吸引力。

2,4-D 的另一个奇特效应,在牲畜和野生动物,无疑还有人类身上,都能起到重要的影响。十多年前开展的实验已经表明,在施用过这种化学农药之后,玉米和甜菜中硝酸盐的含量锐增。当时人们怀疑,同样的效果也出现在高粱、向日葵、紫露草、藜和蓼中。其中有些植物,正常情况下牲畜是不屑一顾的,但是施用过 2,4-D 之后,就会吃得津津有味。据一些农业专家说,牲畜中好几起死亡,已经被查明是由喷过药的杂草引起的。危险在于硝酸盐数量的增加,因为反刍动物独特的生理过程突然构成了一个严重的问题。这类动物多数具有极其复杂的消化系统,其中包括一个分为四腔室的胃。纤维素的消化,是通过一个腔室内的微生物(即瘤胃细菌)的作用来完成的。当动物食用硝酸盐含量高出于正常水平的植被时,瘤胃中的微生物作用于硝酸盐,使之转变为剧毒的亚硝酸盐。随后,致命的连锁反应接踵而至:亚硝酸盐作用于血色素,形成一种深褐色物质,氧气被牢牢地固着在其中,无法参与呼吸作用。这样一来,氧气就不能由肺部传送到各组织。缺氧致死在短短几个小时内即可发生。于是,各种关于家畜啃食了某些喷过 2,4-D 的杂草后伤亡的报道,便有了一个合乎逻辑的解释。对于属于反刍动物类的野生动物，例如鹿、羚羊、绵羊和山羊而言，也存在同样的危险。

虽然多种因素（例如异常干燥的气候）均可导致硝酸盐含量增加，但是 2,4-D 销量及使用额度的飙升所造成的影响绝对不容忽视。1957 年，威斯康星大学农业试验站认为这一情况非常重要，有足够的理由提醒人们注意"用 2,4-D 杀死的植物可能含有大量的硝酸盐"。由此延伸开来，也会危及人类和动物。这或许有助于解释近来神秘的"青贮库死亡"事故增多的原因。含有大量硝酸盐的玉米、燕麦或高粱经过青贮发酵后，释放出有毒的氮氧化物气体，对所有进入青贮库的人员构成致命危害。只要少量吸入其中一种气体，即可引发弥漫性化学性肺炎。在明尼苏达大学医学院调查的一系列类似案例中，除一起案例之外，其他均以死亡告终。

***

布列吉是一位具有罕见卓识的荷兰科学家，他在谈到除草剂的使用时如是说道："我们在大自然中行走，再一次像闯进瓷器橱里的大象一样。"他表示："在我看来，有太多东西被当成是理所当然的。我们并不知道，到底是所有的农田杂草都有害，还是说其中有一些是有用的。"

很少有人去问，杂草和土壤之间的关系是怎样的？这种关系，哪怕从仅关注人类直接利益的狭隘视角来看，或许也是一种有益的关系。我们已经看到，土壤和生活在土壤中以及土壤之上的生物，存在于一种相互依存、互惠互利的关系之中。杂草对土壤，大概有所取，或许也有所与。荷兰一个城市的公园最近提供了一个实例。月季长得不好。抽样调查表明，微小的线虫对土壤造成了严重感染。荷兰植物保护署的科学家并没有建议喷洒化学药剂或是在土壤中施药；而是建议在月季丛中种植金盏花。金盏花长在月季花圃里，无疑会被纯粹主义者（purists）视为杂草。但是这种植物根部释放出的一种分泌物，能杀死土壤中的线虫。科学家的建议被采纳了。一些苗圃里种上了金盏花，还有一些作为对照组，没有种植金盏花。结果是惊人的。在金盏花的帮助下，月季长得十分繁茂；而在用作对照的苗圃中，月季病病怏怏，萎靡不振。如今，很多地方都用金盏花来抵抗线虫。

另外一些被我们毫不留情地消灭了的植物，可能也以同样的方式，或许还是不为我们所知的方式，对土壤健康起到至关重要的作用。天然植物群落——如今通常被斥为"杂草"——非常有用的一个功能，就是充当土壤健康状态的指示剂。在使用过化学药物的地方，自然就丧失了这种有用的功能。

那些试图解决喷药过程中一切问题的人，也忽略了一个具有重大科学意义的问题，亦即保留部分天然植物群落的必要性。我们需要以这些群落为标准，估量人类自身活动所带来的变化。我们需要这些野生栖息地，借以保护昆虫以及其他生物的原始种群。正如第十六章中将要阐释的那样，昆虫，或许还有其他生物在对杀虫剂形成抗药性的过程中，遗传因素会产生改变。一名科学家甚至已经提出，应当建立某种"动物园"，保护昆虫、螨虫之类生物，防止其基因组成进一步产生变化。

一些专家提醒人们注意，日益频繁地使用除草剂，会给植被带来微妙而又影响深远的变化。化学农药 2,4-D 通过灭除阔叶植物，让禾本科植物在优胜劣汰的竞争中兴旺起来。而现在，有些禾本科植物本身变成"杂草"，给防治工作带来了新的问题，风水也随之发

第六章 地球的绿衣

生扭转。这种奇怪的境况已经得到公认,一部研究农作物问题的专刊最近一期中提到:"由于广泛使用2,4-D来防治阔叶杂草,禾本科杂草日益成为玉米和大豆地里的显著危害。"

人类控制自然的行为,有时会自食其果。引发花粉热的罪魁祸首,豚草,提供了一个有趣的例子。人们以防治豚草为名,将成千上万加仑的化学药剂倾洒在路旁。然而事实很不幸,地毯式的喷洒,结果只是让豚草变得更多,而不是减少了。豚草是一种一年生植物。它每年都需要开阔的土地,才能让幼苗扎下根。因此,我们要预防这种植物,最好的方式就是保留茂密的灌木、蕨类以及其他多年生植物。频繁喷药破坏了这类保护性植被,营造出开阔的空地,使豚草得以乘虚而入。不仅如此,空气中含有的豚草花粉,很可能与路边的豚草无关,而是源于城市地段(city lots)和休耕土地上的豚草。

用来灭除马唐的化学农药销量暴增,也是一个典型例子,表明人们是多么易于采纳不健全的除草方法。有一种清除马唐的方法,比起年复一年地采用化学农药灭杀,不仅更便宜,而且更理想。这种方法,就是让它参与一种无法求存的竞争,亦即与其他禾本科植物的竞争。马唐仅仅出现在不健康的草坪上。这是一种症候,本身并不是疾病。只要提供一片肥沃的土壤,让希望培植的禾本科植物有一个好的开始,就有可能创造出一令马唐无法生长的环境,因为马唐需要空地来让种子年复一年地重新发芽。

郊区居民听从苗木培育工的建议,那些苗木培育工又听了化学农药制造商的建议,不去治理根本条件,而是继续每年往草坪上施用数量委实惊人的马唐除草剂。农药市场上的商品名称掩盖了其本质，很多制剂中都含有诸如汞、砷和氯丹之类的有毒物质。以推荐的比率施用农药，便会在草坪上留下大量有毒化学物质。比如说，用户在使用一种产品时，如果遵循施药指南，就会在每英亩面积上投放 60 磅氯丹标准品。可供选择的农药产品还有很多，如果使用另一种，就会在每英亩面积上投放 175 磅金属砷。正如在第八章中我们将会看到的，鸟类死亡数目令人惊心触目。这些草坪对人类生命的危害有多大，尚不得而知。

实践证实，在路边和公路系统进行选择性喷药已经取得成功。这给我们带来了希望，兴许，在针对农场、森林和牧场的其他植被计划中，也会形成同样健全的生态方法。这类方法的目的不在于毁灭一个特定的物种，而在于对作为动态群落的植被进行管理。

还有一些证据确凿的成果，也指明了可能的方向。生物防治在遏制人类不需要的植被这方面，已经取得一些最辉煌的胜利。大自然自身也曾面临很多如今让我们烦恼的问题，而它通常都以自己的方式成功地解决了这些问题。人类只要足够聪明，懂得观察和效仿自然，往往也能获得成功。

在防治不受欢迎的植物这个领域，一个突出的例子是加州对克拉马斯草①的处理。克拉马斯草又名山羊草，是一种欧洲本土植物（欧洲国家称之为圣约翰草）。克拉马斯草伴随人类的西迁之路，最早于 1793 年出现在美国宾夕法尼亚州的兰开斯特附近。到 1900 年，它已经抵达加州克拉马斯河邻近一带，因此有了克拉马斯草这一俗名。到 1929 年，克拉马斯草已经占领约 10 万英亩的牧场，再

---

① 克拉马斯草（$Hypericum\ perforatum$ L.），即贯叶连翘，广泛分布于欧洲和美国，尤其是加州北部和俄勒冈州南部。

到1952年，入侵面积已经达到250万英亩。

克拉马斯草截然不同于艾草之类的美洲本土植物，当地的生态中根本没有它的位置，也没有哪种动物或是别的植物需要它的存在。相反，克拉马斯草所到之处，牲畜都会因食用这种有毒的植物而患"疥癣、口炎、生长不良"。土地价格随之下降，因为人们认为，克拉马斯草享有"第一抵押权"。①

在欧洲，克拉马斯草，或者说圣约翰草，从来就没有成为一个问题。因为伴随着这种植物的出现，也形成了各种昆虫。这些昆虫大量啃食克拉马斯草，使其数量受到严重的限制。尤其是法国南部的两种甲虫。这两种甲虫有豌豆大小，表皮呈金属色。它们的整个生命如此适应于克拉马斯草的存在，以致它们仅以这种杂草为食，并在上面繁殖后代。

1944年，这些甲虫首次被输送到美国。这是一件具有历史重要性的大事。因为，这是北美首次尝试用昆虫天敌来防治一种植物。到1948年，这两种甲虫已经牢牢地扎下根来，不需要继续从国外引进了。人们在甲虫最初的聚集区进行捕捉，再以每年数百万的速率分送到各处，从而使它们传播开去。在小范围内，甲虫自身就能扩散开去，只要克拉马斯草全都死掉了，它们马上就会极其精准地找到新的立足点。等到甲虫把杂草啃得稀稀拉拉的，那些早先受排挤的理想的牧草植物，就能卷土重来了。

1959年完成的一项十年调查表明，当时克拉马斯草的防治"甚

---

① 此处意思是说，当人们购得土地的所有权以后，首先必须花钱来治理地里的贯叶连翘。

至比狂热者们所期望的还要有效",杂草量减少到只有先前的百分之一。这种象征性的杂草侵袭并无妨害,事实上还是必需的,只有这样才能维持甲虫种群,防止未来杂草量增加。

在澳大利亚,可以找到另一个极其成功而且极其经济的杂草防治案例。大约是在1787年,一位名叫亚瑟·菲利普(Arthur Phillip)的船长,出于殖民者所常有的将动植物带进一个新国度的喜好,把几种仙人掌带到了澳大利亚,打算用它们培养制作染料的胭脂虫。有些仙人掌或是仙人球从他的花园里逃逸出去,到1925年时,野外生长的仙人掌已经能见到约20种。在这片新的疆域里,由于不受天敌控制,仙人掌蓬蓬勃勃地蔓延开来,最终占领约6000万英亩的面积。这片土地上,至少有一半的地方长满了茂密的仙人掌,以致无法耕种。

1920年,澳大利亚将一批昆虫学家送到北美和南美,去研究仙人球天然栖息地中的昆虫天敌。在对多种昆虫进行试验后,30亿颗阿根廷蛾的卵,于1930年被投放到澳大利亚。

七年后,最后一片生长繁茂的仙人球被消灭了。一度无法栖居的区域,重新被开发为居住区和牧场。整个治理过程中,每英亩花费不到一分钱。与此相反,早些年那些效果不尽人意的化学防治行动,每英亩花费约为10英镑。

这两个例子都表明,对于很多种不受欢迎的植物,有可能通过更多地关注昆虫天敌的作用,来获得极其有效的防治。虽然这些昆虫也许是专食性最强的食草动物,其极其狭窄的摄食范围很容易为人类所用,但是牧场管理科学很大程度上忽视了这种可能性。

第七章　无谓的浩劫

　　人类宣称要征服自然。在向着这一目标推进时，人类写下了一段令人心痛的毁灭史。毁灭的对象，不仅有人类栖居的地球，还有同在地球之上的其他生命。近几个世纪的历史，有着不可告人的秘密——西部平原上的野牛遭到屠杀，滨鸟受到雇佣枪手的杀戮，白鹭因漂亮的羽毛而几近灭绝。如今，在诸如此类的种种惨案之外，我们正在谱写新的篇章，平添一种新的浩劫：通过在大地上遍地喷洒化学杀虫剂，直接杀害鸟类、哺乳动物、鱼类——事实上，几乎是一切野生动植物。

　　在现今似乎引导我们命运的哲学之下，没有什么定然能挡住人类的喷雾枪。在人类对昆虫的讨伐中受到牵连的受害者算不得什么；如果知更鸟、雉鸡、浣熊、猫，乃至牲畜碰巧与目标昆虫栖居在同一寸土地上，碰巧被杀虫剂的毒雾击中，也没人必须提出抗议。

　　希望对野生动植物的受害问题做出公正判决的市民，如今面临一个困境。一方面，自然保护主义者和许多野生生物学家断言，野生动物受到严重的损害，在某些情况下甚至是灾难性的。而另一方面，防治机构往往明确地断然否认产生了损害，或是声称，假使确有其事，那也是无关紧要的。我们接受哪种说法呢？

　　目击者的证明具有第一位的重要性。亲临现场的职业野生生物学家，无疑最有资格去揭示并解读野生动植物遭受的损失。昆虫学家的专业领域是昆虫，所受的教育使他无法胜任这项工作，他也没那个心情去寻找害虫防治计划中令人头疼的负面效应。然而，正是州政府和联邦政府的防治人员——当然，还有化学农药制造商，坚决地否认生物学家报告的事实，宣称没看到多少野生动植物受害的迹象。像《圣经》故事中的祭司和利未人一样，他们选择从旁边绕道而行，视而不见。即便我们宽容地为他们的否认开脱，归之于专门领域研究人员和利益相关者的短视，那也并不意味着我们必须认可他们是合格的目击证人。

我们要形成自己的判断，最好的途径是考察一下某些重大的防治计划，向那些熟悉野生动植物的生活习性，而且并不偏袒化学农药的观察者请教：当毒雾从天而降，降落到野生动植物的世界中之后，究竟发生了什么。

对于观鸟爱好者、从自家花园里的鸟儿那里得到无限欢欣的郊区居民、渔猎者或是荒野地区的探险者来说，任何事物破坏一个区域的野生生物，哪怕仅仅为期一年，也会剥夺其法定享有的快乐。这是一种合理有效的观点。即便有时候，确实出现过一些鸟类、哺乳动物和鱼类经历一次喷药后还能自行恢复的情况，然而巨大而真实的伤害也已经造成了。

不过，这种自我恢复的可能性不大。喷药往往是反复进行的，野生动物种群在遭受单次喷药影响后重新建立起来的机会，很可能十分罕见。通常的结果是，环境受到毒化，无论常栖种群，还是迁徙过来的种群，都陷入一个致命的陷阱。喷药面积越大，损害就越是严重，因为已经没有任何安全的绿洲留下了。如今，在以昆虫防

第七章　无谓的浩劫

治计划为标志的十年中，农药喷洒面积以数千乃至数百万英亩为单位；私有土地和公共用地上的喷药量也稳步上升，美国的野生动植物遭到破坏和灭亡的记录越积越多。我们来考察一下其中一些计划，看看到底发生了什么事情吧。

1959年秋天，在密歇根州东南部，人们对包括底特律郊区的大片土地在内共约27,000英亩的面积，采用空中喷药，喷撒了大量的艾氏剂颗粒。艾氏剂是所有氯化烃产品中最危险的种类之一。此次计划由密歇根州农业部与美国农业部联合执行；对外宣称的目的是防治日本丽金龟。

从当时的情况看来，根本就不需要采取这一激烈而危险的行动。相反，密歇根州最知名、见识最广的博物学家之一沃尔特·尼克尔（Walter P. Nickell）——他大部分时间都在从事田野工作，而且每年夏天都会在密歇根州南部逗留很长一段时间——表示："根据我个人的直接经验，三十多年来，日本丽金龟一直少量存在于底特律市区。在这么多年的时间里，数量一直没有显著增加。［1959年］除了闯进底特律官方捕虫器中的极少几只日本丽金龟，我还没有见到过一只……所有情况都秘而不宣，关于它们的数量增加到底会产生怎样的后果，我没法获得任何信息。"

州立机关发布的一份官方文件仅仅是宣称，在计划进行空中喷杀的区域，已经有甲虫"出现"。尽管缺乏足够理由，这项行动还是发动了。州政府提供人力并监督执行，联邦政府提供设备和外援，社区则花钱为杀虫剂买单。

日本丽金龟是一种意外引入美国的昆虫，1916年发现于新泽西州。当时，有人在里弗顿附近一个苗圃里，见到几只闪烁着绿色金属光泽的甲虫。一开始没人认识,最后鉴定是日本本岛一种常见的栖居者。显然,在1912年设立进口限制之前,它们已经附在进口的苗木上进驻美国。

日本丽金龟已经从最初的入驻点,极其广泛地扩散开去,遍及密西西比河东部各州。这些地方的温度和降雨条件适宜它们生长。每年通常都会发生超越现有分布疆域的外展运动。在东部区域,丽金龟种群建立的时间最长,人们已经采取了自然防治措施。大量记录证实,在采取了措施的地方,甲虫种群数量保持在相对较低的水平。

尽管记录表明东部地区进行了合理的防治,如今处在甲虫分布带边缘的中西部各州,却已经发动了攻击。这种攻击本该是用来对付最致命的敌人,而不是区区一种略有毁灭性的昆虫:人们动用了最危险的化学药物,药物散播开来,使大量人群、家畜和所有的野生动植物,全都受到原本用来消灭甲虫的药物毒害。结果,这些日本丽金龟歼灭计划对动物生命造成了惨重损失,并使人类面临不容置辩的危险。在防治甲虫的名义之下,密歇根州、肯塔基州、爱荷华州、印第安纳州、伊利诺伊州以及密苏里州的许多地区,全都弥漫在一场农药雨中。

密歇根州此次施药,是首次从空中对日本丽金龟发动的大规模剿灭行动之一。选择艾氏剂这种在所有农药中毒性最强的药品之一,并不是由任何针对日本丽金龟的特效决定的,而只是为了省钱——艾氏剂是可用的化合物中最便宜的一种。虽然密歇根州官方对媒体发布的文件中承认艾氏剂是一种"毒物",但是其中也暗示,在人口密集区使用这种药物,并不会对人造成任何危害。(官方

第七章 无谓的浩劫

对于"我需要注意什么?"这一问题的答复是:"对你来说根本不需要。")后来被当地媒体引用的联邦航空署一名官员针对药物影响的说法是"这种操作是安全的",底特律公园游憩部的一位发言人则进一步保证"这种药粉对人无害,也不会伤害植物或宠物"。完全可以预料到,这些官方人员并没有一个人参阅过美国公共卫生服务部、鱼类和野生动植物管理局公开发表而且很容易查到的报告,以及其他表明艾氏剂具有剧毒性的证据材料。

依照密歇根州的病虫害防治法,州政府无须通知或获得个人土地所有者的首肯,就能随便施药。于是,低空飞行飞机开始飞临底特律地区上空。市政机关和联邦航空署马上受到备受惊扰的市民们打来的电话围攻。据底特律《新闻》报道,仅一个小时,就接到了近800个电话,此后警察请求广播电台、电视台和报纸"向围观者说明他们看到的情况,告诉他们这是安全的"。联邦航空署的安全人员向公众保证"我们对飞机进行了精心的监测""低空飞行是得到了批准的"。为了消除恐慌,他画蛇添足地补充说,飞机上有紧急制动阀,可以在瞬时间抛掉全部负载。幸好,并没有出现这种情况。然而,当飞机继续执行任务时,杀虫剂颗粒一视同仁地降落在甲虫和人类身上,"无害的"农药雨洒在外出购物或是上班的人身上,也洒在放学出来吃午饭的孩子们身上。主妇们扫除了门廊和人行道上的小颗粒物,据她们说,那些地方"看上去就像落了一场雪"。正如后来密歇根州奥杜邦学会所指出的那样:"在屋瓦的空隙,屋檐的水槽,还有树皮和树枝的罅隙中,落满了无数不比针尖大的艾氏剂黏土小颗粒……当雨雪降临时,每一个水坑都变成了潜在的死亡药剂。"

施药后没过几天，底特律奥杜邦学会就开始接到反映鸟类情况的电话。据协会的秘书安·博伊斯夫人说："星期天早上，我接到一个女人打来的电话，她声称在从教堂回家的路上，看到数目惊人的死鸟，还有一些奄奄一息。这是人们关注这次喷药行动的第一个征兆。星期四那里已经喷过药了。那个女人说，这片区域根本没有鸟儿飞翔，而她在自家的后院里至少发现了五六只[死的]，邻居们发现了死掉的松鼠。"安·博伊斯夫人当天接到的其他电话，全都声称看到"一大堆死鸟，没有活着的……家里装了鸟食槽的人说，根本没有鸟儿来进食"。捡拾到的那些处于垂死状态的鸟儿，表现为典型的杀虫剂中毒症状：颤抖，丧失飞行能力，瘫痪，抽搐。

鸟类还不是唯一直接受害的生物。当地一名兽医声称，他的诊所里全是带着突然生病的猫狗来就医的客户。猫精心爱护自己的皮毛，舔自己的爪子，看起来是受毒害最重的。它们发病的形式，是严重腹泻、呕吐和抽搐。兽医只能建议客户们轻易不要让宠物出门，或是一旦出去了，就马上洗爪子。（但是，就连水果蔬菜上的氯化烃，都根本洗不掉。几乎不能指望这一措施起到多少保护作用。）

尽管市郡卫生事务负责人坚称，那些鸟肯定死于"某种别的喷雾"，接触艾氏剂引发的咽喉和胸腔刺痛，也肯定是因为"某些其他原因"，当地卫生部门还是接到了络绎不绝的投诉。底特律一位杰出的内科医生被叫去诊治四位病人，不到一小时前，他们在观看飞机作业时中了毒。所有人都具有类似症状：恶心，呕吐，寒战，发热，极度疲倦，咳嗽。

在很多别的社区，当压力上升到需要用化学药品来消灭日本丽金龟时，底特律的事迹一再重演。在伊利诺伊州的蓝岛，人们捡到

第七章　无谓的浩劫

了数百只死掉和即将死去的鸟。通过岛上的环志鸟收集的数据表明，80%的鸣禽都沦为了牺牲品。1959年，在伊利诺伊州的乔利埃特，约计3000英亩的土地上施用了七氯。根据来自当地一个运动员俱乐部的报告，施药区域以内，鸟类种群"几乎全军覆没"。死去的兔子、麝鼠、负鼠和鱼类也大量出现，当地一所学校将收集被杀虫剂毒死的鸟类列为一项科学课题。

***

为了营建一个不受甲虫困扰的世界，或许没有哪个社区比伊利诺伊州东部的谢尔顿市，以及易洛魁县邻近地区遭受到的损失更为惨重。1954年，美国农业部和伊利诺伊州农业部开始实施一项计划，意图歼灭沿伊利诺斯一线推进的日本丽金龟。他们满心希望，密集的喷杀将会捣毁入侵的昆虫种群。事实上，他们做出了这样的保证。首次"歼灭"于这一年发动，从空中喷洒的狄氏剂被施用在1400英亩的土地上。1955年，又有2600英亩如是进行施药。当时人们可能以为这项任务完成了。但是，需要喷洒农药的地方越来越多，截至1961年年底，喷药覆盖面已经约计131,000英亩。甚至在计划开展的头一年，情况就很明显：野生动物和家畜中间出现了惨重的伤亡。即便如此，农药喷洒仍在继续，根本没有咨询美国鱼类和野生动植物管理局，或是伊利诺伊州狩猎管理科。（而在1960年春天，联邦农业部的官员们向国会一个委员会当面反对一项要求进行这种预先咨询的议案。他们轻描淡写地宣称，这项议案是不必要的，因为合作和协商乃是"寻常"。这些官员压根没法想起那些尚未在"国家层面上"展开合作的情况。在有关同一问题的听证会上，他们明确表示不愿意向州立渔猎部咨询。）

虽然用于化学防治的资金源源不断，伊利诺伊州自然调查署的生物学家们试图测评野生动物受到的伤害，却不得不在财政紧缺的情况下展开工作。1954年，雇佣一名农林助理员，能拿出的仅1100美元，1955年则根本没有专门拨款。尽管有这些令人一筹莫展的困难，生物学家们还是汇总了一些事实，这些事实共同描绘出一幅图景：野生动植物遭受几乎无以比拟的毁灭——从项目上马之初，这种毁灭就极其明显。

所使用的农药，和施用农药带来的连锁反应，都为食虫鸟类的中毒创设了条件。在谢尔顿初期的计划中，施用狄氏剂的比例是每英亩3磅。要想弄清狄氏剂对鸟类造成的影响，我们只需要记住，实验室里在鹌鹑身上做的实验已经证实，狄氏剂毒性大约是DDT的50倍。因此，遍布谢尔顿地表的农药，大致相当于每英亩的土地含有150磅DDT！这是最小值，因为在田边和角落一带，似乎有某些重叠施药的情况。

随着农药渗透到土壤中，中毒的甲虫幼虫爬出地面，逗留一段时间后死去，引来食虫的鸟类。喷完药大概两周后，死亡和临近死亡的各种鸟类数量庞大。鸟类种群受到的影响，本来是很容易预见到的。褐弯嘴嘲鸫①、八哥、草地鹨、白头翁和雉鸡，基本上被消灭了。依据生物学家的报告，知更鸟"几乎全军覆没"。一场细雨过后，就看到无数死掉的蚯蚓；知更鸟很可能食用了这些中毒的蚯蚓。同样，对于其他鸟类来说，从前的甘霖，通过人类引入毒药而产生罪恶的力量，已经变成一种带来灭顶之灾的介质。喷药几天后，被

---

① 褐弯嘴嘲鸫（brown thrasher），又名棕色长尾莺。

第七章 无谓的浩劫

人瞅见在雨水留下的水坑中啄水嬉戏的鸟儿，注定万劫不复。

幸存的鸟儿，可能也失去了生育力。尽管在施药区域内，还可以见到些许鸟巢，有些巢里有鸟蛋，但是没有一个巢里有雏鸟。

在哺乳动物中，地松鼠基本上被赶尽杀绝；尸体呈现出中毒暴死的特征。施药区出现死掉的麝鼠，地里有死去的兔子。狐松鼠一直是城镇里相对常见的动物；施药后也消失了。

甲虫歼灭战打响之后，谢尔顿地区罕有一家农场有幸出现猫的身影。在第一个施药季节期间，所有农场90%的猫，都沦为了狄氏剂的受害者。这或许本该是能预见到的，因为这些农药在其他地方已经有了不良的记录。猫对所有的杀虫剂极端敏感，而且似乎对狄氏剂尤其敏感。在世界卫生组织于爪哇西部开展抗疟计划的过程中，有报道称已经死了很多猫。爪哇中部遭到毒杀的猫如此之多，以致一只猫的价格翻了一番还不止。无独有偶，世界卫生组织在委内瑞拉的施药行动，据报告已经使猫的数量减少，跻身为一种稀有动物。

在谢尔顿，沦为昆虫歼灭战牺牲品的，还不单是野外生灵和家养宠物。对好几群绵羊和肉牛牧群的观察表明，家畜也有受中毒和死亡威胁的迹象。自然调查署的报告如是描述了其中一起事件：

> 人们将羊群从5月6日施用过狄氏剂的田野里，赶到隔着一条石子路的一小片未施药的早熟禾牧场上。显然已经有一些喷雾剂穿过道路，飘进了牧场。因为羊群几乎马上开始显现出中毒症状……它们对食物丧失了兴趣，显得异常躁动，沿着牧场的围栏转来转去，显然是在找地方出去……它们不让人吆

喝，几乎叫个不停，耷拉着头站在那里；最后人们只好把它们从牧场上弄走……它们看上去非常想喝水。人们发现有两只羊死在流经牧场的溪流里，其余的羊一次次地被人从溪流里赶出来，有几只不得不让人生拉硬拽地从水里拖出来。这些羊最后死了三只；剩下那些从一切外在表象看来恢复了正常。

这就是1955年年底的情形。在接下来的年月中，虽然化学战仍在进行，但是研究经费完全断流了。用于研究野生动物受杀虫剂影响的资金申请，也包含在自然调查署提交给伊利诺伊州立法机关的年度预算中，却总是被列为首批被排除的项目。直到1960年，才不知怎地有了一笔钱，用于支付一名农林助理员的开销，而需要做的工作，本来很可能轻而易举地占据四个人的时间。

当生物学家恢复1955年中断的研究时，野生动物伤亡的惨状几乎没什么改变。在此期间，农药已经变更为毒性更强的艾氏剂，对鹌鹑进行的试验表明，艾氏剂的毒性是DDT毒性的100—300倍。截至1960年，已知栖居在该地区的每一种野生哺乳动物都遭受重创。鸟类的情况甚至更糟。在小城镇多诺万，知更鸟已经被灭除，就像白头翁、八哥、褐弯嘴嘲鸫一样。在其他地方，这些鸟类，还有很多其他的鸟类都数量锐减。狩猎雉鸡的人深切体会到了甲虫歼灭运动带来的后果。在施药区，筑巢抱卵的数量减少了一半左右，鸟窝中雏鸟的数量也减少了。早些年，这些地方的雉鸡狩猎一直很火，而到此时已经猎不到什么东西，基本上无人问津了。

尽管经历了这场以消灭日本丽金龟为名而发起的浩劫，易洛魁县在八年多时间里向10万英亩的土地施药的行为，似乎也只起到

第七章 无谓的浩劫

暂时的抑制作用,甲虫仍在继续向西挺进。这次总体上毫无成效的行动所带来的全部代价,或许永远无人得知,因为伊利诺伊州的生物学家们给出的评估结果是最小的数据。如果有足够的资金来让研究项目全面展开,揭示出的可能是更为惊人的破坏。然而在八年的行动中,用于生物学田野研究的资金仅有 6000 美元左右。与此同时,联邦政府在防治工作上已经斥资 37.5 万美元,州政府还额外拨了数千美元。因此,研究经费在拨给农药喷洒行动的 1% 的经费中,也不过是极少的一部分。

美国中西部地区是在一种危机精神的指引下执行这些行动的,就好像甲虫的进袭已经构成极端的危险,采用任何手段来对付它都不为过。这当然是对事实的歪曲,那些默默忍受了化学药剂泼洒的社区居民,要是了解日本丽金龟在美国的早期历史,肯定也不会这么好脾气了。

有幸在合成杀虫剂尚未被发明出来的日子里经受甲虫入侵的东部各州,不仅渡过此劫,而且依靠不对其他生命形式构成任何威胁的手段制服了害虫。东部一直没有像底特律或谢尔顿这样喷施过化学药剂。那些地方采用的有效手段涉及引入自然天敌,这具有多种优势:持久有效,而且对环境无害。日本丽金龟在进入美国的头十几年里,因为不受本土环境下的天敌约束而迅速增殖。然而到 1945 年,在日本丽金龟扩散的大部分领土上,它已经成了一种微不足道的害虫。日本丽金龟的衰微,很大程度上是因为从远东引进的寄生虫,以及对其致命的病原生物的到来。

在 1920—1933 年之间,人们在甲虫的本土分布地带展开了不懈的搜索。于是,在一次自然天敌防控行动中,约 34 种掠食性或寄生性昆虫被从东方进口过来。其中有5种在美国东部顺利登陆。最有效且分布最广泛的是一种来自韩国和中国的寄生蜂，春臀钩土蜂（*Tiphia vernalis*）。雌钩土蜂找到土壤中的甲虫幼虫，注入一种毒液使之麻痹，并将一颗卵产在幼虫的表皮下面。幼蜂在孵化过程中吞食并消灭无法动弹的甲虫幼虫。将近25年，在美国州立和联邦机构的一次合作项目中，钩土蜂蜂群被引进到美国东部14个州。钩土蜂在这片区域广泛繁殖，并被昆虫学家普遍认为在甲虫防治中起到重要作用。

起到更重要作用的，是日本丽金龟所属的科——金龟子科（scarabaeids）甲虫所感染的一种细菌性疾病。这是一种高度特化的生物，不侵袭其他类型的昆虫，对蚯蚓、恒温动物和植物均无害。这种病菌的孢子在土壤中产生。一旦被甲虫幼虫吞进肚子里，细菌孢子就会在幼虫血液中迅速裂殖，使之呈现为一种病态的白色。因而，这种病菌有个流行的名称："乳状病"。

乳状病是1933年在新西兰发现的。到1938年，这种病毒已经广泛存在于早先日本丽金龟肆虐的地方。1939年，人们发起了一项防治计划，目的在于加速乳状病的传播。当时还没有提出在人工培养基上繁殖病原生物的方法，但是已经形成了一种令人满意的替代方案；人们将感染病菌的幼虫甲虫碾碎、晾干，和石灰粉混在一起。按照混合的标准，1克配方粉中含有1亿个孢子。在1939—1953年之间，在一次联邦州合作项目中，美国东部14个州约计9.4万英亩的土地上进行了喷施；联邦土地其他区域进行了喷施；还有一些面积不详但范围极广泛的地方，由私人组织或个体户进行了喷施。截至1945年，乳状病菌在康涅狄格州、纽约、新泽西、特拉华

第七章 无谓的浩劫

和马里兰州的甲虫种群中大肆泛滥。在一些试验区，感染病菌的幼虫比例高达94%。政府发起的病毒扩散计划于1953年终止，由一所私人实验室接手生产，继续为个体户、花园俱乐部、市民协会以及其他一切需要防治甲虫的地方提供药粉。

推行这一项目的东部地区，如今依靠天敌防治就能很好地控制日本丽金龟。病原生物在土壤中蛰伏多年仍然保持活力，因此完全能如人们所愿地永久扎下根来，且效力不断增加，在自然因素的作用下持续传播。

既然东部地区有如此显著的案例，伊利诺斯和美国中西部其他州为什么就不能试试同样的办法呢？如今在这些地方，针对日本丽金龟的化学战正打得如火如荼。

有人告诉我们，接种乳状病菌价格"太贵"——尽管在20世纪40年代东部各州都不曾发现这一点。是怎么一种计算方式，才会做出"太贵"的判断呢？当然不是通过评估诸如谢尔顿喷药行动这样的项目造成的总体破坏真正的成本。这一判断也忽略了一个事实：接种病菌孢子只需要做一次，第一次的成本是唯一的成本。

还有人告诉我们，在甲虫分布带周边，根本就不能使用乳状病菌，因为只有在土壤中已经存在庞大的甲虫幼虫种群时，病原生物才能扎下根。正如很多支持喷洒农药的其他声明一样，这种说法也是值得怀疑的。人们已经发现，乳状病致病菌能感染至少40种其他的甲虫，这些甲虫的分布相当广泛，而且在各种可能性下都能使乳状病菌存活下来，哪怕是在日本丽金龟种群极其微小或是根本不存在的地方。不仅如此，由于孢子能在土壤中长久地保持活性，所以就算在根本没有甲虫幼虫的地方，比如甲虫肆虐区周边，也有可能将孢子引进来,在那里等待甲虫种群进袭。

那些不惜一切代价也要马上看到成效的人,无疑会继续使用农药来对抗甲虫。那些喜新厌旧的人同样如此,因为农药防治本身是绵延不断的,需要频繁地付出高昂的成本来一再进行。

与之相反,那些乐意等到一两个季节之后再去看全部结果的人,将会接受乳状病;他们将得到回报,在持续防治甲虫的过程中,效果将随着时间的推移越来越强,而不是逐渐减弱。

美国农业部位于伊利诺斯皮奥里亚的实验室正在开展一个广泛的研究计划,寻找在人工培养基上培养乳状病致病微生物的途径。这将极大地降低成本,应当也能促进其广泛使用。经过数年的努力,如今已有一些成功的研究报道。当"突破"完全实现时,也许我们在控制日本丽金龟的行动中会恢复一点理智和远见,这种昆虫在最为猖獗的时候,也不该引起美国中西部地区某些灭虫计划中噩梦般的肆意之举。

***

伊利诺伊州东部喷药事件所引起的,并不仅仅是科学问题,也是伦理问题。这个问题就是,究竟有没有哪一种文明能够对生命发动残酷无情的战争,却不会导致其本身的毁灭,也不会失去被称为文明的权利。

这些杀虫剂并不是有针对性的药;它们不会单单挑选出我们想要清除的一个物种。每种杀虫剂被人使用,都是出于最简单的理由:它是一种致命的毒药。因此,它毒杀它所碰到的一切生命:某些家庭豢养的宠物猫、农民的牛、田野里的兔子,以及天边的角百灵。这些生物对人类没有任何妨害。事实上,这些生物及其同伴的存在本身，给人的生活带来更多乐趣。然而人类回赠它们的，却是突如其来而且极其可怕的死亡。谢尔顿的科学观察者描述了一只草地鹨濒临死亡时的惨状："虽然它失去了肌肉协调能力，飞不起来也站不起来，但是它不停地拍打着翅膀，歪在地上用爪子使劲抓挠。它张大嘴巴，呼吸很吃力。"更可怜的是死去的加利福尼亚地松鼠（加州黄鼠）无言的见证：这种动物"展示出一种典型的死亡方式。其背部拱起，前肢上的爪子扣得死死的，紧缩在胸口……头颈僵直，嘴里通常有泥土，表明动物在垂死挣扎时曾经在地上啃咬过。"

作为人，我们中间有谁能默许一种行为使某种生物遭受如此惨重的折磨，而不感到羞惭呢？

第八章　没有鸟鸣

在美国,越来越多的地方在春日来临前见不到飞鸟回归了。从前充满鸟语的清晨,如今沉寂得出奇。鸟儿突然噤声不语,它们带给世界的色彩、美和欢乐,也化为乌有。这一切来得迅疾而悄然,让那些尚未遭受到影响的社区茫然不觉。

伊利诺伊州欣斯代尔镇一个家庭主妇在绝望之中给世界一流的鸟类学家、美国自然博物馆鸟类馆的名誉馆长罗伯特·墨菲(Robert Cushman Murphy)写信:

> 我们村子里的榆树已经打了好几年的农药(这封信写于1958年)。六年前我们搬来的时候,这里的鸟丰富多样;我安置了一个喂鸟器,整个冬天都有源源不断的主红雀、山雀、绒啄木鸟和鸸过来,在夏天里主红雀和山雀还会带来雏鸟。喷施了几年 DDT 之后,镇上的知更鸟和椋鸟几乎消失了;我的喂食架上已经两年没出现过山雀,今年主红雀也不见了;在附近筑巢的鸟儿们似乎就只有一对鸽子,可能还有一家子园丁鸟。
>
> 很难向孩子们解释说鸟儿已经被害死了,因为他们在学校里学到,有一条联邦法律保护鸟类不受捕杀。"它们还会回来吗?"他们问我,我也没有答案。榆树还在死亡线上挣扎,鸟类

也是如此。是否有人在做些什么？能够做些什么吗？我能做点什么吗？

联邦政府对红火蚁发动规模浩大的农药喷杀计划一年后，亚拉巴马州的一个女人写道："半个多世纪以来，我们这个地方一直是名副其实的鸟类庇护所。去年7月份，我们还都说'今年鸟儿比以往更多了'。可是等到8月份的第二个星期，鸟儿突然之间全都消失了。我当时每天一大早起来照料我那匹心爱的母马，它刚生了一只漂亮的小雌马。四周没有听到一声鸟鸣。这太怪异，太可怕了。人们在对我们这个完美、美丽的世界做些什么？终于，五个月后，出现了一只蓝鸟，还有一只鹪鹩。"

就在她所说的秋天那几个月，从南部腹地地区又传来一些严峻的报道：在密西西比、路易斯安那和亚拉巴马州，国家奥杜邦学会和美国鱼类和野生动植物管理局每季度发布的《田野笔记》提到令人惊心的现象："几乎完全不见鸟类踪影的真空地带诡异出现。"这些田野笔记汇总的报告都来自经验丰富的观察家，他们已经在野外待了多年，每个人都有专门划定的区域，对该地区鸟类日常生活形态的了解无人能比拟。其中一位观察者报告说，那年秋天，她驱车到密西西比州南部一带时，"远远望去大地上没有见到一只鸟"。

巴吞鲁日还有一位观察者声称，她投放到喂鸟器里的鸟食搁在那里，"一连几个星期自始至终"无鸟问津。而她家院子里结着浆果的灌木，平常到那个季节就会被消灭干净，那年却依然果实累累。此外还有一位观察者称，透过他家的观景窗"通常能看到四五十只跳跃的主红雀和其他鸟类簇拥在一起的图景，当时却难得同时见到一两只鸟"。西弗吉尼亚州立大学的莫里斯·布鲁克斯教授(Professer Maurice Brooks)是研究阿巴拉契亚地区鸟类的权威,他报告说,西弗吉尼亚州的鸟类种群经历了"不可思议的衰退"。

有一个故事,或许可以作为鸟类命运的悲剧象征——这种命运已经降临在某些鸟类头上,而且威胁着所有的鸟类。那就是知更鸟①的故事。这种鸟儿是人所共知的。对数百万美国人来说,每年出现的第一只知更鸟,意味着严冬的禁锢被打破了。它的到来,是报纸争相报道和人们茶余饭后热切谈论的大事件。随着候鸟的大批回归,树林里出现第一抹新绿,成千上万人聆听知更鸟的第一支黎明大合唱在晨光熹微中回荡。但如今一切都变了,也许就连鸟儿的回归也不是理所当然的了。

知更鸟,事实上还有很多其他物种的生存,似乎都与美洲榆休戚相关——从大西洋到落基山脉,这种树木是无数个城镇历史的一部分,它用美轮美奂的绿色拱廊环绕着人们的街道、乡村广场和大学校园。如今那些榆树罹患了一种在其整个分布带中肆虐的病害。这种病害相当严重,以致很多专家认为,费尽全力去拯救那些榆树,最终也是劳而无功。失去这些榆树将是悲惨的,但是如果我们在徒劳地试图拯救它们的过程中,把大部分鸟类种群推向了暗无天日的灭绝境地,那将是双重的悲剧。然而这种威胁恰恰出现了。

所谓的"荷兰榆树病",是在1930年左右通过胶合板工业进口的榆树原木从欧洲进入美国的。这是一种真菌性疾病;微生物入侵树木的水分输导管,依靠随着树木中的汁液流动的孢子进行传播,

---

① 知更鸟(robin),欧亚鸲(*Erithacus rubecula*)的俗称。

第八章 没有鸟鸣

并通过有毒的分泌物,再加上机械阻塞,促使树枝枯萎,树木凋亡。这种病害经由榆树皮甲虫在病株和健康植株之间传播。树皮甲虫在枯死的树皮下钻孔,虫洞受到入侵的真菌孢子感染,孢子就会黏附在甲虫身上,随着甲虫的飞舞四处播散。防治榆树真菌病害,一直以来主要针对的是携带病菌的昆虫。在多个社区,尤其是美洲榆生长的重镇,即美国中西部和新英格兰地区,密集的农药喷施已经成为例行程序。

这种喷施对鸟类,尤其是知更鸟来说,可能意味着什么呢?密歇根州立大学两位鸟类学家,乔治·华莱士教授(Professor George Wallace)和他的一位研究生约翰·梅恩纳(John Mehner)的工作,首次指明了这一点。1954年,当梅恩纳开始攻读博士学位时候,他选择了一项与知更鸟种群有关的研究计划。这纯属偶然,因为在当时,没有人怀疑知更鸟面临危险。但是甚至就在他着手进行这项研究时,大事件发生了。这些大事件将改变其工作性质,而且实际上,也将使他丧失研究材料。

1954年,密歇根州立大学校园开始小范围喷施农药来防治荷兰榆树病。次年,密歇根州东兰辛市(密歇根州立大学所在地)加入进来,校园里的农药喷施行动扩大开来,当地防治舞毒蛾和蚊虫的计划也在进行之中。农药雨越下越大,转成倾盆之势。

1954年期间,在最初少量喷施农药的这一年,似乎万事大吉。次年春天,迁徙的知更鸟照常开始返回校园。当它们重回故土时,就像汤姆林森在令人难以忘怀的散文"迷失的森林"中提到的风信子一样,"没有对任何罪恶设防"。但是事情很快就显而易见,情况不对了。校园里开始出现濒临死亡的知更鸟。几乎看不到几只鸟正常进行觅食活动，或是在通常的栖息地上汇集。很少有鸟儿筑巢；极少有雏鸟出现。接下来的几个春天，千篇一律的单调模式一再上演。农药施用区已经成了一个致命的陷阱，每一轮迁徙的知更鸟都会在大约一个星期内灭亡。随后会有新的鸟儿飞来，但也只是增加校园里所见到的那些注定要在痛苦挣扎后死去的鸟儿数量。

"校园对于春天试图在这里定居的大多数知更鸟来说，已经成了一座墓地。"华莱士博士说。但是为什么呢？起初他怀疑是某种神经系统的疾病，但是问题很快就明朗了："尽管杀虫剂推广者保证他们的农药'对鸟类无害'，但是知更鸟确实正死于杀虫剂中毒；它们表现出众所周知的体征：丧失平衡，随后是颤抖、抽搐和死亡。"

一些事实表明，这些知更鸟被毒死，与其说是通过直接接触杀虫剂，毋宁说是通过间接地食用蚯蚓。此前在一个研究项目中，校园里的蚯蚓曾被无意中用来喂食小龙虾，而所有的小龙虾已经迅速死亡。实验室关在笼子里的一条蛇在食用这些蚯蚓后出现剧烈抽搐。而在春天，蚯蚓是知更鸟主要的食物来源。

很快，在乌尔瓦纳，伊利诺伊州自然调查署的罗伊·贝克博士（Dr. Roy Barker）为扑朔迷离的知更鸟死亡之谜提供了关键线索。贝克博士的这项研究发表于1958年，其中追踪了一系列事件的微妙循环：知更鸟的命运是如何通过蚯蚓，同美洲榆的联系起来。榆树春天打药（比例通常是每50英尺高的树木使用2—5磅DDT，在有成片榆树生长的地方，大概相当于每英亩多达23磅），7月份往往会再打药，施用比例大约是春季浓度的一半。马力十足的喷雾器朝最高大的树木各处喷射出一股毒液，不仅直接杀死目标生物，榆树皮甲虫，而且杀死了其他昆虫，包括授粉昆虫和掠食性的蜘蛛

第八章 没有鸟鸣

与甲虫。毒液在树叶和树皮上形成一层药性持久的膜。雨水也冲刷不掉。秋季,树叶掉落在地上,汇集成湿润的腐殖层,开始一段缓慢的历程,与土壤合为一体。在此过程中,它们要靠蚯蚓辛勤的辅助。蚯蚓在落叶堆中觅食,因为榆树叶子是它们最喜欢的食物之一。蚯蚓在吞食叶子的过程中,也会吞下杀虫剂,农药在其体内积聚,且浓度升高。贝克博士在蚯蚓的整个消化道和它们的血管、神经和体壁上,都发现了 DDT 沉淀。毫无疑问,有些蚯蚓自身就投降了,但另一些活下来变成了毒药的生物放大器。春季知更鸟回归,为整个循环提供了另一个连接点。区区 11 条大蚯蚓,就能将致死剂量的 DDT 转移到一只知更鸟身上。一只鸟在几分钟时间里,就能吃掉 10—12 只蚯蚓,在其每日的配额中,11 只蚯蚓只是极少的一部分。

并非所有的知更鸟都吸收了足以致死的剂量,但另一个后果,可能也会像致命毒杀一样毋庸置疑地导致它们种族灭绝。不孕不育的阴影横亘于一切鸟类研究之上,实际上,也延展开来,将一切生物囊括于其潜在范围之中。如今每年春天,在密歇根州立大学 185 英亩的整个校园里,只能找到 20—30 只知更鸟;而在喷施农药之前,保守地估计,这里也有 370 只成鸟。1954 年,梅恩纳观察到的每一个知更鸟鸟巢里都孵出了雏鸟。在喷药开始之前历年来原本一直应该至少有 370 只雏鸟(成鸟种群的正常更替)在校园里觅食,而接近同年 6 月底,梅恩纳只找到一只知更鸟雏鸟。一年后,华莱士博士的报告:"(1958 年)春季或夏季任何一段时期,我在主校区任何地方都没有看见过一只羽翼初成的知更鸟。到目前为止,我也没有发现除我之外有任何人曾经在那里见过一只。"

固然，未能孵出雏鸟的部分原因在于，一对或多对知更鸟在筑巢周期完成之前死去了。但是华莱士有更惊人的记录，这指向某种更险恶的事实——鸟儿们的生殖能力实际上被破坏了。他有相关的记录，例如1960年他如是告诉国会的一个委员会："知更鸟以及一些别的鸟类筑巢但不生蛋，还有一些鸟类生蛋并坐巢，但是并未使鸟蛋孵化出来。我们记载过一只知更鸟，它兢兢业业地抱了21天的蛋，但是鸟蛋没有孵化。正常的抱蛋期是13天……我们的分析表明，繁殖期鸟儿睾丸和卵巢内的DDT含量极高，10只雄鸟睾丸内的含量已经达到30—109ppm，2只雌鸟卵巢中卵泡内分别达到151ppm和211ppm。"

很快，其他地区的研究开始带来同样令人沮丧的结果。约瑟夫·希基教授（Professor Joseph Hickey）和他在威斯康星大学的学生们在对喷药区域和未喷药区域进行详细的对比研究后，报告称，知更鸟死亡率至少在86%—88%。位于密歇根州布卢姆菲尔德山（Bloomfield Hills）的克兰布鲁克科学研究所（Cranbrook Institute of Science）为了评估农药喷杀榆树皮甲虫造成的鸟类伤亡程度，于1956年请求将所有被认为是因DDT中毒而受害的鸟类送交学院进行检测。反馈超过了预期。短短几周的时间，学院的深冻冷藏设施不堪负荷，于是不得不拒收其他的标本。截至1959年，单只从这个社区，就送交或记录了1000只中毒的鸟类。虽然知更鸟是主要的受害者（有个女人致电该研究所，声称就在她说话的时候，就有12只死去的知更鸟躺在她家草坪上），但是63种其他的物种也包含在研究所的检测样本之中。

因此，知更鸟只是与喷杀榆树皮甲虫相关的连锁毁灭中的一部

第八章 没有鸟鸣

分,就连"榆树计划"也只是在我们的土地上遍洒农药的众多喷杀项目之一。大规模死亡已经出现在约 90 种鸟类中间,其中包括城郊居民和业余博物学家们最熟悉的那些鸟类。在一些喷过农药的城镇上,筑巢的鸟类种群总体上已经减少了 90%。正如我们所应看到的,各种类型的鸟类全都受到了影响,不管是地面觅食类、林冠觅食类、树皮觅食类还是食肉类的鸟。

可以合理地推断,所有依赖蚯蚓或其他土壤生物为食的鸟类和哺乳动物,在很大程度上都可能遭遇与知更鸟一样的命运。有 45 种鸟类的食谱中包括蚯蚓。其中之一是山鹬,一种在近期喷施过大量七氯的南方地区越冬的鸟类。关于山鹬,目前已经得出了两个重要的发现。在新不伦瑞克的繁殖场所,生产的雏鸟数量显著下降,成鸟经分析,体内含有大量 DDT 和七氯残余。

在 20 多种其他地面觅食鸟中,已经出现令人忧心的高死亡率记录。它们的食物——虫、蚁、蛆或其他土壤生物——已经中毒了。这些鸟类包括歌声名列最动听鸟鸣的三种鸫鸟:斯氏夜鸫(olive-backed)、棕林鸫(wood)和隐夜鸫(hermit)。人们发现,那些在落叶之间带着扑哧哧的声响在林地和牧场茂密的林下叶层中穿行的雀类——歌带鹀(song sparrow)和白喉带鹀(white-throat)——也在榆树喷施行动的受害者之列。

哺乳动物也很容易直接或间接地受到这种食物链的影响。蚯蚓在浣熊的各种食物中非常重要,春秋季也会被负鼠食用。诸如鼩鼱和鼹鼠之类的地下挖掘者大量捕食蚯蚓,随后就可能将毒素传递给食肉动物,例如鸣角鸮(screech owls)和仓鸮(barn owls)。在威斯康星州,继春季喷洒大量农药之后,有人捡到了几只奄奄一息的鸣角鸮,大概是食用蚯蚓中毒。鹰类和鸮类出现抽搐,包括美洲雕鸮(great horned owls)、鸣角鸮、赤肩鵟(red-shouldered hawks)、雀鹰(sparrow hawks)和白尾鹞(marsh hawks)。这些可能是通过食用杀虫剂累积在肝脏或其他器官内的鸟类或鼠类而造成的间接中毒。

因榆树叶面喷药而面临危险的,不单是在地面上觅食的生物,或是那些以之为食的生物。所有从叶面上搜寻昆虫的树顶觅食鸟,都已经从重度喷施过的区域消失了。在这些林地精灵中有戴菊,包括红冠戴菊(ruby-crowned)和金冠戴菊(golden-crowned),小巧的蚋莺,还有大量的莺鸟,它们成群迁徙,在春季一次生命多姿多彩的潮汐中从树木间掠过。1956年,春季姗姗来迟,喷药时间后延,于是恰好赶上了一阵格外猛烈的莺鸟迁徙洪流的到来。在该地区现身的所有种类的莺鸟,几乎都有若干代表丧生于这场接踵而至的惨重杀戮。

在威斯康星州的白鱼湾,之前那些年至少能看到1000只迁徙的黄腰白喉林莺(myrtle warblers);榆树喷药之后,观察者只能找到2只。如此,随着其他社区出现更多类似情形,受害鸟类的名单继续增加,因施药而死的莺鸟也包括那些最动人、令一切爱鸟之人迷恋不已的鸟类:黑白森莺(black-and-white)、美洲黄林莺(yellow)、纹胸林莺(magnolia),以及栗颊林莺(Cape May);5月时节在林中声声啼鸣的橙顶灶莺(ovenbird);羽翼闪烁着火花的橙胸林莺(Blackburnian);栗胁林莺(chestnut-sided)、加拿大威森莺(Canadian)和黑喉绿林莺(black-throated green)。这些树顶觅食鸟类要么因为食用有毒昆虫而直接受害,要么因为食物短缺而间接

第八章 没有鸟鸣

受害。

食物的丧失,也对那些在空中游弋,如同鲱鱼滤食海洋浮游生物一般搜寻飞虫的燕子造成了沉重的打击。威斯康星州一位博物学家声称:"燕子已经遭受重创。人人都在抱怨,同四五年前相比,他们看到的燕子是何其之少。仅仅在四年前,我们头顶的天空中到处是燕子。如今我们几乎很少看到……这可能既是因为喷药导致昆虫匮乏,也可能是因为昆虫中毒。"

提到其他鸟类,这位观察者写道:"另一个损失惨重的是鹟。到处都很难见到霸鹟(flycatchers),而早先顽强的长尾霸鹟今非昔比了。今年春天我见过一只,去年春天也只有一只。威斯康星州其他的'鸟人'也这么抱怨。以前我曾经见过五六对主红雀,现在一对也没有。鸫鹩、知更鸟、园丁鸟和鸣角鸮每年都在我们的花园里筑巢。如今没有了。夏天的早晨听不到鸟儿鸣唱。只剩下害鸟、鸽子、椋鸟和家麻雀。太悲惨了,实在让我无法忍受。"

秋季在榆树休眠期进行喷药,使农药无孔不入地渗入树皮,这可能就是人们观察到山雀、鸫、凤头山雀、啄木鸟和美洲旋木雀(brown creeper)数量锐减的罪魁祸首。1957—1958年的冬天,多年以来第一次,华莱士博士在他家的喂鸟平台上没有看到一只山雀或鸫。随后他发现的三只鸫,提供了一个令人遗憾的积因成果的案例:一只正在榆树上觅食,另一只奄奄一息,表现出典型的DDT中毒症候,第三只已经死去。随后人们发现,那只垂死的鸫机体组织中DDT含量达到了226ppm。

这些鸟类的觅食习惯不仅使它们格外容易受到杀虫喷剂的毒害,而且使它们的伤亡无论从经济学的还是其他不那么显而易见的理由来说都是可悲的。比如，白胸鸭和美洲旋木雀夏季的食物包括极其大量对树木有害的昆虫虫卵、幼虫和成虫。山雀 3/4 的食物是动物食源，包括很多昆虫生命周期的各个阶段。阿瑟·本特在具有里程碑意义的北美鸟类学著作《生命史》(*Life Histories*)中描述了山雀的觅食方式："鸟群行动时，每只鸟仔细地审视树皮、树枝，搜寻一星半点的食物（蜘蛛卵、茧或其他蛰伏的昆虫）。"

许多科学研究已经指出，在各种不同的状况下，鸟类在害虫防治中起到关键作用。因此，啄木鸟是防治英格曼云杉虫害的主力，它们能使害虫种群减少 45%—98%，对于苹果园防治苹果蠹蛾也能起到重要作用。山雀和其他的冬季留鸟能保护果园不受尺蠖危害。

然而在化学席卷全球的现代社会，是不会允许自然界中发生的事情发生的。在这个时代，喷施农药不仅消灭了昆虫，也消灭了它们的主要天敌——鸟类。不久以后当昆虫种群复兴时（情况几乎总是如此），不再有鸟类来限制其数量。正如威斯康星州密尔沃基市公共博物馆的鸟类馆长欧文·格罗梅（Owen J. Gromme）致《密尔沃基新闻报》(*Milwaukee Journal*)的信中所说："昆虫的最大天敌是其他的肉食性昆虫、鸟类和一些小的哺乳动物，但是 DDT 的杀戮是不加选择的，其中包括自然自身的守护者或人类的警察……难道我们要以进步为名，成为我们自身残忍的杀虫法的受害者吗？而这只能给我们带来一时的安逸，不久就会无力去消灭昆虫。我们将采用什么方式去防治新的害虫？当榆树消失之后，它们将向余下的树种发动进攻，而此时自然界的守卫者（鸟类）已经被毒药全部歼灭。"

格罗梅先生称，自从威斯康星州开始喷施农药以来，报告鸟类

第八章 没有鸟鸣

死亡或即将死亡的电话与信件一直在稳定增加。在询问中总是会发现，出现鸟类死亡的地区一直在进行喷施或是叶面施药。

中西部地区大多数研究中心，例如密歇根州克兰布鲁克科学研究所、伊利诺伊州自然历史调查局以及威斯康星大学的鸟类学家和环境保护者，几乎都与格罗梅先生有同感。几乎在每个正在采取喷药行动的地方，市民不仅日益被激起怒火，而且对于喷药所带来的危险与不和谐，通常表现出一种比下令执行喷药行动的官员们更为敏锐的意识，这一点从当地报纸特设的读者来信专栏可见一斑。"我恐怕那一天很快就要来了：很多漂亮的鸟儿会死在我们的后院里，"密尔沃基市一名妇女写道，"这是一种悲惨的、令人心碎的体验……不仅如此，这也令人沮丧而且愤怒，因为很明显这并不能起到作用。这种杀戮的本意在于救助……从长远来看，你能救树木而不救鸟类吗？在大自然的经济体系中，难道它们不是彼此救助的吗？帮助大自然保持平衡，而不破坏它，难道就不可能吗？"

其他来函指出，榆树尽管是高大美丽的行道树，但是它们不是"圣物"，不能作为对其他一切生命形式发起一场无止境的破坏行动的正当理由。"我一直很喜欢我们的榆树，它就像是我们这里景观的标志，"威斯康星州另一个女人写道，"但有树木有很多种……我们也必须拯救我们的鸟类。春天里没有知更鸟的歌声，谁能想象出比这更沉闷无趣的事情呢？"

对公众来说，选择似乎很容易呈现为一种鲜明的、非黑即白的简单性：我们应当要鸟，还是应当要榆树？但是问题并不那么简单，出于充斥于化学防治领域的反讽之一，如果我们继续走现在这条走惯了的道路，我们最终很可能会什么都没有。喷施杀害了鸟类，却没有拯救榆树。把榆树的得救寄望于喷嘴的末端，这种幻觉是一种引人误入歧途的鬼火，它诱使我们的社区前赴后继地耗费重金，却没有收到持久的成效。康涅狄格州的格林威治进行了为期十年的定期喷施。接下来一年的干旱给甲虫带来格外有利的环境，榆树死亡率上升了10倍。在伊利诺伊州乌尔瓦纳，也就是伊利诺伊州立大学所在的地方，荷兰榆树病首次出现于1951年。喷施于1953年进行。到1959年，尽管喷了六年的药，大学校园里却已经失去86%的榆树，其中一半是荷兰榆树病的受害者。

在俄亥俄州托莱多市，一次类似的经历促使林务主管斯威尼（Joseph A. Sweeney）开始以现实的眼光来审视喷施造成的结果。在那里，喷施始于1953年，并持续到1959年。然而，与此同时，斯威尼先生已经注意到，采纳"书本和官方"推荐的喷施之后，全市范围内感染槭绵蜡蚧（cottony maple scale）的现象比之前更甚。他决定亲自审查喷施防治荷兰榆树病的效果。结果令他震惊。他发现，在托莱多市，"唯一控制下来的区域，是我们采取某些及时措施清除了病株或虫害木的地方。依赖喷施防治疾病的地方失去了控制"。在没有采取任何措施的乡村，病害并没有像在城市里这样迅速蔓延。这表明喷施歼灭了害虫的一切天敌。"我们正在放弃采用喷施防治荷兰榆树病。这已经让我和那些支持美国农业部提出的任意建议的人产生了冲突，但是我有事实，我会坚持事实。"

榆树病只是在近期才开始在中西部城镇蔓延，因此很难理解，为什么这些地方如此义无反顾地投身雄心勃勃且花费不少的喷施计划，而显然没有等着去调查对这个问题有更长远认识的其他地区的经验。例如，纽约州无疑有最悠久的持久防治荷兰榆树病的经

第八章 没有鸟鸣

验,因为人们认为,病榆木正是于1930年左右通过纽约的港口进入美国。如今纽约在抑制病害这方面拥有最令人称道的记录。然而纽约并未依赖于喷药。事实上,纽约的农业推广服务部门并不建议社区把喷药当作防治手段。

那么,纽约是如何取得这样出色的记录的?从早些年的榆树保卫战,直到现在,纽约依赖于严格的卫生,或是及时移除并销毁所有病株和感染病害的木头。起初,有些结果不尽如人意,然而这是因为,人们并非从一开始就意识到,不光是病株,所有可能带有虫卵的榆木都必须销毁。感染病虫害的榆木,就算砍下来当柴火,除非在春季之前就烧完,否则堆在那里,里面也会飞出一群携带真菌的甲虫。传播荷兰榆树病的,正是在4月末和5月间结束休眠期飞出来觅食的甲虫成虫。纽约的昆虫学家已经从经验中得知,在榆树病的扩散中,哪些可供甲虫产卵的物质具有真正的重要性。通过聚焦于这种危险物质,人们已经有可能不单收到显著成效,而且将卫生计划的成本控制在合理限度内。1950年,纽约城里的5.5万株榆树中,荷兰榆树病发病率已经减少到0.2%。纽约州威彻斯特郡于1942年发起一项卫生计划,接下来14年中,榆树年均损失量也仅0.2%。纽约州西部拥有18.5万株榆树的布法罗城,已经通过卫生防控疾病取得相当出色的记录,近年来每年损失额仅0.3%。换句话说,以这种速率,可能要300年左右,才能灭除布法罗的榆树。

锡拉丘兹(Syracuse又称雪城)发生的事情尤为引人注目。1957年之前,没有采取任何有效的行动。1951—1956年之间,锡拉丘兹损失了近3000株榆树。随后,在纽约州立大学林学院的霍华德·米勒(Howard C. Miller)指导下,做了一次深度清理,移除所有患病的榆树，以及一切虫害木的潜在来源。现在，每年的损失率明显低于1%。

这种健康清理方法的费用，由纽约的荷兰榆树病防治专家控制下来。"大多数情况下，实际花费相比可能的损失来说是很少的，"纽约州立大学农学院的马蒂瑟（J. G. Matthysse）说，"如果这是一个肢体死亡或断裂的病例，为了预防可能的人身和财产伤亡，这部分肢体最终将不得不截掉。如果是一堆柴火，在春天之前木头还可以用，树皮可以从木头上剥下来，或者我们可以把木头存放在干燥的地方。对于枯萎或死亡的榆树，及时移除以便防治荷兰榆树病扩散，花费通常并不比以后可能必须要花的更多，因为城市地区的大多数死树最终都是肯定要砍掉的。"

因此，就荷兰榆树病来说，只要采取开明、睿智的措施，情况并不是绝对无望的。尽管目前还无法采用任何已知的手段来根除荷兰榆树病，但是它一旦在一个社区扎下根，我们就可以通过卫生来加以抑制，使之控制在合理范围内，而不去采用那些不仅无效，而且可能造成鸟类不幸毁灭的方法。在森林遗传学领域中，还存在其他的可能性。实验提供了培育一种抗荷兰榆树病的杂交榆树的希望。欧洲榆具有高度的耐药性，华盛顿哥伦比亚特区甚至在该市的榆树染病率极高的这段时期，就已经种植了很多欧洲榆。这些树木中没有出现荷兰榆树病病例。

人们正力促在榆树丧失惨重的社区通过一项对口的苗圃和林地计划进行移植。这很重要。同时，这类计划中尽管很可能包括了抗病的欧洲榆，但是应当瞄准各种不同的物种，这样将来就不会有任何疫病使得一个社区的树木全军覆没。一个健康的植物或动物群落，其关键在于英国生态学家查尔斯·艾尔顿（Charles Elton）所说的"多样性保护"。当前发生的事情，很大一部分是前人的生物学知识尚不成熟的结果。就连上一代人，也没有人知道，在大片区域上种满单一树种是要招致灾难的。于是，全镇的街道两旁和花园里到处种榆树，到如今，榆树死了，鸟儿们也死了。

＊＊＊

像知更鸟一样，美国还有一种鸟类似乎也濒临灭绝。这种鸟是美国民族的象征，那就是白头鹰（eagle）。过去十年中，白头鹰的种群衰退令人吃惊。事实表明，白头鹰生活的环境中有某些东西在起作用，而且几乎破坏了白头鹰的繁殖能力。我们还无法确知这种东西可能是什么，但是某些迹象表明，杀虫剂罪不容辞。

在美国北部经过最深入考察的白头鹰群，是那些沿着自坦帕到位于佛罗里达州西海岸的梅尔斯堡一线的海岸线筑巢的鹰。此处有一位来自温尼伯的退休银行家查尔斯·布罗利（Charles Broley），于1939—1949年间环志了1000多只秃鹰[①]雏鸟，从而赢得鸟类学家的名声。（在早先所有的鸟类环志史上，已经环志的鹰仅有166只。）布罗利先生在冬季几个月里对尚未离巢的雏鹰进行环志。随后回收的环志鸟表明，这些出生于佛罗里达的白头鹰，虽然之前一直被认为是非迁徙性的，但是活动范围沿海岸线北上至加拿大，一直达到爱德华王子岛。秋季它们返回南方，在诸如宾夕法尼亚东部的鹰山（Hawk Mountain）之类著名的瞭望点可以观察到其迁徙。

布罗利先生在进行环志的早些年，每年通常都能在其研究选定

---

① 即白头鹰。

的那段海岸线上发现 125 个处于活动期的鸟巢。每年环志雏鸟数量大约在 150 只。1947 年,生产的雏鸟产量开始减退。有些巢里没有蛋;还有一些有蛋,却未能孵化。在 1952—1957 年间,80% 左右的鸟巢中未能育成雏鸟。在这一时期的最后一年,只有 43 个巢里有鸟类活动。其中 7 个巢里育出了雏鸟(8 只雏鹰);23 个巢里有蛋却未能孵化;还有 13 个巢仅仅被成年鹰当作进食场所,里面根本没有蛋。1958 年,布罗利先生将范围扩大至 100 多英里的海岸线,然后才找到一只小鹰并对其进行环志。1957 年在 43 个巢中见过的成年鹰也极为稀少,他只观察到 10 个巢里有成年鹰。

虽然 1959 年布罗利先生的去世终止了这一系列不间断的宝贵观察,但是来自佛罗里达州奥杜邦学会以及新泽西和宾夕法尼亚等地的报告,确认了这样一种很可能促使我们有必要去寻找一种新的民族象征的趋势。鹰山保护站(Hawk Mountain Sanctuary)馆长莫里斯·布朗(Maurice Broun)的报告尤为引人注目。鹰山是宾夕法尼亚东南部一座风景如画的山峰,阿巴拉契亚山脉最东端的山脊形成阻挡西风的最后一道屏障,而后透迤而下,向海岸线上的平原延伸。吹向山峰的风向上偏转,由此在秋季一连数天形成连续的上升气流,宽翅鹰(broad-winged hawk)和白头鹰扶摇直上,在向南迁徙的途中一日之中飞越数英里。山脊在鹰山交会,空中高速路也在此处会合。结果就是,从北边广大领地上飞来的鸟儿都要经过这个交通瓶颈。

莫里斯·布朗在此处担任保护站管理员的 20 多年里,观察到并实际记录下来的鹰和白头鹰比其他任何一个美国人都多。秃鹰迁徙的高峰期在 8 月末和 9 月初到来。这些鹰被认为是在北方待过

第八章 没有鸟鸣

一个夏天之后回归故土的佛罗里达鸟类。(随后在秋季和早冬季节,一些体型更大的白头鹰从上面划过。人们认为这些鸟属于北方的一个种类,它们即将飞往一个不知名的越冬场所。)保护所建立的头几年,在1935—1939年之间,人们观察到的白头鹰有40%都是同一年龄的,这从它们规则的黑色羽毛就能很容易地辨认出来。然而近些年来,这些幼鸟已经变成了稀有物。在1955—1959年之间,它们仅占鸟类总数的20%。有一年(1957年),每32只成鸟中只有1只雏鸟。

在鹰山上进行的观测与其他地方的发现是一致的。一则类似报告来自于伊利诺斯自然资源委员会的官员艾尔顿·福克斯(Elton Fawks)。白头鹰——大概是在北部筑巢的鸟类——在密西西比河和伊利诺斯河沿岸越冬。1958年,福克斯先生声称,最近一次数到的59只白头鹰中仅包含1只幼鸟。表明白头鹰种族正在消亡的类似迹象,来自于世界上唯一为白头鹰特设的保护站——位于萨斯奎汉纳河(Susquehanna River)的约翰逊山岛(Mount Johnson Island)。这座岛屿尽管只在科诺温戈大坝(Conowingo Dam)上游8公里处,距离兰卡斯特郡海岸也仅0.5公里左右,但依然保持着原始的狂野。自1934年以来,赫尔伯特·贝克(Herbert H. Beck)教授就一直在观察这里唯一的一个白头鹰巢穴。贝克教授是兰卡斯特的一位鸟类学家,也是保护站的管理员。在1935—1947年之间,鸟巢有规律且始终成功地发挥作用。自1947年以来,尽管成鸟曾经驻巢,也有生蛋的迹象,但是没有生出一只雏鸟。

因此,在约翰逊山岛上和在佛罗里达州,同样的情形普遍存在——有一些成鸟驻巢,也产一些蛋,但是极少或是根本没有育出雏鸟。在寻找答案的过程中，似乎只有一个答案能与所有事实相吻合。那就是，因为某些环境因素，鸟类的繁殖力已经变得极其低下，如今每年几乎没有新生的雏鸟来保持种族延续。

这种境况已经原原本本地由不同的试验者在其他鸟类身上人为制造出来。最著名的试验者是美国鱼类和野生动植物管理局的詹姆斯·德威特博士（Dr. James DeWitt）。德威特博士的实验如今堪称经典，他针对一系列杀虫剂对鹌鹑和雉鸡的影响所做的实验已经确定了这样一个事实：接触DDT或相关化学品，即便在对亲鸟不造成可以观察到的伤害时，也会严重影响生育。施加影响的方式可能有所不同，但是最终的结果总是如出一辙。例如，在繁殖期的鹌鹑饮食中添加DDT，鹌鹑活了下来，甚至生出正常数目的有生命力的蛋，但是极少有能孵化出来的。德威特博士说："很多胚胎在孵化的早期阶段似乎发育正常，但是在孵化期内死掉了。"真正孵化出来的雏鸟中，有半数以上在五天之内死亡。在以雉鸡和鹌鹑为受体的其他试验中，成鸟如果全年被喂食受杀虫剂污染的饮食，就无论如何不会产蛋。在加州大学，罗伯特·拉德（Dr. Robert Rudd）和理查德·杰内利（Dr. Richard Genelly）得出了类似的发现。当雉鸡在饮食中摄入了狄氏剂，"产蛋率显著下降，雏鸡成活率也少得可怜"。根据这些作者的说法，狄氏剂对雏鸟产生的影响虽有延迟，却是致命的，这一影响是由于狄氏剂储存在蛋黄中，并在孵化期以及孵化后逐渐累积所致。

这种主张从华莱士博士和一名研究生理查德·伯纳德（Richard F. Bernard）近期的研究得到了极大的支持。他们在密歇根州立大学校园里的知更鸟体内发现了浓度极高的DDT。他们在检查过的

第八章 没有鸟鸣

所有雄性知更鸟睾丸内,在发育的卵泡内,在雌性知更鸟的卵巢内,在已经长成但还没有生产出来的鸟蛋中,在输卵管中,在从废弃的巢中找到的未孵化的鸟蛋中,在鸟蛋内的胚胎中,以及在刚孵化不久就死去的雏鸟身上,都发现了这种毒素。

这些重要的研究确立了这样一个事实:一开始接触了杀虫剂,即便后来避开了,毒素也会影响一个世代。毒素储存在卵中,在滋养胚胎发育的卵黄物质中,就无异于下了死亡执行令。这也解释了,为什么德威特的很多鸟儿都死在卵中,或是孵化后不出几天就死了。

对白头鹰所做的这些研究要运用到实验室中,还面临着很多几乎不可逾越的困难。然而如今在佛罗里达州、新泽西州和其他地方,田野研究正在进行,希望能获取确切的证据来证明,是什么导致大量白头鹰种群明显的不育症状。与此同时,目前已有的间接证据指向了杀虫剂。在鱼类丰富的地方,鱼类构成白头鹰饮食中的绝大部分(在阿拉斯加约65%,在切萨皮克湾地区约52%)。布罗利先生长久以来研究的白头鹰主要以鱼类喂食,这几乎是毫无疑问的。自1945年以来,这部分沿海区域一直在反复喷施溶解于燃油中的DDT。空中喷施针对的主要目标是伊蚊(salt-marsh mosquito)。伊蚊栖息于沼泽和沿海地带,正好是白头鹰觅食的典型区域。鱼类和螃蟹大批死亡。实验室分析表明,这些鱼蟹组织内部的DDT浓度极高,达46ppm。就像加州明湖中的鸊鷉通过食用湖里的鱼类,体内累积了高浓度的杀虫剂残余一样,白头鹰身体组织里几乎肯定一直在储积DDT。就像鸊鷉一样,雉鸡、鹌鹑和知更鸟都越来越无力繁殖后代,维持其种族的延续。

***

从世界各地传来的回响表明：在我们的现代社会中，鸟类正面临危险。报告在细节上有所不同，但是通常重复了野生动物的死亡与杀虫剂接踵而至的主题。诸如此类的故事很多，例如，法国成百上千只小型鸟类和松鸡在人们给葡萄树桩施用一种含砷除草剂后走向死亡；再比如，比利时的松鸡狩猎业一度以鸟类数量闻名，而在附近农田进行喷施后，松鸡销声匿迹。

在英格兰，主要问题似乎是一起特例，关系到在播种前用杀虫剂处理种子的种植实践。种子处理并不全然是一种新事物，但是在早些年，使用的化学农药主要是杀菌剂。似乎没有看到对鸟类造成任何影响。然而在 1956 年左右，人们开始转向双效处理，除杀菌剂之外，狄氏剂、艾氏剂或七氯也添加进来，用以抵抗土壤中的虫子。自此以后，情形每况愈下。

1960 年春季，死鸟目击报告如洪水般涌向英国野生动物管理部门，其中包括英国鸟类学基金会、英国皇家鸟类保护协会和猎鸟协会。"这个地方就像一个战场一样，"诺福克郡的一位土地所有者写道，"我的管家已经发现了无数鸟类尸体，包括成群的小鸟，有苍头燕雀（Chaffinches）、金翅雀（Greenfinches）、赤胸朱顶雀（Linnets）、林岩鹨（Hedge Sparrows），还有家麻雀（House Sparrows）……野生动物的毁灭确实太惨了。"一位猎场看守人写道："我的松鸡已经被拌了药的玉米消灭干净了，还有很多雉鸡和所有其他的鸟，成百上千的鸟都被杀死了……当了一辈子的猎场看守人，这对我来说是一种痛苦的经历。看见成对的松鸡死在一起，感觉太糟了。"

在英国鸟类学基金会和皇家鸟类保护学会联合发布的一份报

第八章 没有鸟鸣

告中,描述了约67起鸟类死亡案例——这还远远不是1960年春天发生的大毁灭事件的完整清单。在这67只鸟中,59只死于种子包衣剂,8只死于毒性喷雾剂。

次年又来了一轮新的毒杀。仅诺福克一处地产上就死了600只鸟的报告被呈送上议院,北埃塞克斯郡一个农场上也死了100只雏鸡。很快就很明显,现在比1960年更多的郡县受到了波及(34:23)。高度农业化的林肯郡似乎受损最严重,据称有一万只鸟类死亡。然而,这场破坏席卷了英格兰所有的农业用地,从北部的安古斯直到南部的康沃尔,从西部的安格尔西直到东部的诺福克。

1961年春季,关注达到顶峰,下议院一个特别委员会从农民、土地所有者和农业部以及与野生动物相关的各类政府与非政府机构的发言人那里取证,对此事展开了一次调查。

一位目击者说:"鸽子突然从天上掉下来,死了。"另一位目击者称:"你可以在伦敦城外驱车一两百英里,也见不到一只红隼。"自然保护处的官员证实说:"不管是近一百年,还是我所知道的任何时期,都没有类似的情况。这是本世纪发生过的对野生动物最大的威胁和围剿。"

在对受害鸟类进行化学分析的任务中,最缺乏的是人员设备,乡村里只有两名化学家能进行测试(一位是政府人员,另一位受雇于皇家鸟类保护协会)。目击者描述了焚烧鸟类尸体的熊熊篝火。然而还是有人收集了鸟类尸体来进行检查,在所有进行过分析的鸟类中,所有鸟类,除一只之外,身上都含有杀虫剂残余。唯一的例外是一只鹬,这种鸟是不吃种子的。

与鸟类一同,狐狸可能也受到了影响,大概是通过食用中毒的耗子或鸟类而间接中毒。英格兰的野兔泛滥成灾,迫切需要狐狸来充当捕食者。然而在1959年11月到1960年4月间,至少死了1300只狐狸。死亡最惨重的地区,正是雀鹰、红隼和其他猛禽类几乎销声匿迹的那些乡村,这表明农药是通过食物链传播,从以种子为食者,一直到皮毛类和羽毛类的食肉动物。狐狸垂死挣扎的表现,正是那些氯化烃杀虫剂中毒的动物所体现出的行为。人们看到它们半呆半傻地瞎转,然后抽搐死去。

听证会令特别委员会信服,野生动物面临的威胁是"极其惊人的";相应地,委员会向下议院建议:"农业部和苏格兰事务大臣(Secretary of State for Scotland)应当确保立即禁止将狄氏剂、艾氏剂、七氯或具有类似毒性的化学药剂的复合肥用作种子包衣剂。"委员会也建议采用更完备的控制手段,以确保化学农药在投放市场前,不仅在实验室条件下,而且在田野里都能经过充分的测试。值得强调的是,这是各地的杀虫剂研究中最大的空白点之一。生产商的测试仅限于常见的实验室生物——大鼠、狗和豚鼠——不包括任何野生动物,按规矩也不包括鸟类、鱼类,而且是在人工受控条件下进行的。在自然环境下运用于野生动物,则尚付阙如。

如何保护鸟类免受药物处理过的种子毒害,面临这一问题的绝不仅仅是英格兰。在美国,加利福尼亚和南部的水稻种植区一直是问题最棘手的地区。多年来,加利福尼亚的水稻种植者用DDT处理种子,以防治蚤虫和有时危害水稻幼苗的水龟虫。加利福尼亚有很好的狩猎活动作为消遣,正是因为稻田里有成群的水鸟和雉鸡。然而在过去十年中,水稻种植区不断有报告称鸟类数量减损,尤以

第八章 没有鸟鸣

雉鸡、野鸭和鸫鸟为甚。"雉鸡病"成了众所周知的现象,据一名观察者说,鸟类"四处找水,四肢不听使唤,常见在田沟和稻田埂上颤抖"。这种"病"在春天发作,也就是稻田里播种的时候。施用的DDT浓度,高出足以杀死一只成年雉鸡的剂量数倍。

短短几年期间,毒性更高的杀虫剂研发出来,促使药物处理过的种子造成的危害进一步增大。对雉鸡来说毒性相当于DDT100倍的艾氏剂,如今被广泛用作种子包衣剂。在得克萨斯东部的水稻田里,这种种植法已经使著名的树鸭,也就是海湾沿岸一种像鹅一样的茶色鸭子,种群数量严重减少。实际上,我们有某种理由认为,水稻种植者已经找到一种办法来减少鸫鸟种群,他们使用杀虫剂是出于双重目的,而这对稻田里的好几种鸟类都造成了毁灭性的影响。

随着杀戮的习惯渐长——对任何令我们不爽或烦恼的生物采取"剿灭"——鸟类正日益成为毒药直接灭杀的对象,而不是偶然的受害者。目前正在上涨的趋势是从空中喷施对硫磷之类的致命毒药,以"防治"农民厌恶的成群鸟类。美国鱼类和野生动植物管理局已经意识到有必要公开表达对这种趋势的担忧,因而指出"喷施过对硫磷的区域对人畜和野生动物构成一种潜在危险"。例如,1959年夏季,在印第安纳州南部,一群农民花钱租赁了一架喷药机来给一片河滩喷施对硫磷。这片区域是在附近的玉米地里觅食的数千只鸫鸟所青睐的繁育场地。问题本可以轻易解决,只需要稍微调整一下耕作模式,转向种植多种果穗外面有苞片包被(deep-set ears)、可避免被鸟类啄食的玉米即可。但是农民们已经对农药杀虫的好处深信不疑,因此把飞机送上天去执行死亡使命了。

结果可能让农民们心满意足，因为伤亡名单上包括约计6.5万只红翅黑鹂（red-winged blackbirds）和椋鸟。其他在人们不经意间死去，没有留下任何记录的野生动物的死亡，就不得而知了。对硫磷并不是专杀鸦鸟的药，而是一种广谱杀剂。但是对于乌鸦，这是一个普遍的杀手。兔子、浣熊或负鼠等有可能在河滩上漫游，但或许从未拜访过农民的玉米地的动物，也被一个既不知道也不关心它们存在的法官和陪审团判了刑。

那么对于人类而言呢？在加利福尼亚，同样是喷施过对硫磷的果园里，工人们接触一个月前打过药的叶子后，病倒并出现了休克，在精心的医护下才死里逃生。印第安纳州还有人听任孩子们去树林或田野里漫游，甚至去河边探险吗？如果有的话，谁看守着喷药区，不让那些可能冒冒失失跑过去寻找淳朴大自然的人进入呢？谁时刻保持警醒，告诉无辜的漫游者他即将进入的那些田野是致命的，上面所有的植被都披上了一层致死的薄膜呢？而面临如此可怕的风险，农民们在没有任何人阻挠的情况下，对鸦鸟发起了一场毫无必要的战争。

在以上每一种情形下，人们都回避思索这一问题：是谁做的决定，搅起这些连锁中毒事件，搅起这层层推展、如同小石子在静静的湖面上激起的涟漪一般扩散开去的死亡之波？是谁把那些本可能被甲虫吃掉的叶子放在天平的一边，而把在杀虫剂不加选择的痛击下可悲地掉落下来的成堆斑驳陆离的羽毛、毫无生气的鸟类尸体放在另一边？是谁——谁有权利——为无数毫不知情的人群做决定，拥有最高价值的是一个没有昆虫的世界，即便这也是一个没有飞翔的鸟儿优美的曲线装点的无生机的世界？这是暂时被赋予权力的独裁者做出的决定,他只是在数百万人疏忽的那一瞬间做出的决定。而对这数百万人来说,美丽的、秩序井然的自然界,依然具有一种深刻而必要的意义。

第九章 死亡之河

在大西洋幽深的海水中,有许多条小道通向海岸。鱼儿沿着这些小道巡游;虽然看不见也摸不着,但是这些小道与沿海河流的入海口相连。数千年来,鲑鱼学会了追随这些淡水线,它们依靠这些线路的指引返回河流,回到各自在出生后最初几个月里待过的支流。就这样,1953年的夏天和秋天,在新不伦瑞克海岸一带,米拉米希河(Miramichi)的鲑鱼离开觅食地,从遥远的大西洋回溯到故乡的河流。那年秋天,在米拉米希河的上游,就在阴凉的溪谷交汇而成的溪流中,鲑鱼将卵产在砾石河床上,冷冽的溪水从上面急速流过。溪流正好在云杉、香脂、铁杉和松树组成的大型针叶林边上,因此为鲑鱼提供了维持生存所必需的产卵地。

这一切都是在重复亘古以来的模式,米拉米希也正是因此成为北美洲最好的"鲑鱼溪"。然而那一年,模式将被打破。

在秋冬季节,大大的、有着厚实外壳的鲑鱼卵待在鲑鱼妈妈在溪流底部砾石间挖出的浅浅的沟槽中。寒冷的冬季,它们以自己的节奏缓慢成长,只有当春天姗姗来迟,让万物复苏、森林溪谷冰消雪融时,小鲑鱼才会孵化出来。起初它们藏在河床的小石头缝里——鱼苗才一丁点儿大,大约半英寸长。它们不觅食,靠硕大的卵黄囊度日。只有当卵黄囊里的营养吸收完了,它们才开始在溪流

第九章 死亡之河

中搜寻小昆虫。

1954年春天,米拉米希河中除了新生的鲑鱼,还有去年孵化出来的幼鲑。那些一两龄的鲑鱼色彩亮丽,身上带有条纹和鲜艳的红点。这些幼鲑大肆觅食,搜寻溪流中各种奇异的昆虫。

夏天来临时,一切都改变了。米拉米希河西北边的河段,被列入了加拿大政府前一年出台的一次规模浩大的喷施计划中。此次计划旨在防治森林里的云杉卷叶蛾。这种卷叶蛾是危害好几种常绿树种的本土害虫,在加拿大东部大概每35年大爆发一次。20世纪50年代初有一次,卷叶蛾种群急剧增长。为了防虫,人们开始喷施DDT,一开始是在小范围内,1953年突然加速推进。以前喷施数千英亩,现在是数百万英亩,而目的则是拯救当地造纸业的重要支柱——香脂冷杉。

于是,1954年6月,飞机造访米拉米希西北边的林地,滞留的白色雾团勾画出纵横交错的飞行轨迹。每英亩林地要喷施0.5磅溶解在油剂中的DDT,一部分农药透过香脂冷杉林,最终落在地面和溪流中。飞行员一心只想完成任务,根本没想过要避开溪流或者在飞过溪流上空时关掉喷头。不过,哪怕一阵微风也会让喷雾飘到很远处,所以即便他们注意到了,也未必能有多大差异。

喷施结束后,很快出现了不容置辩的迹象:情况很不妙。两天之内,人们在溪岸边发现了死鱼,还有一些即将死去的,其中包括幼鲑。鳟鱼也出现在死鱼中,沿途可见到林中奄奄一息的鸟儿。溪流万灵俱灭。在喷施之前,这里有大量水生生物供鲑鱼和鳟鱼取食——石蛾分泌蚕丝将植物茎叶或沙砾黏合起来,筑成管状的巢壳,它们的幼虫就待在里面躲避敌害;石蝇稚虫依附在岩石上,随着涡流旋转；还有蠕虫一般的黑蝇幼虫，它们生活在浅滩下的石头边或是溪水冲刷的陡峭岩石上。但如今，溪流中的昆虫被DDT杀死了，幼鲑没有任何东西可吃了。

在这样一幕死亡与毁灭的景象中，小鲑鱼本身根本没希望逃脱，情况也确实如此。到8月份，那年春天从砾石河床上钻出来的小鲑鱼无一幸存。一整年的产卵孵化付诸流水。两龄以上的大鲑鱼，情况只是稍好一些。当喷药机飞临上空时，1953年出生的鲑鱼正在溪流中觅食，现在只剩下1/6。1952年出生的那些马上要游向海洋的小鲑鱼，也损失了1/3。

这些事实之所以被发现，是因为自1950年以来，加拿大渔业研究委员会在米拉米希西北部开展了一项关于鲑鱼的研究，委员会每年对这条溪流中的鱼做一次普查。生物学家的记录涵盖上溯到溪流中产卵的成年鲑鱼的数量、溪流中各个年龄组的小鲑鱼的数量，而且不单是鲑鱼，还有栖息在溪流中的其他鱼类的正常种群数量。因为对喷施前的状况有完整的记录，所以我们可以精确地测量喷施造成的损害，这是其他地方所不及的。

调查显示，蒙受损失的不只是小鱼，溪流本身也产生了严重的变化。反复喷施已经彻底改变溪流环境，鲑鱼和鳟鱼赖以为食的水生昆虫都被杀死了。哪怕只是喷施一次，也需要大量的时间，才能让大多数昆虫恢复足够的数量来供应正常状况下的鲑鱼种群——时间要以年来计，而不是以月来计。

那些小生物，如蚊蚋和黑蝇，反倒会很快重建种群。这对最小的鲑鱼，也就是仅几个月大的鱼苗来说是合适的食物。但是更大的水生昆虫——石蛾、石蝇和蜉蝣幼虫——就没那么快恢复，而鲑鱼到第二年和第三年要依靠这些生物为食。DDT落入溪流之后，哪怕第二年，觅食的鲑鱼苗也很难找到食物，只有偶尔能见到一只小石蝇。不会再有大的石蝇、蚊蚴和石蛾了。为了供应这种天然食物，加拿大人曾尝试将石蛾幼虫和其他昆虫引种到荒芜的米拉米希流域。但是，再来一次喷施，引种的成果就会被彻底抹杀。

而卷叶蛾非但没有如期消退，反而变得更为顽固。1955—1957年，人们在新不伦瑞克省和魁北克省各地反复喷施，有些地方喷了三次药。到1957年，喷施过的林地面积近1500万英亩。虽然随后暂时停止了喷施，但1960年和1961年，卷叶蛾数量骤增，以致人们又开始使用农药。实际上，各地都没有迹象表明喷施化学药剂防治卷叶蛾只是临时采取的应急措施（目的在于接下来几年不让树木脱叶而死），因此只要继续喷药，负面效应就会持续出现。为了尽量减少对鱼类的伤害，加拿大林业部门按照渔业研究委员会的建议，将DDT施用浓度从先前的每英亩0.5磅降低到0.25磅。（美国依然推行致死率极高的施用标准：每英亩1磅。）在观察了几年的喷施效果之后，加拿大人找到了折中的方案。但是只要继续喷药，这对鲑鱼业的牺牲就无补于事。

在现在看来，有一系列状况不同寻常地组合起来，使米拉米希西北部流域并未遭受预期中的劫难——这种巧合一百年内不可能再发生了。而重要的是弄清当时发生了什么，以及原因何在。

1954年，正如我们所看到的，米拉米希这个河段沿岸喷施了大量药剂。在这以后，除了1956年有一小片区域喷过药，这个河段的整个上游河岸一带都不在喷施计划范围内。1954年秋天，一场热带风暴影响了米拉米希河流上鲑鱼的命运。飓风"埃德娜"一路北进，给新英格兰和加拿大海岸带来了暴雨。河水暴涨，淡水河流奔涌向大海，并带来了数量格外多的鲑鱼。结果，鲑鱼理想的产卵地——砾石河床上有了异常丰富的鱼卵。1955年春天在米拉米希西北部孵化出来的小鲑鱼，几乎找到了完全理想的生存环境。虽然前一年河流中所有的昆虫都被DDT杀死了，但是那些最小的昆虫——蚊蚋和黑蝇——种群数量恢复了。鲑鱼宝宝有了足够的食物。那一年鲑鱼苗不仅有大量食物，而且几乎没有竞争者。原因在于一个严酷的事实：更大的鲑鱼已经在1954年喷药时被杀死了。这样一来，1955年的鱼苗生长非常快，存活下来的数量非常多。它们在河流中迅速完成生长，提前游向了大海。其中有很多在1959年返回故乡，给这里的河流带来了洄游的鲑鱼大军。

如果说米拉米希西北部的状况相对仍然较好，那是因为这里只喷施了一年的药。在这片流域的其他溪流上，可以清楚地看到反复喷施的结果。鲑鱼种群的数量已经减少到令人吃惊的程度。

在所有喷过药的溪流中，各种大小的小鲑鱼都很稀少。生物学家表示，最小的鲑鱼往往"几乎全军覆没"。在米拉米希西南部的干流，也就是1956年和1957年喷过药的地区，1959年捕捞量达到十年以来的最低点。渔民们表示，洄游的鲑鱼①极少。在米拉米希河口进行抽样捕捞，1959年洄游的鲑鱼数量仅为往年的1/4。1959年，整个米拉米希流域出产的两龄的幼鲑（即下游入海的幼鲑）仅有约60万条，不到前三年平均数量的1/3。

在这种背景下，新不伦瑞克省鲑鱼渔业的未来，很可能取决于

---

① 原文为grilse，即返回河流中产卵的幼鲑。

第九章 死亡之河

能否找到一种无须用 DDT 浇灌林地的替代方案。

***

加拿大东部的情况并非个案，只不过这里喷施的林地面积和收集到的事实之多，可能是独一无二的。美国缅因州同样有云杉和香脂冷杉林，也面临防治森林害虫的问题。缅因州也有鲑鱼群——虽然只是以前大量鱼群的残留者，但也是靠艰苦的努力才得来的，生物学家和环保主义者在满是工业污染物和到处有废弃木头阻塞的溪流中为鲑鱼保留了一些栖息地。虽然喷雾剂也被当作阻止卷叶蛾肆虐的武器，但波及范围相对较小，鲑鱼产卵的重要河流段也并不在其中。可是缅因州内陆渔猎部门在一个地区的河流中观察到鱼类的情况不妙，这或许预示着即将发生的事情。

该部门报告："就在1958年喷药之后，大戈达德河上观察到大量垂死的亚口鱼①。这些鱼表现出 DDT 中毒的典型症状，它们游得飘忽不定，浮上水面张大嘴巴呼吸，并表现出震颤和痉挛。喷药后的前五天，从两张拦网上捞到了668条死掉的亚口鱼。小戈达德河、卡利河、阿尔德河以及布莱克河上也有大量鲦鱼和亚口鱼死掉了。经常有人看到虚弱无力、奄奄一息的鱼顺水漂流。喷药一个多星期后，一些地方发现有顺水漂流的鳟鱼，它们的眼睛瞎了，而且濒临死亡。"

（DDT 可能使鱼类致盲，多项研究证实了这个事实。1957年，加拿大温哥华岛北部喷药后，一位生物学家观察了当时的情形。他在报告中写道，用手就能捞出河里的切喉鳟②鱼苗，因为这些鱼游

---

① 亚口鱼（sucker），又称吸盘鱼。
② 切喉鳟（cutthroat），又名克拉克大麻哈鱼。

动缓慢,根本不会逃走。检查发现,这些鱼的眼睛上覆盖了一层不透明的白膜,可见它们的视觉受损或丧失了。加拿大渔业部在实验室中进行的研究表明,几乎所有的鱼[银鲑]在接触到浓度极低的DDT[3ppm]时,即便不死,也会出现失明症状,眼珠明显浑浊。)

在任何有大片林地的地方,现代的防虫方法都威胁到栖息在林荫下溪流中的鱼类。1955年,美国发生了一起最著名的鱼类灭亡案例,起因是黄石国家公园以及附近一带喷施了农药。那年秋天,黄石河出现大量的死鱼,惊动了游客和蒙大拿州的渔猎管理员。大约90英里的河流受到了影响。在300码[①]的海岸线上,死鱼数量达到了600条,其中包括褐鳟、白鲑和亚口鱼。鳟鱼天然的食物——河流里的昆虫——已经消失了。

林务局官员宣称他们在操作时已经参照了1英亩施用1磅DDT的"安全"建议。但结果已经足以让所有人相信,建议使用剂量远远没有达到安全标准。1956年,蒙大拿州渔猎部门以及两个联邦机构——鱼类和野生动植物管理局——发起一项合作项目。那一年,蒙大拿州喷施的范围为90万英亩;1957年也喷施了80万英亩。因此,生物学家不难找到研究区域。

死亡的情形总是非常典型:林地上弥漫着DDT的气味,水面浮着一层油膜,岸上到处是死掉的鳟鱼。河里的鱼,不管捞上来是活的还是死的,只要化验,都会发现体内组织中有DDT沉积。像在加拿大东部一样,喷施带来的最严重后果,是可食的有机物大量减少。在很多研究区域,水生昆虫和其他水底生物数量减少到了正

---

① 1码=0.9144米。

第九章 死亡之河

常状况下的1/10。这些昆虫种群一旦被破坏，就需要很长时间来重建。而它们对于鳟鱼的生存至关重要。甚至到喷施后的第二年夏末，也只有极少量的水生昆虫恢复过来。一条从前生物繁盛的溪流中，现在几乎什么都找不到了，溪流中可供捕捞的鱼减少了80%。

溪流里的鱼并不一定马上就死。事实上，拖延着慢慢死去比马上就死的情况更普遍。蒙大拿州的生物学家发现，这件事之所以没人说出来，是因为这发生在捕鱼季之后。在研究区域的溪流中，秋季产卵的鱼死了很多，其中包括褐鳟、溪鳟和白鲑。这并不奇怪，因为不管是鱼还是人，在面临生理压力时，都会靠体内储存的脂肪来获取能量。这样一来，生物体就会完全接触到体内组织中囤积的具有致命危险的DDT。

事情再清楚不过了，以每英亩1磅的标准喷施DDT，给森林溪谷的鱼类造成严重威胁。不仅如此，卷叶蛾防治并没有达到目的，很多地方都在计划再次喷施。蒙大拿州渔猎部强烈反对进一步施药，表示"不能因不确定是否必须而且成败尚且不明的项目而牺牲休闲渔猎资源"。然而，该部门声明将继续与林务局合作，"以确立尽量减少不利影响的方案"。

但是这种合作真的能拯救鱼类吗？英属哥伦比亚的一个案例很能说明问题。当地黑头卷叶蛾大爆发，一连肆虐多年。林业部官员担心下一季脱叶可能会导致损失很多树木，于是决定在1957年开展防控工作。渔猎部门担心污染鲑鱼活动区域，林业部的生物部门多次协商后，同意在不影响喷药效果的前提下修改喷施计划，降低对鱼类的风险。

尽管采取了这些预备措施，尽管很明显人们确实也努力了，至少四条干流中的鲑鱼还是几乎百分之百被毒死了。

一条河上四万条洄游的成年银鲑中，几乎所有幼鲑都被歼灭。几千条处于幼年期的硬头鳟（steelhead trout）以及其他种类的鳟鱼也是如此。银鲑有三年的生命周期，而洄游的鱼群几乎完全由单一年龄段的群体组成。银鲑像其他种类的鲑鱼一样，具有很强的归巢本能，总是回到它出生的那条溪流。不会有来自其他溪流的个体加入这个鱼群。所以这意味着，这条溪流每三年将有一次不再出现洄游的鲑鱼，直到通过精心管理，依靠人工繁殖等手段，才有可能重建具有重要商业价值的洄游鲑鱼群。

有一些方法能解决这个问题——既保护森林，又拯救鱼类。如果我们认为只能俯首听命，眼看着我们的水道变成死亡之河，那无异于听任绝望和失败主义支配。我们必须广泛采用目前已知的替代性方法，用我们的智慧和资源研发出其他方法。自然界的寄生虫能比喷剂更有效地控制卷叶蛾，这是有案可稽的。我们需要最大限度地利用这些自然防控手段。我们可以采用毒性不那么强的喷剂，更理想的是，引进一些微生物使卷叶蛾致病，而又不影响整个森林生态网。我们稍后将会看到替代性方法有哪些，以及使用这些方法带来哪些好处。与此同时，重要的是要看到，喷施化学药剂防治森林虫害，既非唯一方式，也非最佳方式。

农药对鱼类的威胁可以分三个方面来说。第一个方面是林地喷药的问题，我们已经看到，这涉及北方森林溪谷中的鱼类。这几乎单纯是在谈 DDT 造成的后果。第二个方面范围更大，具有蔓延性和扩散性，因为涉及许多不同种类的鱼——鲈鱼、翻车鱼、刺盖

第九章 死亡之河

太阳鱼、亚口鱼,以及其他栖息在这个国家很多地方的很多不同类型水体(死水或活水)中的鱼类。这也关系到如今农业上使用的各类杀虫剂——尽管我们不难指出其中几种首要肇事者,如异狄氏剂、毒杀芬、狄氏剂和七氯。现在必须考虑的另一个问题,很大程度上与我们从逻辑上推断未来将会发生的情况相关,因为很多事实还需要靠研究来发现,而我们的研究才刚起步。这个方面与盐沼、海湾和河口的鱼类相关。

随着新兴有机农药的广泛使用,鱼类将不可避免地遭遇严重损失。鱼类对氯化烃极其敏感,而现代杀虫剂多数含有氯化烃。当数百万吨有毒化学物质被施用到大地表面时,不可避免会有一些渗入陆地与海洋之间循环不息的水流中。

由于鱼类死亡报告已经变得极为普遍,而且其中不乏损失惨重的案例,美国公众健康服务局设立了办公室,从各州收集此类报告,以作为水质污染指数。

这个问题引起很多人的关注。大约2500万美国人将钓鱼视为一项重要的游憩活动,还有至少1500万人偶尔会去垂钓。这些人每年在许可证、钓具、船只、露营装备、汽油和住宿上要花费30亿美元。如果不让他们参与这项活动,也会延伸影响众多经济利益。商业渔业就是其中之一,更重要的是,商业渔业提供关键的食物来源。内陆和沿海渔业(包括近海捕捞)每年产出预计30亿磅。然而,正如我们将要看到的,如今农药入侵溪流、池塘、河流和海湾,对休闲渔业和商业渔业都构成了威胁。

农作物喷施农药对鱼类造成损害的例子随处可见。例如在加利福尼亚州,人们为了控制水稻潜叶蝇而施用了狄氏剂、结果损失了约六万条供人垂钓的鱼类,其中大部分是蓝鳃太阳鱼和其他太阳鱼。在路易斯安那州,仅(1960年)一年内就发生了三十多起严重的鱼类死亡事件,起因在于甘蔗田里用了异狄氏剂。在宾夕法尼亚州,大量鱼类被果园里灭鼠用的异狄氏剂杀死。在西部高原地区,用氯丹防控蝗虫也导致溪流里的鱼死了很多。

美国南部曾为了防控红火蚁而在数百万英亩的土地上进行喷施,大概再没有哪次农业项目比这一次规模更大了。当时使用的化学物质主要是七氯,七氯对鱼类的毒性只比DDT略弱一点。另一种红火蚁药狄氏剂对一切水生生物都极其危险,这是有据可查的。只是异狄氏剂和毒杀芬对鱼类的危险更大一些。

红火蚁防控区所有的地方,不管喷施的是七氯还是狄氏剂,都报告称水生生物受到严重损害。以下仅摘录少许研究鱼类伤亡的生物学家提交的报告:来自得克萨斯州的报告称"虽然尽力保护河道,仍有大量水生生物死亡""喷过药的水域全都出现了死鱼""对鱼的杀伤力很强而且持续了三周多",来自亚拉巴马州的报告称"施药几天内(威尔科克斯县)大多数成年鱼都被杀死了""水洼和小支流中的鱼似乎全被消灭了"。

在路易斯安那州,农民们抱怨农场池塘里损失太大。沿着一条运河走,不出1/4英里就能见到500条死鱼,有漂浮在水面上的,也有搁浅在岸上的。在另一个教区,找到4条存活的翻车鱼,就能看到150条死掉的。还有5种鱼似乎全军覆没了。

在佛罗里达州喷施过药剂的地区,人们发现池塘里的鱼体内含有七氯以及一种衍生化学物质——环氧七氯的残留物。翻车鱼和鲈鱼也在其中,这些鱼无疑是垂钓客的最爱,也经常出现在餐桌上。

第九章 死亡之河

而它们体内含有的化学物质,正是食品药品监督管理局认为即便少量摄入也对人体危害极大的物质。

由于各地普遍传来鱼类、蛙类和其他水生生物死亡报告,一个致力于研究鱼类、爬行类和两栖类的卓有声望的科学组织,美国鱼类学家和爬行类学家协会,于1958年通过一项决议,呼吁农业部和相关州立机构停止"空中喷洒七氯、狄氏剂和同类药剂——在造成不可修复的伤害之前"。协会呼吁人们关注美国东南部栖息的丰富多样的鱼类和其他生物,包括一些在世界其他地方都没有的物种。他们警告人们:"很多动物的栖息范围很小,因此可能很容易被完全消灭。"

美国南部的鱼类也因为人们用杀虫剂灭杀棉花害虫而损失惨重。1950年的夏天,对亚拉巴马州北部棉产区可谓多难之秋。在前一年,人们只用少量的有机杀虫剂来防控棉铃象甲。但是在1950年,由于连续几年暖冬,出现了很多棉铃象甲,于是预计80%—95%的农民都在农区指导的督促下使用了杀虫剂。他们用得最多的是毒杀芬,这种化学物质对鱼类的杀伤力是最强的。

那年夏天雨水频繁而且雨量极大。雨水将化学物质冲刷到河流中,这样一来,农民就得用更多的药。那年平均1英亩棉花地上施用了63磅毒杀芬。有些农民每英亩用到了200磅,有个人热情过度, 1英亩用了0.25吨还不止。

结果不难预见。弗林特河上的情况就是典型。这条小河有50公里流经亚拉巴马州棉产区,然后进入惠勒水库。8月1日,弗林特流域暴雨突降。水流从涓滴汇成溪流,最后聚成洪流,从大地上奔涌而过,冲进河流中。弗林特河水位上涨了6英寸。到次日早晨,很显然被带到河流中的远远不只是雨水。鱼在水面下毫无方向地打着转,有时候会有一条鱼从水中跃到岸上。这些鱼很容易被抓住,有个农民捞了几条放进泉水汇成的小池中。在干净的水中,这几条鱼恢复过来。但是在河里,整天都是顺流而下的死鱼。这还只是一开始,因为每场雨都会将更多的杀虫剂冲刷到河里,杀死更多的鱼。8月10日的那场雨导致整条河里的鱼惨遭荼毒,只有极少数留存下来,等到8月15日成为下一波涌入河水的毒素的受害者。但是这些化学物质的存在已经被证实是致命的:将金鱼装在笼子里置入水中进行测试,不出一天鱼就死了。

弗林特河上遭难的鱼包括大量的刺盖太阳鱼,这种鱼深受垂钓客喜爱。在弗林特河汇入的惠勒水库,也有人发现了死掉的鲈鱼和翻车鱼。水体中所有的杂鱼种群,鲤鱼、水牛鱼、鼓鱼、黄鱼和鲇鱼也都被消灭了。这些鱼都没有生病的迹象,只有垂死的异常行动,鱼鳃显示出怪异的暗酒红色。

在鱼池温暖的封闭水体中,当附近地区施用杀虫剂的时候,状况对鱼类极有可能是致命的。很多案例显示,毒药被雨水从周围的大地上冲刷下来,流进鱼池中。有时鱼池里不单有污染的水流进入,喷雾器在经过池塘时忘了关掉喷嘴,也会直接将药洒进鱼池里。即便没有这些情况,农业上正常使用的药剂,对鱼类来说也远比令它们致死所需的浓度更高。换句话说,显著减少所使用的药物剂量,也很难改变这种致命的状况,因为对鱼池本身来说,每英亩用量超过0.1磅,通常就被认为是毁灭性的。而这种毒药一旦进入鱼池,就很难清除。有个池塘里用DDT除过讨厌的鲦鱼,经过反复排水冲洗,残留的毒性依然很强,后来塘里蓄养的翻车鱼94%都被

第九章 死亡之河

杀死了。很显然,化学物质依然残留在池塘底部的泥里。

相比现代杀虫剂刚投入使用的时候,如今状况显然没有改善。俄克拉荷马州野生动物保护部于1961年声明,鱼塘和小湖泊中鱼类死亡的报告以至少每周一次的速率传来,而且类似报告日益增多。造成鱼类死亡的,往往正是这些年来因不断重复而习以为常的状况:农作物施用杀虫剂,暴雨冲刷,毒药汇入池塘。

在世界上某些地方,池塘养鱼为人们提供了不可或缺的食物来源。在这些地方,使用杀虫剂时如果不考虑对鱼类的影响,就会直接产生问题。例如,在罗德西亚,有一种重要的食用鱼类——鲷鱼,这种鱼接触到浅水池中仅0.04ppm的DDT,幼体就会死亡。还有很多别的杀虫剂,即使剂量更少,也可能是致命的。这些鱼类生活的浅水水域,是供蚊虫繁育的理想场所。如何控制蚊虫,同时又保护中非地区重要的食用鱼类,这个问题显然还没有得到令人满意的解答。

在菲律宾、中国、越南、泰国、印度尼西亚和印度,遮目鱼养殖面临同样的问题。遮目鱼被养殖在沿海的浅水池中。成群结队的小鱼不知从哪里冒出来,突然出现在沿海水域中。人们将鱼苗捞起来,放进蓄水池中,小鱼就在那里完成生长。这种鱼对东南亚和印度以谷物为主食的数百万人口来说,是非常重要的动物蛋白来源,因此太平洋科学大会(Pacific Science Congress)曾建议国际上共同努力寻找目前仍不为人知的遮目鱼产卵场所,以便大规模发展鱼塘养殖。然而人们却允许喷药给现有的蓄水池造成严重损失。在菲律宾,空中喷药防治蚊虫已经让鱼塘主损失惨重。在一口蓄养了12万条遮目鱼的鱼塘上,喷药机经过后,尽管鱼塘主用大量的水冲刷池塘，竭力稀释药液，塘里的鱼还是死了一半以上。

近年来最引人注目的一次鱼类灭杀案例，于1961年发生在得克萨斯州奥斯丁下游的科罗拉多河。1月15日，周日早上，天刚破晓，奥斯丁的新唐湖及其下游约5英里远的河流中出现了死鱼。此前还从来没有过。周一，沿河流下行50英里，都有鱼类死亡报告传来。到这时候情况很清楚了，一波有毒物质正随着河水向下游移动。到1月21日，沿河流下行100英里，在靠近拉格兰奇的水域中，鱼类开始死亡，一周后，化学物质的致命效应已经延伸到奥斯丁下游200英里。1月的最后一个星期里，人们关闭了内陆水道的水闸，防止毒水进入马塔戈达湾（Matagorda Bay），而使其改道流向墨西哥湾。

与此同时，奥斯丁的调查员注意到一股与杀虫剂（七氯和毒杀芬）有关的气味。一条雨水管渠排放的水流气味尤其强烈。这条管渠过去曾经牵涉工业废水引起的麻烦，而当得克萨斯州渔猎委员会的办事员从湖边顺着管渠回溯时，他们发现所有的排水口都散发出一股六氯苯一样的气味，如此追溯到从一家化工厂伸出来的管道支线。这家工厂的主要产品就有DDT、六氯苯、七氯、毒杀芬以及少量其他杀虫剂。工厂的管理人员承认，最近有大量粉末杀虫剂被冲刷到雨水管渠中，更重要的是，他认可，在过去十年中，像这样处理溢漏出的杀虫剂和残余物是很常见的事。

经过进一步调查，渔业部办事员发现在其他工厂，杀虫剂也会随雨水或日常清洁用水进入管渠。然而，打开链锁上最后一环的关键事实是，调查员发现就在湖水和河水变得对鱼类有致命毒性的几天前，为了清理残渣，整个雨水管渠系统曾经用好几百万加仑水的高压冲刷过。这次冲刷无疑将滞留在砾石、沙粒和石块堆里的杀虫剂释放出来,将其带入湖水,然后进入河流,随后的化学检测证实了这些杀虫剂的存在。

当大量致命物质沿科罗拉多河顺水漂流时,它们给所到之处带来了死亡。沿湖下行140英里,鱼类几乎彻底被灭杀,因为后来为了探测是否有鱼类幸存,人们用围网捕捞过,结果一无所获。在一公里长的河岸上观察到27种死鱼,共计1000磅。其中有这条河上的主要鱼类游钓鱼斑点叉尾,有蓝鲇鱼和平头鲇鱼、大头鱼、四种翻车鱼、鲷鱼、鲦鱼、裂唇绒口鱼、大嘴黑鲈鱼、鲤鱼、胭脂鱼、亚口鱼,还有鳗鱼、雀鳝、河吸盘鲤、黄鱼和水牛鱼。其中有些鱼是这条河里的元老了,看大小就知道它们岁数一定很高——很多平头鲇鱼重25磅以上,据说沿河的当地居民捡到过一些60磅的,还有一条巨大的蓝鲇鱼,官方记录的重量为84磅。

渔猎委员会预测,在数年内,即使没有进一步污染,河里的鱼类种群分布也会发生改变。那些生活在其自然分布范围极限区域的鱼类,可能永远无法恢复,而其他鱼类也只有在政府大量投放鱼苗予以协助的情况下才有可能恢复。

关于奥斯丁鱼类惨案,所知的就是这些,但是肯定还会有后续。有毒的河水流经下游200英里后,依然具有强大的杀伤力。人们认为任其流进马塔戈达湾过于危险,因为那里有牡蛎河床和海虾渔业,于是整条河上有毒的水流都被排到墨西哥湾开阔的水域中。毒水在那里会引起什么后果?如果另外十多条河携带着可能同样致命的污染物汇入墨西哥湾,又将如何?

对这些问题,我们目前的答案很大程度上只是猜测。但是农药污染对河口、盐沼地、港湾和其他沿海水域的影响已经日益引起关注。这些地方不仅受到河流排出的毒水污染,而且经常会为了防治蚊虫而直接喷药。

没有什么地方能比位于佛罗里达州东海岸的印第安河县(Indian River County)更形象地说明农药对盐沼地、河口和所有宁静入海口的生物造成的影响。1955年春天,圣露西县(St. Lucie County)约2000公顷的盐沼地为消灭白蛉幼虫而喷施了狄氏剂。施用的浓度是每公顷一磅活性成分。而这对水生生物的影响是毁灭性的。喷施结束后,州卫生局昆虫学研究中心的科学家调查了这场屠杀,并报告称鱼类"几乎全部被杀死"。岸上四处散落着死鱼。从空中能看到有鲨鱼游过来,它们是被水中绝望地做垂死挣扎的鱼类吸引来的。所有种类无一幸免。死掉的有胭脂鱼、锯盖鱼、银鲈和食蚊鱼。

整片盐沼地(不包括印度河河岸线)直接被杀死的鱼总计至少有20—30吨,最少包含30种,约117.5万条鱼(据调查组的小哈林顿[R. W. Harrington, Jr.]和比德林格迈耶[W. L. Bidlingmayer]报告)。

软体动物似乎不受狄氏剂侵害。整个区域内的甲壳类动物几乎灭绝了。水生蟹种群显然完全被消灭,招潮蟹只差全军覆没,只在几小块显然未被喷雾弹击中的盐沼中还有暂时存活的。

较大的游钓鱼类和食用鱼类死得最迅速……螃蟹捕食并消灭这些垂死的鱼,但是第二天它们自己也死了。螺类继续吞食鱼的残骸。两周后,死鱼骨架就消失无踪了。

已故的米尔斯博士(Dr. Herbert R. Mills)在佛罗里达海岸对面

的坦帕湾进行观察后,描绘了一幕同样悲伤的场景。奥杜邦学会在那里为包括威士忌斯坦普岛(Whiskey Stump Key)在内的区域设立了海鸟避难所。讽刺的是,在当地卫生部门发起一次灭除沼泽蚊虫的行动之后,这个避难所成了可怜的逃避之所。鱼类和蟹类又是首要受害者。招潮蟹,那些像牛群吃草一样在泥土或砂砾表面觅食的小巧而美观的甲壳动物,对喷雾器毫不设防。在夏秋几个月连续喷药之后(到此时为止有些地方已经喷了多达 16 次),米尔斯先生总结了招潮蟹的状况:"招潮蟹日渐稀少,到此时已经很明显了。在当天(10 月 12 日)的潮汐和天气状况下,本该有 10 万只招潮蟹的范围内,只有不到 100 只,海滩上到处都能看到这种情况。这些蟹都死了或是生病了,它们颤抖着,抽搐着,跌跌撞撞,根本爬不动;而在附近未喷过药的地方,招潮蟹的数量仍然很多。"

招潮蟹在它栖居的那个世界里占据着必不可少的生态学地位,很难由其他物种来填补。对很多动物来说,招潮蟹是重要的食物来源。生活在海岸边的浣熊以其为食。栖息在沼泽地上的长嘴秧鸡、滨鸟,甚至迁徙过境的海鸟也是如此。在新泽西州喷施过 DDT 的盐沼地上,正常的笑鸥种群在几周内减少了 85%,可能是因为喷药后鸟类找不到充足的食物。沼泽招潮蟹在其他方面也很重要,它们是有用的清道夫,还能通过四处打洞,翻松盐沼地的泥土。它们也能为渔民提供大量的鱼饵。

招潮蟹并非潮汐沼泽和河口地带唯一受到农药威胁的生物;其他对人类具有更显著意义的生物也面临危险。切萨皮克湾和大西洋其他沿海地区著名的蓝蟹就是一个例子。蓝蟹对杀虫剂非常敏感,每次在潮汐盐沼的溪流、沟渠和池塘喷药,都会杀死生活在那里的大多数螃蟹。不仅当地的螃蟹死了,其他从海里爬进喷施区的螃蟹也会因残留的药物而死。有时候中毒可能是间接的,正如在印第安河附近的沼泽,螃蟹清道夫袭击快要死去的鱼,但很快自己也中毒而死。关于杀虫剂对虾的危害,目前所知甚少。然而,虾与蓝蟹同属于节肢动物,生理结构基本一致,因此很可能受到同样的影响。可供人类食用、具有直接经济价值的石蟹等甲壳动物可能也是如此。

近岸水体——港湾、海峡、河口、潮汐沼泽——构成极其重要的生态单元。这些地方与很多鱼类、软体动物和甲壳动物的生命紧密而不可分割地联系在一起。如果这些地方不再适合栖居,那些海产品将会从我们的餐桌上消失。

即便广泛分布于沿海水域的鱼类,也有很多依赖近岸的安全区域来为后代提供温床和觅食场所。在与佛罗里达西海岸下游的1/3河段接壤的溪流与运河形成的红树林掩映的迷宫中,有大量的大海鲢宝宝。在大西洋沿岸,海鳟鱼、黄花鱼、斑鱼和鼓鱼将卵产在岛屿或位于纽约南海岸大部分地方、像保护链一样的"堤岸"之间入水口的砂质浅滩上。在柯里塔克(Currituck)、帕姆利科(Pamlico)、伯格(Bogue)和其他很多港湾与海峡中,它们找到大量食物并快速生长。没有这些温暖安全、食物丰富的水域提供温床,这些鱼类和很多其他物种的种群将很难维持。然而我们却在允许农药通过河水流入,并在邻近的沼泽地直接喷药。这些鱼在幼年期甚至比成年个体更容易直接受到化学物质的毒害。

虾类也依赖近岸区域为其后代提供觅食场所。这种数量丰富、分布广泛的水产支撑着整个南大西洋和海湾国家的商业渔业。尽

第九章 死亡之河

管产卵发生在海上,但幼虾在几周大的时候进入河口和港湾,经历一系列的蜕皮和形态变化。在那里,它们以海底的碎屑为食,从5、6月一直待到秋天。在近岸生活的整个时期,虾种群及其所支撑的行业的健康发展,都有赖于河口提供的理想环境。

农药是否危及海虾渔业和市场供应?答案可能包含在商业渔业局最近的实验室研究。刚度过幼年期的小商品虾对杀虫剂的耐受力格外弱——要以ppb(十亿分之几)来计,而不是通常使用的ppm的标准来计。例如,一次实验中,一半的虾被浓度仅15ppb的狄氏剂杀死。其他化学物质甚至毒性更强。异狄氏剂通常是最致命的农药,只需0.5ppb的浓度就能杀死半数的虾。

农药对牡蛎和蛤蜊的危害是多方面的。同样,幼体阶段最为脆弱。这些贝类栖居在从新英格兰到得克萨斯的潮汐河流和港湾、海峡以及太平洋沿岸的庇护区底部。虽然成体阶段蛰伏不动,但是它们将卵产在海水中,幼体会在海水中自由自在地生活几周。夏日里,小船后面带细孔的拖网里除了其他漂浮的动植物(它们构成浮游生物界),还会捞到无数小小的、像玻璃一样脆弱的牡蛎与蛤蜊的幼体。这些透明的幼虾不比尘粒大,它们在水面游动,捕食浮游生物中微小的植物。如果微小的海洋作物没有收成,贝类幼体就会饿死。而农药很可能破坏极其大量的浮游生物。草坪、耕地和路边,甚至海岸沼泽地带普遍使用的一些除草剂,对软体动物幼体用作食物的浮游植物毒性极强——有时只需要几ppb。

很多常用杀虫剂只需要一丁点儿就能杀死这些幼体本身。即便接触到的药物剂量不足以致死,最终也会导致幼体死亡,因为不可避免地,其生长速度会减缓。这就延长了幼体必须在危险的浮游生物中逗留的时间,因而减少了它们活到成年的机会。

对软体动物成年个体来说,直接中毒的危险显然要小一些,至少就有些农药而言是这样。然而,这也不一定能保证。牡蛎和蛤蜊可能会将毒素集中到消化器官与其他组织中。这两种贝类动物通常都囫囵进食,有时会生吞。商业渔业局的菲利普·巴特勒博士(Dr. Philip Butler)已经提出一种不祥的类比:我们可能会发现自身面临与知更鸟一样的处境。他提醒我们,知更鸟的死,并不是喷洒DDT直接导致的。它们是因为吃蚯蚓而死的,那些蚯蚓的体内组织中已经积聚了农药。

***

溪流或池塘里成千上万条鱼类或甲壳类动物猝死,治理害虫引起的直接可见的后果显著而惊人。尽管如此,农药进入河口引起的间接后果,很大程度上尚属未知,也无法估量,但最终很可能带来更大的灾难。整个形势都被目前尚未得到满意回答的问题困扰着。我们知道,农场和林地径流中包含的农药,如今正随着很多——也许是所有的干流进入大海。但是我们不知道所有这些化学物质的成分或是总体的数量,一旦它们进入大海,在高度稀释的状态下,我们目前也没有任何可靠的测试手段来鉴定。虽然我们知道这些化学物质经过长时间的转移肯定已经产生了改变,但是我们不知道变异的化学物质比之前毒性更强还是更弱。另一个几乎无人探索的领域,是化学物质之间的相互反应问题,当它们进入海洋环境时,这个问题就变得尤为紧迫,因为海洋中有如许众多的矿物被混合在一起转移。所有问题亟须得到准确的回答,只有广泛调查才能得出这些答案,然而用于此类项目的资金少得可怜。

第九章 死亡之河

　　淡水和咸水渔业是具有重大意义的资源,涉及一大群人的利益和福祉。如今淡水和咸水渔业正受到进入水体中的化学物质的严重威胁,这一点已毋庸置疑。如果我们能从每年为了研发毒性更强的喷剂而花费的资金中,抽出哪怕是一少部分用于建设性的研究,我们就会找到办法,不去用那些危险的物质,避免毒药进入水道。什么时候公众能充分意识到事实,并要求采取此类举措呢?

第十章　从天肆意洒落

空中喷洒从最初的小块农田和林地扩大到更大范围，喷洒量也增加了，这样一来，就成近来一位英国生态学家所谓的洒落在地面的"令人生畏的死亡雨"。我们对毒药的态度发生了微妙的变化。以前存放毒药的容器上有骷髅旗标志；少数需要用到毒药的特殊场合也被小心翼翼地标注出来，以确保不接触灭杀对象之外的任何事物。随着新型有机杀虫剂的研发，以及第二次世界大战后大量飞机的闲置，人们把一切都忘了。虽然如今的毒药比以往所知的任何毒药更为危险，但是很奇怪，毒药成了可以毫无顾忌地从天上倾倒下来的东西。不仅目标昆虫或植物，化学物质降落范围内的一切——人类或非人类——都会领略到毒药险恶的气息。不仅森林和耕地里喷药了，乡镇和城市里也一样。

在数百万英亩的土地上从空中喷洒致命的化学物质，已引起了很多人的担忧，1950年代后期的两次大规模喷药行动，更是加剧了这种忧虑。这两次行动，分别是美国东北各州防治舞毒蛾（别名吉普赛蛾）和南部防治红火蚁。舞毒蛾和红火蚁虽然都不是本土害虫，但在美国已经有好多年，也没造成需要采取紧急措施的情况。然而，在我们的农业部防治部门长久以来作为指导方针的"以结果为手段辩护"的信条下，人们突然对它们采取激烈的行动。

第十章 从天肆意洒落

舞毒蛾项目表明了，当不计后果的大规模喷施取代局部地区的审慎防治时，农药可能造成多么严重的危害。而红火蚁歼灭行动，128 是基于对防治必要性的严重夸大，没有科学地认识消灭目标昆虫所需的毒药剂量及其对其他生物的影响，就贸然发起行动的典型案例。这两个项目都没有达到目的。

***

舞毒蛾是欧洲本土昆虫，出现在美国已经有将近一百年。1869年，法国科学家利奥波德·特鲁夫洛（Leopold Trouvelot）不小心让几只舞毒蛾从实验室逃逸出来。他的实验室位于马萨诸塞州的梅德福，当时他正想将舞毒蛾与家蚕杂交。这种舞毒蛾逐渐扩散到新英格兰各地。帮助它逐步扩散的主要媒介是风；舞毒蛾在幼虫或者说毛毛虫阶段体重极轻，能被吹到很高、很远的地方。另一个途径是靠植物运输，植物携带着大量虫卵，而舞毒蛾正是以卵的形式越冬。如今新英格兰各州都出现了舞毒蛾，每年春天有几个星期，它的幼虫会侵袭橡树和其他硬木树种的叶子。舞毒蛾偶尔出现在新泽西州，它是在1911年通过荷兰运来的云杉树引入新泽西州的；也出现密歇根州，进入的方式不明。1938年新英格兰的飓风将舞毒蛾带到了宾夕法尼亚州和纽约州，但是阿迪朗达克山脉（Adirondacks）大体上阻碍了它向西推进，那里的森林都是一些它不感兴趣的物种。

人们用许多方法完成了将舞毒蛾限制在美国东北角的任务。在舞毒蛾到达美洲大陆后的近一百年中，担心舞毒蛾入侵阿巴拉契亚山脉南部巨大的硬木森林，被证明是不必要的。从国外引进的13种寄生天敌和捕食天敌在新英格兰建立了稳定的种群。美国农业部本身也认可,随着天敌的引进,舞毒蛾爆发的频次和破坏力显著减小。这种自然防治,再加上检疫措施和局部喷施,达到了1955年美国农业部所说的"明显限制了其分布和危害"。

然而就在农业部对事态表示满意之后仅仅一年,农业部的植物害虫防治部门出台一个项目,要求一年对数百万英亩的土地进行地毯式喷施,并声称最终目的是"根除"舞毒蛾。("根除"意味着将物种从其分布区域完全彻底地清除或灭杀掉。然而由于项目连续失败,农业部不得不再二再三地对同一区域内的同一物种使用这一说法。)

农业部对舞毒蛾的全面化学战开始大规模展开。1956年,宾夕法尼亚州、新泽西州、密歇根州和纽约州喷施面积将近100万英亩。喷药区有很多人投诉损失惨重。随着喷施区域的宏大版图开始成形,环保主义者日益烦恼。1957年,当农业部公布300万英亩的喷施计划时,反对的呼声愈发强烈。州立和联邦农业部官员按一贯的做法,对个人的投诉不以为然,置之度外。

1957年,舞毒蛾喷施项目所涵盖的长岛地区(Long Island),主要由人口稠密的城镇、郊区和一些与盐沼地带接壤的沿海区域构成。长岛的拿骚县是纽约州除纽约市之外人口最密集的地方。看起来似乎荒唐至极的是,"纽约市大都市区受到虫害威胁"被列为这次喷施项目的一个重要理由。舞毒蛾是森林昆虫,当然不会栖息在城市里。它也不会生活在草坪、耕地、花园或沼泽上。然而,1957年,美国农业部和纽约农业与市场部租赁的飞机将溶解在燃油中的DDT药剂从天洒落下来。药剂喷施在商品蔬菜园和奶牛厂、鱼塘和盐沼地上,也喷施在郊区居民1/4英亩(约1000平方米)的

第十章　从天肆意洒落

宅基地上。一位家庭主妇身上被浇湿了，她当时正拼命想赶在轰鸣的飞机靠近之前把自家花园遮盖起来。杀虫剂洒落在玩耍的孩子们和火车站的通勤人员身上。在塞特克特（Setauket），一匹良种夸特马从飞机喷过药的田野上一条水沟里饮水；10小时后，马死了。汽车上落满斑斑点点的油料混合物；花朵和灌木丛毁了。鸟类、鱼类、螃蟹和益虫被杀死了。

以世界著名的鸟类学家罗伯特·库什曼·墨菲（Robert Cushman Murphy）为首，一群长岛市民请求法院发禁令叫停1957年的喷施。预先禁令①申请被驳回后，抗议民众不得不承受计划中的DDT浇灌，但此后他们不折不挠，坚持要求获得长期禁制令。可是因为行为已经实施，法院认为申请禁令实属"胡闹"。案件经层层上诉移交到最高法院，最高法院拒绝审理此案。威廉·道格拉斯法官（Justice William O. Douglas）强烈反对不予重审的决议，并表示"众多专家和相关官员都对DDT的危险性提出了警告，可见本案对公众的重要性"。

长岛市民提起诉讼，至少有助于让公众注意到杀虫剂的使用日益增多的趋势，以及防控机构的权力与倾向：他们故意无视普通居民不可侵犯的财产权。

在防治舞毒蛾的进程中出现牛奶和农产品污染，这令很多人惊惧不已。纽约州威斯切斯特县北部200英亩的沃勒农场发生的事情揭示了问题。沃勒夫人曾特意请求农业官员不要喷她那片地，因

---

① "预先禁令"（preliminary injunction），也叫"中间禁令"或"临时禁令"，指起诉后、判决前由法院签发的禁令，禁止被告实施或继续某项行为。

为在林地上喷施不可能避开牧场。她主动提出检查这片地上的舞毒蛾,一旦发现虫害就通过定点喷药灭杀。虽然农业官员向她保证农场不会喷药,她那片地还是被直接喷了两次,另外两次受到喷雾漂移的危害。48小时后,从沃勒农场的纯种根西奶牛身上采集的牛奶样品含有14ppm的DDT。从放牧奶牛的地里采来的草料样品,自然也被污染了。虽然县卫生部发布了公告,但是并没有说明这些牛奶不应该在市场上销售。很不幸,这是对消费者权利保护不足的典型,这种情况太常见了。尽管食品和药物管理局不允许牛奶中有任何农药残留,但是农药残留限制不仅监管不完善,而且只针对州际运输品。州县官员也没有任何义务遵守联邦规定的农药残留容许量,除非当地法律正好与联邦法规一致——这种情况很少。

商品蔬菜园也深受其害。一些叶类蔬菜叶片枯黄斑驳,以致滞销。另一些蔬菜也有严重的农药残余;康奈尔大学农业试验站分析过的豌豆样本中含有14—20ppm的DDT。而法定的最高残留量是7ppm。因此种植者要么不得不承受巨大的损失,要么面临售卖的农产品农药残留物超标的处境。有些人提起诉讼,要求得到赔偿。

随着空中喷洒的DDT数量增多,法院收到的诉讼也在同步增加。其中有纽约州好几个地方的养蜂人提起的诉讼。甚至在1957年喷药之前,养蜂人就因果园使用DDT而蒙受极大损失。一位养蜂人气愤地说道:"在1953年之前,我把美国农业部和农业院校推广的任何东西都当成好东西。"但是那年5月,在纽约州向大片地区喷施农药之后,这个人损失了800个蜂群。损失巨大而且范围极广,因此另外14名养蜂人与他一起起诉州政府,要求赔偿25万美元的损失费。还有一位养蜂人的400个蜂群被1957年喷施的农药

第十章 从天肆意洒落

殃及，据他说，外勤蜂（蜂巢中外出采集花蜜和花粉的工蜂）在林区被百分之百杀死了，在喷施不那么广泛的农业区也死了百分之五十以上。他写道："5月里走进后院里，听不到一只蜜蜂的嗡嗡声，这真是叫人伤心的事。"

舞毒蛾项目中出现了很多渎职行为。因为喷药机收费的标准是按多少加仑，而不是多少英亩，所以根本不用考虑节约，很多土地上不是喷了一次，而是好几次。至少在一次案例中，空中喷施承包给了一家在当地没有办事点的境外公司，这不符合向州官员登记报备以便反查追责的法规要求。在这种极其不可靠的情况下，民众因苹果园或蜜蜂受损而直接蒙受财产损失，也找不到任何诉讼对象。

1957年喷施引发灾难后，这个项目突然大幅消减。官方语焉不详，只是表示要"评估"先前的工作，测试替代性杀虫产品。1958年喷药区不再是1957年的350万英亩土地，而是跌至50万英亩，1959年、1960年、1961年则跌至10万英亩左右。在此期间，防控机构想必已经注意到从长岛传来令人不安的消息。舞毒蛾大举重现。这次成本高昂的喷施行动令农业部的公信力和信誉度大打折扣——此次行动原本是想一劳永逸地消灭舞毒蛾，结果一事无成。

***

与此同时，农业部的植物害虫防控人员已经暂时忘记了舞毒蛾，因为他们正忙着在南部发起一个更加雄心勃勃的项目。"根除"一词依然轻飘飘地出现在农业部下达的影印材料上，这次新闻发布会上承诺的是要根除红火蚁。

红火蚁因为蜇人后使人感觉到火辣辣的疼而得名。这种昆虫似乎是取道亚拉巴马州的莫比尔港从南美进入美国的,第二次世界大战结束后不久,有人在莫比尔港发现过它。到1928年,红火蚁已经扩散到莫比尔港郊区,随后继续入侵,如今已经进入美国南部大多数州。

自红火蚁抵达美国以来的40余年中,大部分时候似乎鲜有人注意它。在红火蚁最繁盛的几个州,人们觉得它讨厌,主要是因为它建造的大型蚁穴或蚁丘高达1英尺多。这可能会妨碍农场机械作业。但是只有两个州将红火蚁列为当地20种最重要的害虫,而且都放在名单最后。无论官方还是民间,大家似乎都没觉得红火蚁对庄稼或牲畜有什么危害。

随着具有广谱杀虫功效的化学品的研发,官方对红火蚁的态度突然发生了变化。1957年,美国农业部发起其历史上最引人注目的一场宣传活动。红火蚁突然变成了政府发布的大量宣传单、电影和在政府推动下打造的故事片攻击的对象。红火蚁被描绘成南部农业的破坏者、伤害鸟类和人畜的杀手。一场声势浩大的行动开始了,联邦政府与受害各州合作,最终将对南部9个州约2000万英亩的土地进行喷施。

1958年,就在红火蚁项目如火如荼之时,一份贸易杂志欢欣鼓舞地报道:"美国农业部推行的大规模害虫灭杀项目数量日增,农药制造者似乎从中找到了摇钱树。"

从来没有哪次项目如此彻头彻尾地应当受到所有人的谴责——除了那棵"摇钱树"的受益者。这是一个显著的例子:这次大规模昆虫防治试验策划不周、执行不力而且完全无益,在资金花费、动物伤亡以及农业部公信力丧失上代价高昂。再往里投入资金,实在令人无法理解。

一开始为项目赢得国会支持的那些陈述,后来都被推翻了。按当时的说法,红火蚁破坏农作物,严重危害到南部农业,它还危害野生动物,因为它攻击在地面筑巢的鸟类幼鸟。据说红火蚁叮咬给人体健康带来极大威胁。

这些说法有多大的合理性?农业部为了争取拨款而给出的证词,并不吻合农业部的重要出版物中刊载的内容。1957年农业部的公报《杀虫剂推荐:防治作物与家畜害虫》并没有过多地提到红火蚁——如果农业部相信自己的宣传,这可是一项重大疏忽。不仅如此,农业部1952年出版的昆虫百科《年鉴》,全书50万字,其中只有一小段谈到红火蚁。

农业部声称红火蚁毁坏农作物、袭击家畜,针对这些缺乏明文规定的说法,亚拉巴马州农业实验站进行了细致的研究。这个机构与红火蚁有最密切的接触。根据亚拉巴马州科学家的说法,"总体来说危害植物的情况很少见"。阿兰特博士(Dr. F. S. Arant)是亚拉巴马州理工学院的昆虫学家,1961年时任美国昆虫学会主席,他表示他的部门"在过去五年里没有收到一份关于蚂蚁损害植物的报告……没有观察到任何家畜受到伤害"。这些在野外和实验室进行实际观察的人说,红火蚁主要以各种各样其他昆虫为食,其中有很多昆虫被视为对人类有害。人们曾观察到红火蚁劫掠棉花上的棉铃象甲幼虫。它们筑造土丘的行为起到了疏松土壤和增强土壤排水性的有益作用。亚拉巴马州的研究已被密西西比州立大学的调查所证实,这远比农业部的证据更有说服力,因为农业部的证据显然要么基于与农民的谈话——农民们很容易将一种蚂蚁误认为另一种——要么基于以前的调查。一些昆虫学家认为，随着蚂蚁数量的增多，蚂蚁食性发生了改变，因此几十年前的观察到现在已经没什么价值了。

红火蚁危害健康和生活的说法，也大可商榷。农业部（为了赢得项目支持）赞助拍摄的一部宣传片中，围绕红火蚁的叮咬营造出很多恐怖的场景。诚然，被红火蚁叮咬后很痛苦，我们必须小心避免被其叮咬，正如我们通常会避开黄蜂或蜜蜂的蜇刺一样。体质敏感的人被红火蚁叮咬后可能会产生严重反应，医学文献中记录有一个人可能因为红火蚁毒液而死亡，但也不能完全肯定。相反，据人口统计办公室记录，仅1959年因蜜蜂与黄蜂蜇刺而死的就有33人。然而好像还没人提出要"根除"这些昆虫。此外，当地的证据是最有说服力的。虽然红火蚁在亚拉巴马州已经生活了40年，而且种群高度集中，但是亚拉巴马州卫生部门的官员声称"亚拉巴马州没有因外来红火蚁叮咬造成人类死亡的记录"，并认为红火蚁叮咬引发的病例是"偶发性的"。草坪或操场上的蚁丘可能会让孩子们很容易受到叮咬，但是这很难成为用毒药浇灌数百万英亩土地的理由。自己处理一下蚁丘，就能轻而易举地解决这些问题。

指控红火蚁损害供捕猎的鸟类也没有证据支持。亚拉巴马州奥本市野生动物研究小组的负责人莫里斯·贝克博士（Dr. Maurice F. Baker）在这个领域有多年的经验，他无疑是有资格就此发表意见的人。但是贝克博士的观点与农业部的说法正好相反。他声明："在南亚拉巴马州和佛罗里达州西北部，我们可以让大量供捕猎的山齿鹑种群与密集的外来红火蚁种群共存……在南亚拉巴马州出

第十章　从天肆意洒落

现红火蚁后的将近40年里,供捕猎的鸟类种群呈现出稳定而且非常可观的增长。当然,如果外来的红火蚁对野生动物构成严重威胁,这些情况都不可能存在。"

用杀虫剂灭除红火蚁会对野生动物造成什么影响,是另一个问题。用到的两种化学物质狄氏剂和七氯,都是相对较新的。我们对这两种物质在田野上的使用都没什么经验,也没人知道大规模使用这些物质会对野生鸟类、鱼类或哺乳动物产生什么后果。然而我们知道,这两种毒药都比DDT的毒性强许多倍,在那个时候,DDT投入使用已经有将近十年,即便每英亩1磅的比率,也杀死了一些鸟和很多鱼。而狄氏剂和七氯的剂量更重一些——多数情况下,每英亩要施用2磅,如果同时要防治白缘象甲,则要用到3磅狄氏剂。至于对鸟类的影响,规定的七氯用量相当于每英亩施用20磅DDT,狄氏剂则相当于120磅!

亚拉巴马州大多数环保部门、美国环保机构,还有生态学家甚至一些昆虫学家,都提出紧急抗议,呼吁当时的农业部部长埃兹拉·本森(Ezra Benson)推迟此次项目,至少等到研究确定七氯与狄氏剂对野生及家养动物的影响,并弄清防治红火蚁的最小用量之后。抗议无人理会,项目于1958年启动。第一年,100万英亩的土地上喷了药。很清楚,任何研究都是反思性质的了。

随着项目继续,从亚拉巴马州和联邦野生动物研究机构以及好几所大学的生物学家的研究中,事实开始累积起来。研究表明,在某些喷药区,喷药带来的损失已经达到了使野生动物彻底灭绝的程度。家禽、家畜和宠物也被杀死了。农业部无视所有伤亡证据,声称这些都是夸大其词,扰乱人心。

然而，事实还在增加。例如，得克萨斯州哈丁县的负鼠、犰狳以及丰富的浣熊种群，在化学物质落定后几乎消失了。就连喷施后第二年秋天，也很少见到这些动物。后来在这片区域找到的几只浣熊，身体组织内携带着这些化学物质的残余物。

对喷药区发现的死鸟身体组织进行化学分析，可以清楚地看到，这些鸟曾饮用或食用过用来灭杀红火蚁的毒药。（唯一多多少少幸存下来的鸟是家麻雀，在其他地方也有一些证据表明，家麻雀可能有一定的免疫性。）1959年亚拉巴马州一大块喷施过的土地上，半数的鸟被杀死了。生活在地面上或者经常接近低矮植被的物种死亡率达100%。甚至喷药一年后，也发生了春天鸣鸟连续死亡的情况，很多理想的筑巢场所一片沉寂，无鸟问津。在得克萨斯州，人们在鸟窝里发现了死去的黑鹂、美洲雀和草地鹨，很多巢荒废了。当得克萨斯州、路易斯安那州、亚拉巴马州、乔治亚州和佛罗里达州的死鸟样本送到鱼类和野生动植物管理局进行分析时，人们发现90%的样本含有狄氏剂残留物或一种形态的七氯，含量高达38ppm。

在路易斯安那州越冬但在北方繁殖的丘鹬，此时体内也带有红火蚁防治药的污染。污染的源头很明显。丘鹬进食大量蚯蚓，它们用长长的喙来翻找蚯蚓。喷药6—10个月后，路易斯安那州幸存的蚯蚓身体组织内有高达20ppm的七氯。一年后，达到10ppm。丘鹬亚致死性中毒的结果，现在已经一目了然，具体表现在雏鸟与成鸟的比例明显下降。最早观察到这种情况，是在红火蚁喷施项目开始后的那个时期。

对南部的游猎者来说，最令人沮丧的是关于山齿鹑的消息。由

第十章 从天肆意洒落

于这种鸟在地面筑巢和觅食,喷药区内所有的山齿鹑都被消灭了。例如,在亚拉巴马州,当地与美国鱼类和野生动植物管理局的联合研究小组的生物学家对列入喷施计划的3600英亩区域展开了一次初步普查。有13个留鸟群,共121只山齿鹑分布在这片区域。喷完药两周后,只能找到死掉的山齿鹑了。送到鱼类和野生动植物管理局的所有样本,经分析都发现含有总量足以使山齿鹑致死的杀虫剂。得克萨斯州的情况与亚拉巴马州一模一样,2500英亩喷施过七氯的区域丧失了所有的山齿鹑。与山齿鹑一同消失的,是90%的鸣鸟。同样,研究表明,死鸟身体组织中出现了七氯。

不仅是山齿鹑,火鸡数量也因为红火蚁防治项目而急剧减少。虽然在施用七氯之前,亚拉巴马州威尔科克斯县一片区域总计有80只火鸡,但是喷药后那年夏天一只也找不到了——一只也没有,也就是说,除了一窝没有孵化的鸟卵和一只死掉的小火鸡。野生火鸡可能与它们那些家养的同胞遭受了同样的命运,因为在喷施过化学物质的区域,农场养殖的火鸡也很少繁殖后代。有几颗卵孵出来了,但是几乎没有雏鸟存活下来。附近没喷过药的区域并未出现这种情况。

火鸡的遭遇绝非个案。威尔科克斯县最广为人知、受人尊重的野生动物生物学家克拉伦斯·科塔姆博士(Dr. Clarence Cottam)走访了一些农民,这些农民的地里都喷过药。除了指出喷药后"树上所有的小鸟"似乎从这块土地上消失了,大多数人都上报有家畜、家禽和宠物伤亡。有个人"对防治组的工人非常恼火",科塔姆博士在报告中写道,"他说他埋掉或者扔掉了19头死牛的尸体,这些牛都是中毒死的。他听说有三四头奶牛也是因为这次喷药死了。

从出生就只喝牛奶的小牛死了"。

科塔姆博士访谈过的人都对土地喷过药之后的几个月里发生的事情迷惑不解。有个女人告诉科塔姆博士,周围土地上到处洒了毒药之后,她孵过几窝鸡蛋。"她不知道是为什么,很少能孵出小鸡,也很少有小鸡活下来。"还有一个农民"养母猪,大面积施药后整整9个月,没有养活一只小猪。猪仔要么生下来就是死的,要么生下来就死了。"另一个人有类似的说法,他说37窝猪仔原本数量能达到250只,只有31只小猪活下来。这个人也说自从这块地上喷药后,他完全没法养小鸡了。

农业部一直否认家畜伤亡与红火蚁项目有关。然而,乔治亚州班布里奇的兽医波特文医生(Dr. Otis L. Poitevint)曾出诊医治很多受害的动物,他总结了将死因归结为杀虫剂的理由。理由如下:在施用过红火蚁药之后两周到数月的时期内,牛、羊、马、鸡,以及鸟和其他野生动物开始罹患一种通常致命的神经系统疾病。患病的仅是那些能接触到受污染的食物或水源的动物。圈养的动物没有受到影响。发病的情况仅见于喷施过红火蚁药的区域。实验室对疾病的测试是阴性。波特文医生和其他兽医观察到的症状,正是权威性文本中描述的狄氏剂和七氯中毒的表征。

波特文医生也记述了一个耐人寻味的案例:一头两个月大的小牛出现了七氯中毒症状,它接受了详尽的实验室检测。唯一重要的发现是,在它的脂肪内发现了79ppm的七氯。但是自喷药后到此时有5个月。这头小牛是直接从牧草中吸收毒药,还是通过乳汁——甚或是在出生前——由母体间接得来的呢?波特文医生说:"如果是从牛奶中得来的,为什么不采取特别的预防措施去保护我们的孩子呢？他们饮用的都是当地奶牛产出的牛奶。"

波特文医生的报告引出了关于牛奶污染的重大问题。列入红火蚁项目的区域以田野和农田为主。在这些土地上放牧的奶牛怎么办？喷过药的田野上，禾草不可避免会携带七氯某种衍生物的残留物。如果牛吃了这些残留物，毒素就会出现在牛奶中。早在防治项目开展之前，1955年针对七氯的实验已经证实了毒素会直接进入牛奶，后来又有报道称针对狄氏剂的实验也是如此，而这种物质在红火蚁项目中也用到了。

美国农业部的年度出版物将七氯和狄氏剂列为危险化学物质，喷施过这类化学物质的草料不适合用来喂养乳畜或者肉用动物，然而农业部的防治部门却在推进喷施项目，将七氯和狄氏剂洒向美国南部大片放牧区域。谁来为消费者保证牛奶中没有狄氏剂或七氯残留物？美国农业部无疑会回答，他们已经建议过农民30天到90天内不要让奶牛靠近喷药区。考虑到很多农场面积较小，喷施项目又规模宏大——很多化学物质是用飞机喷施的——是否有人遵从这种建议，或者是否有可能遵从这种建议，都非常值得怀疑。鉴于残留物的持久性，规定的期限是否足够，也很成问题。

美国食品药品监督管理局虽然不允许牛奶中出现任何农药残留物，但在这种处境下也没什么发言权。列入红火蚁项目的各州多数乳制品产业规模不大，产品也不会越过州界。因此，联邦发起的项目危及乳品供应，保护工作却留给了各州自己。1959年，亚拉巴马州、路易斯安那州和得克萨斯州的卫生人员或相关部门人员接受了调查，结果表明，他们并没有做过检测，人们根本不知道牛奶是否有农药污染。

同时，在防治项目发起之前，而不是之后，已经有关于七氯特殊性的研究。或许更准确的说法是，有人查阅了之前已经发表的研究，因为促使联邦政府采取马后炮行为的基本事实，几年前已经被发现了，而且本该在一开始筹划项目时就起到影响。这个事实就是，七氯进入动植物组织或土壤中一段时间后，会呈现为一种毒性更强的形式，也就是所谓的"环氧七氯"。环氧化物通常被描述为由风化作用产生的"一种氧化产物"。1952年人们就已经知道七氯会发生这种变化，当时美国食品药品监督管理局发现，给雌性大鼠喂食30ppm的七氯，仅两周后，大鼠体内会存储165ppm这种毒性更强的环氧化物。

1959年，这些事实得以从晦涩的生物学文献中呈现出来。食品药品监督管理局采取行动，禁止食品中出现七氯及其环氧化物的残留物。这项规定至少暂时阻止了施药项目；虽然农业部继续印发文件为红火蚁防治申请每年的资金拨款，但是地方上的农业机构越来越不情愿建议农民使用可能使农作物无法合法上市销售的化学物质。

简而言之，美国农业部的项目出台时，农业部官员甚至没有初步调查一下所要使用的化学物质已为人知的属性——或者他们调查了，但是忽视了研究结果。他们想必也没有通过预先调查去探讨要达到效果所需使用的化学物质的最小量。施用了三年的重剂之后，1959年，七氯的施用比例从每英亩2磅急剧减少到1.25磅；随后又减少到每英亩0.25磅，分两次施用，中间隔开3—6个月，每次施用0.25磅。农业部的一名官员解释说，"强势手段改进计划"表明，降低比例是有效的。如果在喷施项目开始之前获悉这个消息，惨重的损失也许能避免，纳税人也能省下一大笔钱。

1959年，也许是为了平息民众对喷药项目日益高涨的不满，美国农业部将化学药品免费提供给得克萨斯州的土地所有者，但受赠者要签署一份协议，如有损害，联邦政府、州政府和地方政府免责。同年，由于对化学药品造成的损害深感震惊与愤怒，亚拉巴马州拒绝进一步为该项目拨款。一名官员描述这整个项目"建议不当、策划草率、部署不周，是践踏其他公共和私人机构职权的典型例子"。尽管没有州政府的资助，联邦的资金仍然如涓滴一般流入亚拉巴马州，1961年，州议会再次被说服，同意拨一小笔款项。与此同时，路易斯安那州的农民越来越不情愿在喷施项目同意书上签名。因为情况已经很明显，使用化学药品灭杀红火蚁导致甘蔗害虫卷土重来。不仅如此，红火蚁项目显然劳而无功。1962年春天，路易斯安那州州立大学农业实验站从事昆虫学研究的带头人纽瑟姆博士（Dr. L. D. Newsom）简明贼要地总结了这种令人沮丧的局面："联邦机构和州立机构开展的'根除'外来红火蚁项目到目前为止只是一场失败。现在路易斯安那州受害土地面积比项目开始之前还多。"

人们似乎开始转向更理智、更保守的方法。佛罗里达州声称"现在本州的红火蚁数量比项目开始时更多"，并申明要摒弃任何发动普遍根除项目的想法，转而集中力量进行局部防治。

多年来，有效且低廉的局部防治方法早已为人所知。红火蚁有筑造土丘的习性，因此逐一向蚁丘喷施化学药品是相当简单的事情。喷施成本约为每英亩1美元。对于蚁丘数量众多，需要借助机械的情况，密西西比州农业实验站已经研发出了一种耕耘机，可以首先推平蚁丘，然后直接往里喷施化学物质。这种方法能消灭

90%—95%的红火蚁,成本仅每英亩0.23美元。相反,农业部的防治项目成本约为每英亩3.5美元,实在是耗资最高、危害最大,而且效果最差的防治方法。

第十一章　超乎波吉亚家族的想象

我们的世界所面临的污染，并不仅是大规模喷药的问题。确实，对大多数人来说，相比之下更重要的是年复一年、日复一日无数小剂量药物的毒害。正如滴水穿石，一生中自始至终接触危险的化学物质，最终结果就是毁灭。每一种一再发生的侵害，无论多么轻微，都会促使化学物质在人体内堆积，形成累积中毒。大概没人能避免这种无处不在的污染，除非他生活在最不可想象的与世隔绝的环境下。在循循善诱的推销和潜藏的劝说引诱下，普通民众很少能意识到身边是一些致命物质；事实上，他可能根本没注意到自己在使用这些东西。

毒药的时代已经完全确立下来。任何人走进一家商店，没人问什么，他就能买到各种远比隔壁药店卖的致死药品毒性更强的物质——去药店买那些药，还需要在"毒药购买记录"上登记。在任何一家超市花几分钟研究一下，就足以让意志最坚定的顾客大吃一惊。当然，前提是他对货架上备选的化学物质有基本的了解。

如果杀虫剂销售区上方挂一幅巨大的骷髅旗，顾客走进来时至少会怀有对致命物质通常的敬畏之心。但是相反，货架上一片祥和宁静，过道对面摆着泡菜和橄榄，旁边是沐浴露和香皂，然后是一排一排的杀虫剂。好奇的孩子伸手就能拿到装在玻璃瓶里的化学物质。如果有孩子或大人不小心将瓶子掉在地上，周围人身上都会溅到这些使喷药工人出现抽搐的化学物质。这些风险自然也会随着购买者一路跟到他家里。比如，一种含DDD的罐装防蛀材料容器上清晰地印刷着警告：本品为高压产品，遇高温或明火会燃烧。还有一种常见的家用杀虫剂（也用于厨房里）是氯丹，而美国食品和药物管理监督局的首席药理学家已经公布，居住在喷施过氯丹的房屋里危害"极大"。其他家用制剂甚至含有毒性更强的狄氏剂。

厨房里使用毒药变得既有诱惑力又简单无比。橱柜用纸，不管是白色的，还是与整体色彩一致的染色纸，可能都含有杀虫剂，不仅是一面，而且是两面都有。制造商提供DIY（自制）手册教我们如何杀虫。轻轻松松按下按钮，就能将狄氏剂气雾喷进最隐蔽的角落和橱柜、转角与踢脚板的缝隙里。

如果我们讨厌蚊子、恙螨和其他害虫叮咬，我们可以选用无数乳液、乳霜和喷剂来处理衣物或涂抹在皮肤上。虽然有人告诫我们有些物质会溶解油漆、涂料和合成纤维，我们还是想当然地认为，人体皮肤不会受到化学物质影响。为了确保我们能随时抗击害虫，纽约州一家专卖店推出一种杀虫剂便携分装瓶，适用于手包，也可在外出去海滨、高尔夫球场或钓鱼时使用。

我们可以在地板上打一种蜡，确保杀死从上面爬过的任何昆虫。我们把用林丹这种化学物质浸泡过的布条悬挂在衣柜和箱子里，或是放在办公室的抽屉里，这样半年内不用担心衣服被虫蛀。药品广告根本没提到林丹是危险物质。一种发散林丹气体的电子设备的广告上也是如此——商家告诉我们产品是安全无味的。然而事情的真相是，美国医学学会认为林丹气雾机极其危险，并在其刊

第十一章 超乎波吉亚家族的想象

物中广泛发起抗议。美国农业部在一份"家庭和园艺公报"中建议大家用DDT、狄氏剂、氯丹或其他几种杀虫剂的油溶剂来喷衣物。如果过量喷洒杀虫剂导致织物上出现白色的残留物,可以用刷子清除,农业部如是说,却忽略了提醒我们注意刷哪里,以及怎么刷。前前后后处理完了,我们跟杀虫剂打了一天的交道,再盖上一条沾满了狄氏剂的防虫毯睡觉。

如今园艺已经与超级毒药紧密地联系在一起。每家五金店、园艺用品店和超市都摆着成排的杀虫剂,所有园艺活动中要用到的应有尽有。谁要是没有广泛使用这一系列致命喷剂和喷雾,肯定就是失职,因为几乎每份报纸的园艺版和大多数园艺杂志都认为这是理所当然的。

就连速效致死的有机磷杀虫剂,也被大量喷施到草坪和观赏植物上。于是,1960年,佛罗里达州卫生委员会认为必须发布禁令:任何人未事先取得许可并符合特定条件,都不得在居民住宅区将杀虫剂投入商用。在这条规定被采纳之前,佛罗里达州已经发生过多起对硫磷致死的案例。

然而,几乎没人提醒园艺师或房主,他在接触极其危险的物质。相反,持续流入的新装置,使草坪和花园里使用毒药变得更为便捷,也让园艺师更多地接触到这些物质。例如,在花园喷水的软管上安装一个罐子形状的接头,浇水的时候就可以将像氯丹或狄氏剂这样极其危险的化学物质喷施到草坪上。这种装置不仅对使用软管的人很危险,也威胁到公共安全。《纽约时报》认为必须在园艺版提醒人们注意:除非安装特定的保护装置,毒药可能会通过虹吸回流进入居民用水。想想目前使用的此类装置数量之多,再想想类似警告之少，还用奇怪我们的公共用水为什么受到污染吗？

146 关于园艺师本人会发生什么情况，我们可以看看一位医生的例子。这位医生是热心的业余园艺师，他一开始往灌木丛和草坪上喷DDT，后来用马拉硫磷，每周定期喷施。有时他用手动喷雾器喷施这些化学物质，有时候用喷水软管上的喷药接头。在喷药时，他的皮肤和衣服经常被药液打湿。如此大概一年后，他突然病倒入院。抽取脂肪样本进行活体组织检查，发现累积的DDT达到了23ppm。神经大面积受损，而且他的医生说这是永久性的。随后他日渐消瘦，身体极度疲乏，并出现一种特殊的肌无力症状，这正是马拉硫磷引起的典型后果。这一切严重的持久损害，足以让这位医生难以继续执业。

除了从前安全无害的浇水软管，割草机也装上了喷洒农药的装备。业主在草坪上割草时，喷药装置就会喷洒出一团烟雾。这样一来，燃油产生的潜在危险气体，再加上细密均匀地喷出来的杀虫剂微粒（不管这位很可能毫无戒心的郊区居民选中的是哪种），他家上空的空气污染就提升到了极少有城市能媲美的程度。

然而对于毒药在园艺中风靡、杀虫剂成为家庭日用品所带来的危害，几乎没人说什么。标签上的警告印刷低调，字体极小，很少有人耐着性子去细看或者按照上面说的做。一家工业公司近期调查了看过警告的人究竟有多少。结果表明，在100个使用杀虫剂气雾和喷剂的人里，甚至只有不到15人留意到容器上的警告。

如今支配郊区居民生活的社会风俗，就是不惜代价也要除掉杂草。那些用来清除草坪上低劣植物的化学物质的包装袋，几乎成了一种身份的象征。从这些除草的化学物质的商品名称上，根本看不出它们的特征或属性。要想知道其中含有氯丹或狄氏剂,你必须阅读印在袋子上最不显眼处的极其细微的字。任意一家五金店或园艺用品店提供的文字描述里,一般都不会披露处理或使用这种物质真正涉及的风险,即便有提到的,也非常少见。相反,典型的图片上描绘的是幸福的家庭场景,父子俩微笑着,正准备给草坪喷施这种化学物质,小孩子们带着狗在草地上打滚。

***

食物的化学残留问题是当前备受争议的热点。对于这类残留物的存在,食品工业要么宣称无足轻重,要么矢口否认。与此同时,也出现一种激烈的倾向,将所有坚持要求食品不受杀虫药污染的人贴上狂热分子或邪教分子的标签。争论甚嚣尘上,真相又是什么?

医学上已经确定,与我们用常识推断的一样,在DDT时代到来之前(1942年左右),无论活人还是死者,身体组织中都没有DDT或任何类似物质的踪迹。正如第三章中提到的,在1954—1956年间,从普通人群中采集的脂肪样本DDT含量平均为5.3—7.4ppm。有证据表明,从那时候开始,平均水平持续上升,那些因工作原因或其他特殊情况接触杀虫剂的人体内储存量无疑更高。

对于没有明显接触杀虫剂的普通人群而言,可以假定脂肪中储存的DDT多数是通过食物进入人体的。为了验证这一假说,美国公共卫生服务署的一个科学小组对餐厅和公共食堂进行了抽样调查。每份餐饮样本中都含有DDT。由此,调查人员足够合理地得出结论:"几乎无法相信有任何食品完全不含DDT"。

这些餐饮中DDT的含量可能非常高。在另一次研究中,公共卫生服务署分析了监狱伙食,结果表明,炖干果中含有69.6ppm的

DDT，而面包中含有100.9ppm！

在普通家庭的饮食中，肉类和任何动物脂肪制品中氯化烃类残留量是最高的。因为这些化学物质溶于脂肪。水果和蔬菜中的残留物通常要少一些。清洗没什么用——唯一能做的是清除并丢弃生菜或卷心菜一类蔬菜最外层的全部叶片，水果削皮，不食用果皮或任何外层部分。烹饪并不能破坏存留物。

牛奶是食品药品监督管理局明令禁止含有农药残留物的少数食品之一。然而事实上，只要一检测就会发现残留物。黄油和其他加工乳制品中含量更高。1960年，检测了461份样本，结果1/3含有残留物，食品药品监督管理局称这种情况"远远难以让人满意"。

要找到不含DDT和类似化学物质的食物，我们似乎必须跑到偏僻原始、还缺乏文明带来的便利设施的地方去。这样的地方似乎是存在的，至少在遥远的北极阿拉斯加海岸还有这么一小块地方——尽管在那里，也会看到阴影迫近。科学家调查了当地因纽特人的本土饮食，并没有发现杀虫剂残留物。干鲜鱼类，从河狸、白鲸、驯鹿、驼鹿、髯海豹、北极熊和海象身上提取的脂肪、油和肉，还有蔓越莓、美洲树莓以及野大黄，都尚未受到污染。唯一的例外是，两只来自波因特霍普（Point Hope）的雪鸮体内携带少量DDT，可能是在迁徙途中摄取来的。

通过脂肪样品分析发现，因纽特人体内也只有少量的DDT残留物（0—1.9ppm）。原因很清楚。这些脂肪样本是从曾经离开当地村子去美国公共卫生服务署设立在安克雷奇（Anchorage）的医院做手术的人身上抽取的。在这里，文明已经通过方方面面渗透进来，就像在大多数人口众多的城市一样，这家医院的饮食也含有DDT。

第十一章 超乎波吉亚家族的想象

因纽特人短暂接触文明社会，得来的就是毒药污染。

事实上，我们吃的每顿饭，都含有大量氯化烃。这是农作物普遍喷施毒药所带来的必然结果。如果农民在使用农业化学物质时一丝不苟地遵循标签上的建议，农药残留物将不会超过食品药品监督管理局许可的量。现在姑且不说法定残留量是否如通常所说的那样"安全"，众所周知的事实是，农民用药时经常超出规定剂量，临近收获期使用化学物质，明明一种杀虫剂就足够却同时使用好几种，他们以这样那样的方式来表明，人们经常看不到包装上印的那些小字。

甚至化工厂也意识到，杀虫剂经常被滥用，农民们需要得到教育。最近业内一家一流期刊表示："很多使用者似乎不知道，如果用药高于推荐的剂量，就会超过杀虫剂残留量限度。农民们可能会一时兴起，随意对多种作物喷施杀虫剂。"

食品和药物管理监督局的档案中包含大量令人不安的违规操作记录。略举数例就能说明人们对药品使用说明的忽视：一个种生菜的菜农，在马上就要收获的时候给作物喷施了不是 1 种，而是 8 种不同的杀虫剂；一个蔬菜运输商在芹菜上喷施了致命的对硫磷，剂量是建议最高浓度的 5 倍；生菜不允许有农药残留物，而种植者却采用了氯化烃类中毒性最强的狄氏剂；还有人在菠菜采收前一周喷施 DDT。

此外也有因为意外事故而受到污染的情况。一大堆装在粗麻袋里的绿咖啡，在用船只运送的时候，因为船上也运载杀虫剂而被污染。仓库里的包装食品，经常要用 DDT、林丹等杀虫剂气雾来处理，这些物质会渗过包装袋，大量进入里面的食品中。食品储存的时间越久,受污染的危险就越大。

然而政府不保护我们吗?对于这个问题,答案是,"仅仅在一定的限度内"。在保护消费者不受农药伤害这方面,食品药品监督管理局的行动,因两个因素而受到极大的限制。其一,其权限仅针对州际贸易中运输的食品;各州自产自销的食品完全不在管辖范围内,无论违规与否。其二,更关键的限制性因素是,检验员数量极少——负责所有工作的不足600人。据食品药品监督管理局的工作人员说,以现有的人力,只能抽查州际贸易中极少一部分农产品(不到一成),这在统计学上并没有意义。至于各州自产自销的食品,情况则更糟,因为美国大多数州在这方面法规并不完备。

食品药品监督管理局确定污染物的最大允许限度,是依据所谓的"残留允许量"(tolerance)制度,但这套制度明显存在缺陷。普遍情况下,它只提供纸上的保证,并且促成一种完全不合理的印象,让人误以为安全限度已经确立下来而且确实遵守了。至于说允许食品中出现一星半点的毒药——这儿一点,那儿一点——是否安全,很多人会以充分的理由来抗议:没有什么毒药是安全的,食品中也不需要任何毒药。食品药品监督管理局在设定残留允许限度时,考察了实验室动物毒药测试,然后依据在受试动物身上产生症状所需的量,确定数量少得多的污染物最大允许限度。这套系统意在确保安全,但它忽略了很多重要的事实。实验室动物生活在高度人工化的受控环境下,摄取给定数量的特定化学物质,这截然不同于人类的情况。人类在生活中不仅面临着多种农药,而且这些物质大部分是不可知、不可量,也不可控的。就算午餐沙拉中的生菜含有7ppm的DDT是"安全的",午餐也还有其他食物,每种食物都含

第十一章 超乎波吉亚家族的想象

有许可范围内的残留物，而正如我们所看到的，食物中的农药，相对一个人接触的所有污染而言，还只是一部分，很可能只是一少部分。不同来源的化学物质累积起来，所造成的总体影响无法估量。因此，讨论特定量的残留是否"安全"，根本没有意义。

此外还有其他缺陷。食品药品监督管理局确定的残留允许量，有时与科学家更合理的判断相悖（后文有相关案例），还有时是基于对涉及的化学物质尚不充分的了解。信息更为完善后，残留允许量会减少或撤销，但此时公众已经遭受危险的化学物质毒害数月或数年了。七氯的情况就是这样，一开始设立了允许限度，但后来不得不废止。一些化学物质在注册投入使用之前，并不存在大田操作的分析方法。因此检验员在搜查残留物的时候会很沮丧。这个困难极大地阻碍了对"蔓越莓上的化学物质"氨基三唑的抽检。对于普遍用来处理种子的杀菌剂，同样没有任何分析方法，而等到播种季节结束，那些剩下来的种子很可能变身为食品。

因此，确立残留允许量，本质上就是授权污染公众食品——提供有毒的化学物质，让农民和加工商从更低廉的生产中获利——进而通过纳税来惩罚消费者，让他出钱供养警务机构，以保证食品中药物的剂量不会致命。但是要做好警务工作，花费的金额将会超出州议会愿意拨出的资金，这就促成了农业化学物质目前的规模和毒性。于是，倒霉的消费者交了税，最终却还是买到了毒药。

解决方案是什么？首先必须根除对氯化烃、有机磷类和其他剧毒化学物质的允许限度。马上就会有人反对说，这会给农民带来无法承受的负担。但是我们预想的目标正是以合理的方式来使用化学物质，将残留量控制在7ppm（DDT的残留允许量）、1ppm（对硫磷的残留允许量),甚至像多种蔬菜水果要求的狄氏剂残留量那样,达到仅 0.01ppm,如果这是有可能的,那么再小心一点点,完全阻止残留物出现,为什么就不可能呢?事实上,某些农作物就要求完全不含七氯、异狄氏剂和狄氏剂残留物。如果在这些情况下是可行的,为什么其他情况就不行呢?

但是这还不能完全彻底地解决问题,因为纸面上规定零残留毫无意义。目前正如我们所见,99%以上的州际食品运输在未经检验的情况下悄然进行。我们还迫切需要一个警惕性和行动力更强的食品药品监督管理局,再加上更壮大的检验员队伍。

然而,这套体制——蓄意在食品中投毒,然后靠政策监管结果——太像刘易斯·卡罗尔笔下的白骑士想到的主意:"把胡子染绿,一直拿把大扇子遮住,就没人看得见。"[①] 最终解决方案是采用低毒化学物质,这样就能极大地减少滥用农药造成的公害。我们有现成的低毒化学物质,例如除虫菊酯、鱼藤酮、鱼尼丁等从植物中提取的物质。目前已经研发出了除虫菊酯的合成替代品,一些产区已经准备好,如果市场需要,就加大这类天然产品的产出。关于市面上销售的化学物质的属性,面向公众的教育严重不足。普通购买者常被各类备选的杀虫剂、杀菌剂和除草剂弄得彻底晕了头,也无从得知哪种最致命,哪种相对安全。

除了使用低毒农药,我们还应当努力探索使用非化学方法的可能性。在加利福尼亚,已经开始试验采用对某些特定昆虫种类具有

---

① 刘易斯·卡罗尔(Lewis Carrol),英国数学家、逻辑学家,著有《爱丽丝梦游奇境记》。白骑士为其中的人物。

高度特异性的致病菌来防治农业害虫，更广泛的试验也在进行中。此外可能还存在多种有效防治害虫，同时又不在食物中留下农药残留的方法（见第十七章）。只有全面转向这类方法，我们才有可能摆脱目前这种任何人以常识来判断，都知道无法容忍的境况。就目前而言，我们的处境并不比波吉亚家族的客人好多少。

第十二章　人类的代价

工业时代催生的化学物质的浪潮涌上来，吞噬了我们的环境。最严重的公共卫生问题自然也产生了巨大的变化。昨天人们还生活在对天花、霍乱和鼠疫等灾难的恐惧中，这些疾病曾肆虐全球。如今我们最担心的，不再是从前无处不在的病源生物。卫生条件、更好的居住环境以及新兴医药，使我们能最大限度地控制流行病。如今我们担心的，是潜伏于环境中的一种截然不同的危险——我们迈向现代生活的过程中开门迎来的危险。

新的环境健康问题是多方面的，既有各种形式的辐射造成的，也有不断涌现的化学物质（农药是其中一部分）引起的。如今化学物质遍及我们生活的世界，它们直接或间接地，单独或共同地，在我们身上发挥作用。它们的出现带来的阴影无比险恶，因为这种阴影是无形的，模糊不清的；它也无比可怕，因为我们无法预测，在有生之年里，与这些不属于人体正常生物进程的化学与物理介质打交道，会产生什么后果。

"我们都生活在挥之不去的恐惧中，我们担心环境中某些因素会达到临界点，使人类像恐龙一样灭绝。"美国公共卫生服务署的戴维·普赖斯博士（Dr. David Price）说道，"更令人不安的是，我们知道，或许早在症状出现之前20年乃至更久，我们的命运就已

第十二章 人类的代价

经注定了。"

农药与环境破坏有哪些关系？我们已经看到，如今农药污染了土壤、水、食品，我们还看到，农药能让河里没有一条鱼，让花园和树林变得静寂无声、四处不见鸟的踪迹。无论人类自以为多么强大，他也是自然的一部分。他能逃离自然界中这场普遍存在的污染吗？

我们知道，哪怕只有一次接触到这些化学物质，如果量够大，也会产生急性中毒。但这不是主要的问题。农民、喷药工人、喷药机驾驶员等因接触大量农药而突发疾病或者死亡，确实很悲惨，也不应该发生。但就人类总体而言，我们更应该担心的是，农药已经悄无声息地污染了环境，长期吸收少量的毒药，又会产生哪些后果？

负责任的公共卫生官员已经指出，化学物质需要长时间积聚才会产生生物学后果，而个体面临的风险可能取决于其一生中接触的药物总量。正是出于这些原因，我们很容易忽视危险。人类的天性就是对未来看起来尚不明晰的灾难不以为然。睿智的内科医生勒内·杜博斯（Dr. René Dubos）说道："人本能地对症状明显的疾病更为忧心，然而一些最可怕的敌人却是掩人耳目地悄悄爬到身上的。"

对我们每个人来说，正如对密歇根州的知更鸟、米拉米希的鲑鱼一样，这是一个生态问题，物种之间相互关联、相互依存的问题。我们毒杀河流中的石蛾，洄游的鲑鱼群消亡了。我们毒杀湖里的蚊蚋，毒药通过食物链的各个环节传播，湖边的鸟很快成了受害者。我们给榆树喷药，次年春天知更鸟的歌声沉寂了，不是因为我们直接往知更鸟身上喷药,而是因为毒药的逐步传播,也就是我们现在所熟知的"榆树叶—蚯蚓—知更鸟"的循环。这些有案可稽的事例都是我们能看到的,属于我们周围可见世界的一部分。其映射出的生命之网,或者说死亡之网,就是科学家所说的生态。

我们身体内部也有一种生态。在这个看不见的世界里,细微事物造成巨大影响;不仅如此,这种影响通常看起来与原因毫不相干,它会出现在身体上某个远离受损区的部位。一篇关于目前医学研究进展的概述写道:"一个点,甚至是一个分子的改变,可能会在整个系统产生反响,使看似不相关的器官和组织产生变化。"当我们关注人体神秘而奇妙的运行时,就很难简单地阐释其中的因果关系。原因和结果可能在时间和空间上都是彼此独立的。寻找疾病和死亡的诱因,需要在多个不同领域进行大量研究,然后将众多看似孤立无关的事实拼凑起来。

我们习惯于处理表现最明显的直接后果而忽略其他。除非危险迫在眉睫而且明显不容忽视,否则我们就会否认危险存在。就连研究人员也苦于没有完备的手段去探测最初的损害。在症状表现出来之前,缺乏足够精微的手段去探测损伤,这是医学上尚未解决的一个重大问题。

"但是,"有人会反对说,"我在草坪上喷过好几次狄氏剂,从来没有出现过像世界卫生组织的喷药工人那样的抽搐反应——可见对我没什么伤害。"并没有那么简单。尽管没有突发的剧烈症状,接触过这类物质的人体内无疑也会储存有毒物质。正如我们所见,体内储存的氯化烃是累积性的,一开始摄入量极少。有毒物质滞留在体内所有的脂肪组织中。当身体动用体内储备的脂肪时,毒药就会迅速发作。一份新西兰医学杂志近期提供了一个例子。一名正在接受肥胖治疗的男子突然出现中毒症状。一经检查，就发现他的脂肪中含有沉积的狄氏剂。这些脂肪在他减肥时参与了新陈代谢。同样的事情也会发生在因患病而消瘦的人身上。

另一方面，毒素沉积所致的后果可能更为隐蔽。几年前，《美国医学协会会刊》曾强烈警告人们，沉积在脂肪组织中的杀虫剂危害极大，并指出，相比那些不会沉积在组织中的物质，累积性的药物或化学物质更需要警惕。脂肪组织不单是脂肪分布的地方（脂肪占人体体重的18%），而是具有多种重要功能，毒素沉积可能会造成干扰。不仅如此，脂肪广泛分布在全身各个器官和组织中，甚至还是细胞膜的组成部分。因此，记住这一点很重要：脂溶性的杀虫剂沉积在各个细胞中，在氧化作用和供应能量的过程中，它们随时会干扰极其关键的必要功能。这个重要的方面将放到下一章来讲。

关于氯化烃类杀虫剂，有一点非常重要的是它们对肝脏的影响。在人体所有器官中，肝脏是最特殊的。肝脏的多种功能都是不可或缺的，从这点来说，肝脏是无与伦比的。肝脏负责众多重要活动，因此即便是最轻微的损伤，也会造成严重的后果。这不仅是因为肝脏提供胆汁促进脂肪消化，也是因为肝脏的位置以及汇聚于肝脏的特殊循环路径：肝脏直接从消化道接收血液，并直接参与所有主要食物的代谢。肝脏以糖原的形式储备糖分，并极其谨慎地释放出一定数量的葡萄糖，使血液中糖分含量保持正常水平。肝脏构建体内蛋白质，其中也包括血浆中一些重要的凝血因子。肝脏让血浆中的胆固醇含量维持在正常水平，并在雄性激素和雌性激素水平过高时将其转化为无活性的物质。肝脏储存多种维生素，其中一些维生素反过来又有助于肝脏的正常运行。

肝功能不正常，身体就会失去防守，无力抵挡持续入侵的各种各样毒素。有些毒素是正常新陈代谢作用的副产物，肝脏能迅速有效地吸收其中的氮，消除毒性。而对原本不应该出现在体内的毒素，肝脏也能起到解毒作用。"无害"杀虫剂马拉硫磷和甲氧滴滴涕的毒性之所以比同类药物弱，只是因为肝脏内有一种酶能改变其分子结构，使毒性减弱。类似地，肝脏能协助分解我们接触的大多数有毒物质。

如今我们抵御外来入侵毒素或体内毒素的防线已经被削弱和瓦解。肝脏受到农药损害后，不仅无法保护我们不受毒素伤害，肝脏自身的整个活动也会受到影响。后果不但是长期的，而且由于表现形式多样，又不会马上显露出来，所以可能没法追溯到真实的起因。

广泛使用对肝脏具有毒性的杀虫剂，带来一个耐人寻味的现象：20世纪50年代，肝炎发病率开始急剧上升，并持续呈波动上升趋势。肝硬化发病率据说也增加了。诚然，在人类身上，要证明原因A导致结果B，并不像在实验动物身上那样简单。但是简单的常识表明，肝病高发率与环境中普遍存在的"伤肝"毒素，两者间的关系绝非偶然。无论氯化烃类物质是否主要诱因，在这些境况下，接触那些确实会损害肝脏，因此想必会降低肝脏抗病性的物质，实在不太明智。

氯化烃和有机磷，这两大类杀虫剂都直接影响神经系统，尽管方式有所不同。在动物身上进行的大量实验和在受试人体身上观察到的现象已经证实了这一点。至于DDT，第一批广泛使用的新

第十二章 人类的代价

型有机杀虫剂,其主要作用于人体中枢神经系统;人们认为,小脑和高级运动皮层是受影响的主要区域。据一本标准的毒理学教科书所说,接触的量达到一定程度,就会引发异常的刺痛、灼烧或瘙痒感,以及震颤甚或抽搐。

我们最早了解到DDT急性中毒症状,要归功于几位英国调查人员。他们故意接触DDT,目的是了解中毒的后果。英国皇家海军生理学实验室的两名科学家在墙壁上刷了含有2%DDT的水溶性涂料,上面又铺了一层薄薄的油膜。然后他们直接接触墙壁,通过皮肤吸收DDT。很显然,神经系统直接受到了影响。他们生动地描述了中毒的症状:"真实地感觉到四肢倦怠、沉重、疼痛,精神状态也非常痛苦……极其易怒……对任何工作都厌恶不堪……处理最简单的脑力工作都感觉智力不足。关节偶尔剧痛。"

另一位英国研究人员尝试将DDT丙酮溶液涂在皮肤上后,感觉身体沉重、四肢疼痛、肌肉无力,而且"神经极度紧张引起痉挛"。他休假后有所好转,但是一回去工作,状况又恶化了。于是他卧床三周,因为持续不断的四肢疼痛、失眠、神经紧张,以及极度的焦虑感而痛苦不堪。有时候他浑身颤抖——我们现在已经很熟悉,DDT中毒的鸟类也会出现这种颤抖。这位受试者十周没能正常工作,一年过后,英国一份医学杂志报道他的案例时,他仍未完全康复。

(尽管有这些证据,美国几位调查人员在志愿者身上进行DDT实验时,却并没有理会受试者关于头痛和"每根骨头都疼"的抱怨,认为"显然是源于精神神经性疾病"。)

现在已经有很多记录在案的病例,无论是从症状还是整个发病过程来看,病因都指向杀虫剂。典型的情况是,一位受害者之前接触过一种杀虫剂,他接受了治疗,其中包括将他周围环境中所有的杀虫剂都排除出去,他的症状消退了;但更重要的是,当他再次接触这些危险的化学物质时,症状又出现了。这类证据——不需要更多——足以构成针对很多其他疾病的大量医疗方案的基础。没理由不视之为一种警告:向自然环境中喷洒农药,接受"精心算计的风险"(calculated risk),已经不再是明智之举。

为什么所有人触摸和使用杀虫剂不会出现相同的症状?这涉及个体敏感性的问题。有证据表明,女性比男性更为敏感,青少年比成人更为敏感,待在家里不动的人比从事体力劳动或热爱户外运动的人更敏感。除了这些,还有一些虽然看不见、摸不着,却同样真实的差异。有人对粉尘或花粉过敏,对一种毒素敏感,或是容易感染一种疾病,而另一些人却不会,这是医学上的未解之谜,目前没有任何解释。尽管如此,过敏问题确实存在,而且影响了相当一部分人。有些医生估计,他们有1/3以上的患者表现出某种形式的过敏迹象,而且人数还在增长。不幸的是,以前不过敏的人可能会突然过敏。事实上,一些从医者认为,间歇性接触化学物质,可能会造成这种过敏症。如果确实如此,这就解释了为什么某些研究发现因职业原因持续接触农药的受试者身上很少出现受毒素影响的现象。这些人持续接触化学物质,已经不那么敏感了——就好像过敏专科大夫通过反复注射少量过敏原,让患者不再过敏一样。

农药中毒问题极其复杂,因为人类不像生活在严格受控环境中的实验室动物,人永远不会单独接触一种化学物质。主要的杀虫剂之间,以及杀虫剂与其他化学物质之间,都可能产生极其危险的相互作用。无论是释放到土壤、水源中,还是人类的血液中,这些彼

第十二章 人类的代价

此无关的化学物质都不会保持隔离；看不见的神秘变化，会让一种物质在另一种物质作用下变身为有害物质。

即便通常认为彼此完全独立发挥作用的两大类杀虫剂之间，也存在相互作用。有机磷类对神经保护因子胆碱酯酶有毒害作用，如果人体事先接触过损害肝脏的氯化烃，有机磷类的杀伤力就会变得更强。这是因为，当肝功能紊乱时，胆碱酯酶水平下降到正常水平以下。再加上有机磷的抑制作用，就足以促发急性症状。正如我们所见，有机磷类自身会相互作用，使其毒性增加百倍。有机磷类也可能与各种药物或合成物质、食品添加剂相互作用——谁能说出如今我们的世界中还充斥着哪些数不清的人造物质呢？

一种原本以为无害的化学物质，其效果会在另一种物质的作用下显著改变；一个最好的例子是DDT的近亲，也就是所谓的甲氧滴滴涕。（事实上，甲氧滴滴涕的属性可能并不像通常说的那样安全无害，因为近期对实验动物进行的研究表明，甲氧滴滴涕可直接作用于子宫，并对某些功能强大的脑垂体激素产生阻滞作用——这再次提醒我们，这些化学物质有极其强大的生物学作用。其他研究显示，甲氧滴滴涕有可能损害肾脏。）甲氧滴滴涕在单独使用时，不会大量储存在人体内，因此一般人会说甲氧滴滴涕是安全的。但是这并不一定正确。如果肝脏已经受到其他药物损害，甲氧滴滴涕就会以正常情况下百倍的速率在体内储存，然后对神经系统造成类似DDT那样的长期影响。而引发这种情况的肝脏损伤，可能极其轻微，以致觉察不到。很多常见的情况都可能导致这种结果——使用另一种杀虫剂，使用一种含有四氯化碳的清洁剂，或是服用一种所谓的镇静剂，其中很多（并非全部）是氯化烃类物质，有损害肝脏的效力。

神经系统损伤并不局限于急性中毒；接触毒素带来的后果也有延迟发作的。已经有人报道，甲氧滴滴涕等物质对大脑或神经造成长期损害。狄氏剂除了造成直接后果，还会带来一系列长期慢性病，从"记忆力减退、失眠、做噩梦到躁狂"。据医学研究发现，林丹大量储存在大脑和肝功能组织中，而且会诱发"对中枢神经系统永久性的严重影响"。而林丹是六氯苯的一种异构体，常用于喷雾器中——人类利用这种装置，将挥发出来的杀虫剂气雾喷洒在家庭、办公室和餐馆里。

有机磷类通常只在急性中毒中发挥剧烈作用才会引起注意，但它们也会对神经组织造成永久性物理损害，据最近的研究发现，还会引发精神疾病。各种慢性麻痹症，起因都是使用了这些杀虫剂中的某一种。1930年左右，美国禁酒时期发生的一件怪事，预示了后来发生的事情。当时罪魁祸首不是一种杀虫剂，而是一种与有机磷类杀虫剂同族的化学物质。在这一时期，一些医用物质被临时充当酒精的替代品，是受禁酒令豁免的。其中一种就是牙买加姜（Jamaica ginger）。但是《美国医典》上收录的产品售价高昂，私酒贩子就想出一个办法来制造牙买加姜的替代品。他们干得非常漂亮，赝品合乎相应的化学成分检测要求，也骗过了政府部门的药剂师。为了使伪造的姜酒呈现出正品所具有的强烈气味，他们引入了一种叫作三甲苯磷酸酯的化学物质。这种化学物质像对硫磷及其近缘物质一样，会破坏保护酶胆碱酯酶。由于饮用私酒贩子的产品，约15,000人形成严重的永久性腿部肌肉麻痹。这种病症现在被称为"姜酒中毒性麻痹"。伴随这种麻痹而来的，是神经鞘破坏，

第十二章 人类的代价

脊椎前角细胞萎缩。

大约20年后,各种其他有机磷类被当作杀虫剂投入使用,正如我们所见,让人回想到姜酒中毒性麻痹那段插曲的病例很快开始出现。先是德国的一名温室工人,有几次用过对硫磷之后出现轻微的中毒症状,几个月后瘫痪了。然后是化工厂的三名工人因接触同族的其他杀虫剂而急性中毒。经过治疗,他们康复了。但是十天后,有两个人腿部出现肌肉无力,其中一个人的症状持续了十个月,另一个人是一位女药剂师,她的情况更为严重,两条腿都瘫痪了,而且牵涉上肢的某些部位。两年后,当一家医学杂志将她的案例报道出来时,她还不能正常走路。

引发这些案例的杀虫剂已经从市场上下架,但是有些如今仍在使用的也可能造成类似伤害。实验发现,备受园丁推崇的马拉硫磷,在鸡身上会引发严重的肌肉无力症。并发的症状(正如姜酒中毒性麻痹一样)还有坐骨和脊神经鞘损坏。

即便幸存下来,有机磷中毒造成的后果,也会进一步恶化。鉴于有机磷类对神经系统造成的严重损伤,这些杀虫剂最终可能不可避免会导致精神疾病。最近墨尔本大学和墨尔本普林斯·亨利医院的调查人员对16起精神疾病的分析报道,为这种内在关联提供了证据支持。16个案例中患者都曾长期接触有机磷杀虫剂:有3人是检测喷雾剂药效的科学家;8人在温室工作;5人是农场工人。他们的症状不一,从记忆障碍一直到精神分裂和抑郁反应。在这些人使用的化学物质回过头来将他们击倒之前,他们以往的体检记录都很正常。

正如我们所见,这类案例一再发生,广泛散落于医学文献。牵涉的药物有时是氯化烃,有时则是有机磷类。混乱、幻觉、记忆丧失、躁狂。为了暂时消灭几种昆虫,人类付出了高昂的代价,而只要我们继续使用那些直接进攻神经系统的化学物质,代价就在所难免。

第十三章　透过一扇狭小的窗

生物学家乔治·瓦尔德（George Wald）曾经有一个比喻，他把自己高度专业化的研究主题"眼睛的视觉色素"，比作"一扇非常狭小的窗，在远离窗户的地方，透过窗子只能看到一丝亮光。走近窗口时，视野会越来越开阔，直到最终透过这扇窗，看到整个宇宙"。

同样，只有当我们将视线首先聚焦于身体的单个细胞，然后是细胞微小的内部结构，最后关注结构内部至关重要的分子相互作用，这时我们才能理解，将异于人体内部环境的化学物质随便引入进来，会造成何其严重的深远影响。直到相当晚近的时期，医学研究才开始关注个体细胞产生能量的作用，而产生能量是生物不可缺少的属性。身体独特的能量供应机制，不仅是健康的基础，也是生命的基础；其重要性甚至超乎那些关键的器官，因为，如果没有氧化作用持续不断地有效产生能量，身体各项机能都无法运转。而很多用于灭杀昆虫、啮齿类动物和杂草的化学物质，却有可能直接攻击这套氧化供能系统，扰乱其完美的运行机制。

通过研究，我们已经了解到细胞的氧化作用，这是整个生物学与生物化学领域最了不起的成就之一。为此做出贡献的人员名单中，有很多诺贝尔奖获得者。历经四分之一个世纪，这项研究逐步开展，并从更早期的成果中寻找奠基石，然而细节上仍有待完善。

直到最近十几年，不同方向的研究才化零为整，使生物氧化作用得以成为生物学界的常识性命题。而更重要的是，1950年之前，医学从业者在接受基础培训时，根本没有机会认识到生物氧化过程的重要性以及扰乱这一过程的危险性。

产生能量的重要工作，不是由任何特殊的器官完成的，而是由身体各个细胞完成的。一个活的细胞，就像火焰一样燃烧燃料，提供生物赖以生存的能量。这其实是一种更富于诗意的比喻，因为细胞的"燃烧"只是在正常体温的微热下完成的。而这亿万个温吞地燃烧的小火苗，却激发了生命的能量。化学家尤金·拉比诺维奇（Eugene Rabinowitch）说，如果它们停止燃烧，"心脏不会跳动，植物不会克服重力向上生长，变形虫不会游动，感觉不会沿着神经传导，思想的火花不会在人类大脑中闪现"。

细胞中物质转化为能量的过程是流动不息的，它是自然界中周而复始的循环之一，就像不断转动的车轮。碳水化合物燃料以糖原的形式，一粒一粒，一个分子一个分子地输入其中；在循环过程中，燃料分子被粉碎，并经历一系列微小的化学变化。变化是按照秩序一步一步进行的，每一步都受到一种高度特化并专门从事这项工作的酶的指引和控制。每一步都产生能量，排出废弃产物（二氧化碳和水），同时将发生变化的燃料分子传递到下一步骤。当转动的轮子完成整个循环时，燃料分子被分解成适当的形式，与进入人体的新分子结合，开始新一轮循环。

细胞这个化学工厂的运作过程，是生物界的一大奇迹。事实上，参与运作的所有部件都极其微小，这更是奇迹中的奇迹。除极个别情况之外，细胞本身很小，只有借助显微镜才能看到。而氧化作用的大部分工作都在一个还要小得多的剧场中进行，那就是细胞内部叫作线粒体的小囊。虽然 60 多年前我们就知道线粒体，但是之前没人重视，大家都以为线粒体只是细胞中功能不明而且没什么重要作用的成分。一直到 20 世纪 50 年代，线粒体研究才成了激动人心而且成果丰硕的研究领域；突然之间，线粒体开始引起广泛关注，关于这个主题，五年内就出现了 1000 篇论文。

解开线粒体之谜所需的不可思议的天赋与耐心，又会令我们惊叹。想象有一颗粒子，它极其微小，即使用显微镜放大 300 倍，你也很难看清。然后再想象，把这颗粒子隔离出来，分解、剖析各个成分，并弄清其高度复杂的功能，又需要怎样的技术。当时人们做这件事的时候，并没有借助电子显微镜和生物化学技术。

现在我们已经知道，线粒体是装载酶的小口袋。各种各样的酶，包括氧化循环所必需的那些，全都精确而有序地排列在线粒体的内壁和隔膜上。线粒体是细胞内的"发电站"，产生能量的大部分反应都在这里发生。氧化作用先在细胞质中完成基本步骤，接着燃料分子进入线粒体。氧化过程正是在这里完成，巨大的能量也正是从这里释放出来。

如果不是为了这个最重要的目的，线粒体内不断运转的氧化作用之轮将会毫无意义。氧化循环各个阶段产生的能量，都呈现为生物化学家常说的 ATP（三磷三腺苷）的形式，这是一种含有三个磷酸基团的分子。ATP 之所以在能量供应中发挥作用，是因为磷酸基团能转移到其他物质中，与此同时电子断裂产生高速振荡并释放出能量。因此，在肌肉细胞中，当 ATP 末端磷酸基团转移到收缩的肌肉上时，就获得了收缩的能量。由此产生另一种循环——循环中的循环：ATP分子脱掉一个磷酸基团，只剩下两个，于是变成ADP（二磷酸腺苷）分子。但是随着轮子进一步转动，ADP分子又与另一个磷酸基团结合，形成有效的ATP分子。可以用蓄电池来比喻：ATP代表充满电的电池，ADP代表放电的电池。

ATP是通用的能量货币——从微生物到人类身上都可以见到。它为肌肉细胞提供机械能，为神经细胞提供电能。精子细胞，即将在爆发性行动中转变为青蛙、鸟或人类婴儿的受精卵，以及必须生成一种激素的细胞，全都依靠ATP来提供能量。ATP释放的一些能量被用在线粒体中，但大多数立即分散到细胞中，为其他活动提供动力。从线粒体在某些细胞内部分布的位置就能看出其功能，因为它们所处的位置，正好能让能量准确地传递到所需的部位。在肌肉细胞中，线粒体簇拥在收缩的肌肉纤维周围；在神经细胞中，它们出现在细胞与另一些细胞的连接处，为脉冲传导提供能量；在生殖细胞中，它们集中于一点，即摆动的尾巴与头部相连的位置。

在"电池"充电的过程中，ADP与一个游离的磷酸基团结合，恢复为ATP。这个过程与氧化过程相耦合。这种紧密联系被称为耦合磷酸化。如果是非耦合磷酸化，就失去了提供可用能量的意义。呼吸作用继续，但是不会生成能量。细胞已经变得类似于空转的发动机，发热却不提供任何动力。于是肌肉不能收缩，脉冲也不能沿着神经路径行进。精子不能游向目的地；受精卵不能完成复杂的分裂和增殖分化。从胚胎到成人，对任何生物体而言，非耦合都确实会造成毁灭性后果，有时还会促使组织甚至生物本身死亡。

解耦联是如何发生的？辐射就是一种解耦联剂。有人认为，细胞受辐射而死亡，正是因此而发生的。不幸的是，很多化学物质也

第十三章 透过一扇狭小的窗

能使氧化作用与能量产生过程分离开来,杀虫剂和除草剂就是其中的典型代表。正如我们所见,酚类化合物对新陈代谢有很强的影响,它会使人体温度上升到致命的高度;这正是解耦联带来的"空转的发动机"效应。酚类化合物被广泛用作除草剂,二硝基苯酚和五氯苯酚就是其中的例子。除草剂中还有一种解耦联剂是2,4-D。在氯化烃类中,DDT已经被证实为解耦联剂,进一步研究可能会发现同类物质中还有其他解耦联剂。

但是解耦联并不是扑灭人体亿万个细胞中微小火花的唯一途径。我们已经看到,氧化作用的每个步骤都有一种特定的酶来指引和加速。当任意一种酶——即便只是一种——受损或活性减弱,细胞内部的氧化循环就会中断。受影响的是哪种酶都没有关系。氧化过程像转动的车轮一样循环。如果我们把撬棍插进车轮的辐条中间,不管插在哪里都一样,车轮总会停下来。同样,如果我们破坏在循环中发挥作用的一种酶,氧化作用就会停止。于是就不再有能量产生了,最终结果与解耦联殊途同归。

很多普遍用作农药的化学物质,都可以提供破坏氧化作用之轮的撬棍。人们已经发现,包括DDT、甲氧滴滴涕、马拉硫磷、吩噻嗪以及各种地乐酚化合物在内,很多农药会抑制与氧化循环相关的一种或多种酶的作用。因此农药成了潜在的因子,可能阻断整个能量产生过程,并使细胞失去可用的氧气。这种损害造成的后果极其严重,在此只能略举一二。

在下一章中我们将看到,实验人员只要有计划地抑制氧气进入,就能使正常细胞变成癌细胞。动物胚胎发育实验中某些迹象表明,细胞缺氧会带来其他可怕的后果。在氧气不足的情况下,组织增殖分化与器官发育的有序过程中断；畸形和其他异常也会发生。可以想象，人体胚胎在缺氧条件下，也会产生先天性畸形。

有迹象表明，人们已经注意到此类灾难与日俱增，然而很少有人有足够的远见去探寻所有肇因。这个时代出现了更多令人不快的征兆。其中之一就是，1961年，美国人口统计办公室针对新生儿畸形率发起一项全国性调查，官方的说法是，统计结果将为解释先天性畸形与环境因素之间的关联提供必要的事实。无疑，这类研究很大程度上是直接指向辐射的影响，但是千万不要忽略了，很多化学物质与辐射是好伙伴，它们产生的后果是完全一样的。美国人口统计办公室冷峻地预测，这些渗透于外部世界和人体内部世界的化学物质，将来几乎肯定会导致孩子们身上出现某些缺陷和畸形。

关于生殖力下降的一些发现，很可能也与生物氧化作用中断，以及由此导致的重要蓄电池ATP的耗尽有关。卵子即使在受精之前，也需要ATP大量提供能量，这样才能为那项重大活动做好准备，因为一旦精子进入，受精过程发生，就需要耗费巨大的能量。精子细胞能否到达目的地并穿透卵子，取决于其自身的ATP供应，这些ATP由密集地簇拥在细胞颈部的线粒体生成。一旦完成受精，细胞开始分裂，ATP形式的能量供应就大体上决定了胚胎发育能否顺利完成。胚胎学家研究了一些最便于观察的对象——青蛙卵和海胆卵，发现如果ATP含量下降到特定的临界值，卵就会停止分裂，并且很快死亡。

从胚胎学实验室过渡到树林里的苹果树，并不是不可能的一步。知更鸟在树上筑巢，生下蓝绿色的鸟蛋；但是鸟蛋冰凉，闪烁了几天的生命之火熄灭了。同样也可以过渡到佛罗里达一棵高大的松树上，枝头用一大堆树枝和树棍精心搭建的乱糟糟的鸟窝里，三个大大的白色鸟卵冰冷而且毫无生气。为什么孵不出知更鸟和小鹰？这些鸟卵像实验室的蛙卵一样停止发育，就是因为缺乏足够的能量通货——ATP分子——来完成发育吗？出现ATP不足，是因为亲鸟体内和鸟卵里面储存了太多杀虫剂，足以让能量供应所依赖的氧化作用之轮停止转动吗？

关于鸟卵中储存的杀虫剂，没有必要再去猜测了。鸟卵中的情况，很显然比哺乳动物的卵子更便于进行观察。不管是在实验室还是在野外，只要检查一下接触过DDT和烃类化合物的鸟类产下的卵，就会发现大量残留物，而且浓度极高。在加利福尼亚，一次实验中发现雉鸡卵中含有高达349ppm的DDT。在密歇根州，从DDT中毒而死的知更鸟输卵管中取出的卵，检查显示浓度高达200ppm。还有一些因亲鸟中毒而无人照料的知更鸟巢中取出的卵也含有DDT。一家农场使用艾氏剂，导致附近的鸡中毒，化学物质从鸡身上传递到卵中；在实验中给母鸡喂食含DDT的饲料，产下的卵中DDT含量达到65ppm。

我们已经知道了，DDT以及其他（或许是全部）氯化烃类物质能通过使特定的酶失去活性，或解耦能量供应机制而阻断能量供应循环，因此很难想象，一颗携带大量残留物的卵，如何能完成复杂的发育过程：难以数计的细胞分裂、组织和器官的增殖分化，以及最终构成生物体的关键物质的合成。这一切需要大量的能量——单靠代谢之轮就能制造出来的一小袋一小袋ATP。

没理由假设这些可怕的事件只发生在鸟类身上。ATP是通行的能量货币，产生能量的代谢循环无论在鸟类和细菌身上，还是在人类和老鼠身上,所起的作用都是一样的。杀虫剂沉积在任何物种的生殖细胞中都应当使我们不安,因为这意味着它会对人类产生类似的影响。

也有迹象表明,这些化学物质不仅滞留在制造生殖细胞的相关组织中,也滞留在生殖细胞内部。在各种鸟类和哺乳动物的性器官中,已经发现有杀虫剂累积。杀虫剂出现在雉鸡、小鼠和人工受控环境下的豚鼠身上,出现在喷施过药物的榆树病害治理区的知更鸟身上,也出现在喷洒过云杉蚜虫药的西部森林中漫步的小鹿身上。其中有一只知更鸟,睾丸中DDT的浓度比身体其他部分都高。雉鸡睾丸中累积的量也极大,高达1500ppm。

也许是因为性器官储存毒素造成的影响,在实验中观察到哺乳动物的睾丸萎缩。接触过甲氧滴滴涕的幼年期大鼠的睾丸异常的小。给小公鸡喂食含DDT的饲料,睾丸发育只能达到正常状态下的18%;鸡冠(comb)和垂肉(wattle)的发育依赖于睾丸激素,因此大小只有正常状态下的1/3。

精子本身也可能因ATP缺失而受到影响。实验表明,二硝基酚使公牛的精子活力减弱,因为这种物质干扰能量耦合机制,必然造成能量损失。如果调查一下,可能会发现其他化学物质也具有同样的效果。从关于空中作业喷洒DDT的驾驶员精子不足症或精子数量减少的医疗报告,大略可见这些物质对人体的影响。

***

对人类整体而言,远比个体生命更宝贵的财产,是我们的遗传基因——连接人类过去与未来的纽带。亘古以来的演化塑造出来的基因,不但决定着我们现在的样子,而且在其微小的存在中把握着

第十三章 透过一扇狭小的窗

未来——辉煌的,抑或危机重重的未来。然而人为因子造成的基因退化,是我们这个时代的威胁,"人类文明所面临的最后的,也是最大的危险"。

化学物质与辐射之间的相似性仍然是确切而且不容回避的。

活细胞受辐射攻击会产生各种损伤:正常分裂能力损害,染色体结构产生变化,携带遗传物质的基因发生突变,从而在后代中产生新的特征。尤其敏感的细胞会直接被杀死,或是在多年之后,最终变成恶性细胞。

实验室研究发现,一大批所谓的类放射或拟辐射物质,都能模拟辐射的全部后果。很多用作农药(包括除草剂和杀虫剂)的化学物质都属于这一类,它们能破坏染色体,干扰正常的细胞分裂,或是引发突变。遗传物质受到这些损害,就会使人患病,或将来在后代身上产生明显的影响。

就在数十年前,不管是辐射还是化学物质,都没人知道其影响。那时候原子还没有被分裂出来,后来用于模拟辐射效果的化学物质也只有几种尚处在试管测试阶段。随后在1927年,得克萨斯大学动物学教授穆勒博士(Dr. H. J. Muller)发现,让生物体接受X射线辐射,就能在后代中产生突变。穆勒的发现打开了一个广阔的新科学与医学知识领域。穆勒后来凭借他的成就获得了诺贝尔医学奖,而全世界很快就熟悉了那些从天而降的可怕的灰色放射性尘埃,现在就算不是科学家,也知道辐射可能造成的后果。

虽然很少有人注意到,但其实在20世纪40年代早期,爱丁堡大学的夏洛特·奥尔巴赫(Charlotte Auerbach)和威廉·罗布森(William Robson)就合作发现了一种拟辐射物质。他们用芥子气进行研究，发现这种化学物质造成永久性的染色体异常，与辐射导致的后果一般无二。在果蝇身上测试——穆勒最终研究X光也是用这种生物——芥子气也能引发突变。于是，人们发现了第一种化学诱变剂。

除了芥子气，如今又有一长串已知能改变动植物体内遗传物质的化学物质加入诱变剂名单中。要弄清化学物质是如何改变遗传过程的，我们必须首先看看生物在细胞阶段的基本剧情。

既然身体要生长，生命长河要世世代代奔流不息，组成身体组织和器官的细胞就必须有增殖的能力。细胞增殖是通过有丝分裂或细胞核分裂完成的。在即将分裂的细胞中，具有终极意义的变化产生了，一开始发生在细胞核中，但最终会涉及整个细胞。在细胞核中，染色体以神秘的方式移动和分裂，排列成亘古不变的古老模式，将遗传决定因子基因传递给子细胞。首先，染色体呈现为拉长的线状，基因就像串珠一样排列在上面。接着，每条染色体纵向分裂（基因也随之分裂）。当细胞一分为二时，各有一半进入每个子细胞。由此，每个新的细胞都包含一套完整的染色体和其中的全部遗传信息编码。由此，种族和物种的整体性得以保持；由此，龙生龙，凤生凤，老鼠儿子会打洞。

生殖细胞的遗传信息会发生一种特殊的细胞分裂。因为特定物种的染色体数量是恒定不变的，卵子和精子要结合形成新的个体，因此都只能携带物种一半的染色体。这是通过一次无比精准的染色性行为变化完成的，这一变化就发生在促成细胞增殖的某次分裂中。这一次，染色体不分裂，一对全套的染色体进入了每个子细胞。

第十三章 透过一扇狭小的窗

这段基本剧情讲述了所有生物的同一个故事。细胞分裂过程发生的事件,是地球上所有的生物所共有的;如果没有这种细胞分裂过程,无论人还是阿米巴原虫,也无论巨杉还是单一的酵母菌细胞,都无法长久存活。因此,任何干扰有丝分裂的因素,都会严重危及受到影响的生物体及其后代的健康。

"细胞组织的主要特征,比如有丝分裂,肯定已经有远远不止5亿年——接近10亿年,"辛普森(George Gaylord Simpson)及其同事皮特登德里(Pittendrigh)和蒂凡尼(Tiffany)在合著的《生命》(Life)这部包罗万象的著作中写道,"在这个意义上,生物世界无疑脆弱而复杂,但与此同时必然延续了许久——比高山还持久。这种持久性完全依赖于世代之间的遗传信息编码几乎不可思议的精确性。"

然而在这几位作者所展望的亿万年中,没有什么能像20世纪中期人造的辐射和人为传播的人造化学品带来的威胁一样,如此直接、如此有力地攻击那种"不可思议的精确性"。澳大利亚杰出的内科医生、诺贝尔奖获得者麦克法兰·伯内特先生(Sir Macfarlane Burnet)认为我们这个时代"最引人注意的医学特征",就是"一种随着越来越强大的诊疗过程,以及生物内部环境之外的化学物质的产生而出现的副产品,即,正常情况下保护内部器官不受诱变因子伤害的屏障,越来越频繁地被穿透"。

人体染色体研究尚处于起步阶段,因此最近才有可能研究环境因子的影响。直到1956年,有了新技术,我们才能确定人体细胞的染色体数量为46个,而且能细致地观察并识别出整套染色体乃至部分染色体的存在与缺失。环境因素造成基因损害,这个概念总体上也相对较新，除了遗传学家几乎没人理解，然而也很少有人听取遗传学家的建议。如今我们已经相对清楚各种形式的辐射所致的风险，但是有时候依然会出其不意地听到有人反驳。穆勒博士经常在各种场合哀叹"很多人拒绝接受遗传原理，其中不仅有制定政策的政府官员，而且有很多医学界的人"。

化学物质可能起到类似于辐射的影响，这个事实很少引起公众的注意，也很少引起大多数医学或科学工作者的注意。出于这个原因，还没有人评估过化学物质在日常使用（而非用于实验室试验）中所起的作用。而这种评估非常重要。

预计到这种潜在危险的并不仅是麦克法兰先生。英国杰出的作家彼得·亚历山大博士（Dr. Peter Alexander）曾说，相比辐射，拟辐射化学物质"很可能造成更大的危险"。穆勒博士基于他数十年来在遗传学上方面出色的研究，警告人们很多化学物质（包括以农药为代表的这一类）"能像辐射一样提高突变概率……而迄今为止我们几乎完全不知道，在现代人接触各种不常见化学物质的情况下，我们的基因在多大程度上受到这类诱变因素的影响"。

化学诱变剂问题普遍受到忽视，大概归咎于这样一个事实：最早发现这个问题的人只是出于科学目的。毕竟，氮芥不会从天而降喷洒在所有人身上；生物学实验者或内科医生把它拿在手上是为了用于治疗癌症。（据称最近出现了一位接受此类诊疗的患者染色体受损的案例。）但是杀虫剂和除草剂确实在与广大民众亲密接触。

虽然没有多少人关注这个问题，但是我们仍然能收集到关于许多农药的特定信息，表明这些物质能在不同程度上扰乱细胞的生命过程，从轻微的染色体损坏到基因突变，并造成各种后果，直到最

第十三章 透过一扇狭小的窗

终形成可怕的恶性肿瘤。

受DDT影响的蚊子在数代后会变成怪异的雌雄嵌体动物——一半是雄性，一半是雌性。

用各种酚类物质处理过的植物出现严重的染色体破坏、基因改变、数量惊人的突变、"不可逆的遗传变化"。经典遗传学实验的对象果蝇，在苯酚作用下也发生了突变。这些果蝇受一种常用除草剂或聚氨酯的影响，就会产生致命的突变损害。聚氨酯属于氨基甲酸酯类，从中开发出了越来越多的杀虫剂等农用化工品。目前已有两种氨基甲酸酯被用于防止窖藏的土豆发芽，正是因为已经证实它们能有效阻止细胞分裂。另一种抗发芽剂马来酰肼也被列为强力诱变剂。

用六氯苯或林丹处理过的植物变得奇形怪状，根部长出瘤子一样的肿块。由于染色体数量翻了很多倍，这些植物的细胞肿胀起来，越长越大。未来的分裂中染色体还会持续翻倍，直到从物理上来说没有进一步分裂的可能。

除草剂2,4-D也会使植物产生瘤子一样的肿块。由于染色体变得又粗又短，簇拥在一起，细胞分裂严重受阻。据说总体效果极其类似于X射线产生的作用。

这只是少数几个例子，我们还能举出更多。然而目前还没有全面开展研究去测试此类农药的诱变效果。以上列举的事实，都是细胞生理学或遗传学研究中的副产品。我们迫切需要直接针对这个问题进行研究。

有些科学家很愿意承认环境辐射对人体存在潜在影响，却质疑化学诱变剂在实际使用中是否能起到同样的效果。他们惊叹于辐射的巨大穿透力，却不相信化学物质能进入生殖细胞。我们又一次面临同样的阻碍：在这个问题上几乎还没有直接针对人类的研究。然而，在鸟类和哺乳动物的性腺与生殖细胞中发现大量的DDT残留物，至少已经有力地证明，氯化烃类物质不仅广泛分布于生物体内，而且能与遗传物质接触。最近宾夕法尼亚州立大学的大卫·戴维斯教授（Professor David E. Davis）发现，一种有可能阻止细胞分裂而且已经保守用于治疗癌症的化学物质，也能致使鸟类不育。亚致死剂量的物质可使性腺细胞停止分裂。戴维斯教授已经成功地进行了一些田野试验。所以很明显，指望或者笃信某种生物的性腺能免受环境中化学物质的攻击，是没什么依据的。

最近染色体异常领域做出的医学发现关系重大而且引人注目。1959年，英国和法国几个研究小组不约而同地得出一个结论：某些人体疾病是染色体数量紊乱所致。研究人员考察了有特定疾病和异常的人群，发现这些人身上的染色体有别于常人。举例而言，现在我们已经知道，所有典型的先天愚型患者都有一条多余的染色体。个别情况下，这条染色体依附在另一条染色体上，这样染色体数量依然是正常的46个。然而普遍而言，这条额外的染色体是单独的，形成了第47条染色体。对这类患者来说，缺陷的根源肯定在尚未出现症状的前一代人身上就已经发生了。

无论在美国还是英国，很多患有一种慢性白血病的病人身上，似乎都有一种不同的机制在起作用。在这些人身上，总能发现某些血细胞中的一种染色体异常。这种异常包括一条染色体有部分缺失。在这些患者身上，皮肤细胞具有正常的染色体构造。这意味着这种染色体缺陷并不是在患者出生之前发生在生殖细胞中的，而是代表出生后特定的细胞受损（就这种疾病而言，是血细胞前体细胞受损）。也许是染色体的部分缺失，导致这些细胞失去了履行正常行为的"指令"。

自这个领域开启以来，与染色体紊乱相关的缺陷以惊人的速度增长，迄今为止已经超出了医学研究的范畴。有一种叫作克氏综合征①，这种缺陷涉及一条性染色体的复制。身体发生这种缺陷的人是男性，但是他体内携带了两条X染色体（成了XXY而不是正常男性的XY结构），所以有些异常。这种状况导致不育，通常还伴随着身体过高和智力缺陷。相反，只有一条性染色体（成了XO而不是XX或XY）的人确实是女性，但她缺少很多第二性征。这种状况伴随着各种生理缺陷（有时候还有智力缺陷），因为那条缺少的X染色体无疑携带着决定各种特征的基因。这种缺陷叫作特纳综合征。这两种病症在医学文献中早就有记载，虽然那时候还没人知道原因。

很多国家的研究人员就染色体异常这个主题做了大量的工作。威斯康星大学以克劳斯·帕陶博士（Dr. Klaus Patau）为带头人的一个研究小组一直在关注先天性疾病，这里疾病通常包括智力发育迟缓。这似乎是因为一条染色体上只有部分完成复制而造成的，就好像生殖细胞的信息中有一条染色体断裂，而碎片未能按照正常的模式分配组装。这种事故很可能干扰胚胎的正常发育。

根据现在了解的情况，出现一整条多余的染色体，通常是致命的，胚胎将会无法存活。目前已知活下来的只有三种状况，当然，

---

① 克氏综合征（Klinefelter's），全称为克莱恩费尔特氏综合征。

其中一种就是先天性愚型。相反,多出来一条依附在染色体上的片段,虽然造成严重损害,但未必致命。据威斯康星大学的研究员说,这种情形也许能从本质上阐述一些至今无法解释的新生儿带有多种缺陷而且经常出现智力发育迟缓的病例。

这是一个全新的研究领域,迄今为止科学家更关注于确定哪些染色体异常与疾病和发育缺陷相关,而不是去猜测其原因。假定任何单一因子致使染色体受损或在细胞分裂过程中行为异常,可能会很愚蠢。但是我们如何能忽略眼前的事实?如今我们的周围环境中充满了各种化学物质,这些物质有能力直接攻击染色体,所产生的作用恰恰能造成这些状况。为了让土豆不发芽,或者让后院里没有蚊子,付出的代价是否太高了?

只要我们愿意,我们就能减少人类基因遗产面临的危险。基因财富是经过近20亿年的演化和生物选择流传下来交给我们的,我们只是眼下拥有这笔财富,将来必须把它传给子孙后代。我们现在几乎没有想过要保全这笔财富。虽然法律要求化学品制造商测试产品的毒性,却没有要求他们通过测试对产品的遗传效应做出可靠的说明,他们也并没有这么做。

第十四章　四分之一

生物与癌症的抗争，始于很早以前，起源已不可追溯。但是癌症肯定是在自然环境中开始的，那时候，远古地球一切生物都受到来自太阳、风暴和各种地质活动的或好或坏的影响。在这种环境下，某些因素促成的危险迫使生物要么适应，要么灭亡。太阳光的紫外线可能造成恶性肿瘤。类似的还有一些岩石中的射线，或从土壤、岩石中冲刷出来，造成食物和水源污染的砷。

甚至在生命出现之前，自然环境中就存在这些有害的因素。而随后生命出现了，在数百万年中，地球上形成了无穷无尽种类各异的生物。经过漫长的宇宙时光，生物获得了适应性；那些毁灭性的力量作为一种选择手段，清除了适应力较差的生物，只有生命力最强的那些存活下来。自然界中这些致癌因子如今依然能造成恶性肿瘤，然而它们的数量极少，而且都属于生物从一开始就已经习惯的那些古老力量。

随着人类的诞生，情况开始改变。因为在所有生物中，只有人类能制造引发癌症的物质，用医学上的术语来说，就是致癌物质。数世纪以来，一些人造致癌物已经成为环境的一部分。例如烟灰，其中就含有芳香烃。随着工业时代的降临，世界变成了一个不断加速变化的地方。自然环境很快被人为环境替代，这个环境中包含新的化学与物理因子，其中很多都有很强的引起生物变化的能力。人类无法抵挡亲手制造出来的这些致癌物，因为即使生物在缓慢地遗传演化，它对新环境的适应也极其缓慢。因此，这些强大的物质能轻易地穿透身体薄弱的防守。

癌症的历史很悠久，但是我们对癌症成因的认识却相当晚近才达到成熟。最早意识到外在因素或环境因子能促使细胞病变的，是将近两个世纪之前伦敦的一位内科医生。1775年，珀西瓦尔·波特先生（Sir Percivall Pott）指出，在烟囱清洁工中间极其高发的阴囊癌，肯定是因体内累积的烟灰所致。当时他无法提供如今我们所要的"证据"，但是现代研究手段已经从烟灰中分离出致命的化学物质，证明他的观点是正确的。

在波特的发现之后，过了一个多世纪，似乎也没有人更进一步认识到，人类环境中某些化学物质能通过皮肤反复接触、吸入或吞咽而引发癌症。诚然，有人注意到，在康沃尔和威尔士的铜矿冶炼厂和锡矿铸造厂，经常接触含砷气体的工人群体中皮肤癌十分盛行。也有人意识到，在萨克森的钴矿和原属波西米亚的约阿希姆斯塔尔的铀矿上，工人经常罹患一种肺病，后来确认是一种癌症。但这些都是前工业时代的现象，之后工厂才遍地开花，化工产品遍及全球，几乎波及每一种生物。

最早意识到恶性肿瘤与工业时代有关，是在19世纪的后四分之一个世纪。大约也是在这个时期，巴斯德试图证明很多传染病起源于微生物，还有人则在探究癌症的化学成因——萨克森新兴的褐煤工业和苏格兰油页岩工业中工人常罹患皮肤癌，此外还伴随着因职业性接触焦油和沥青而引发的其他癌症。到19世纪末，人们已

第十四章 四分之一

经知道6种工业致癌物的来源；20世纪又制造出无数新型致癌化学物质，并且让普通民众与这些物质亲密接触。自波特进行研究后不到两个世纪，环境状况已经大为改变。接触危险化学物质不再是职业需要，这些物质进入了每个人周围的环境中，就连尚未出生的婴儿也不例外。因此无足为奇，如今我们都感觉到恶性肿瘤发病率正在惊人地增长。

这种增长本身并不是主观感觉的问题。美国人口统计办公室于1959年7月发布的月度报告称，因淋巴和造血组织等恶性细胞增生而死亡的人数，占1958年死亡人口的15%，而在1900年仅占4%。美国癌症协会估计，从当前的发病率来看，美国将有4500万人最终会患癌。这意味着，这种恶性疾病会侵袭2/3的家庭。

儿童的情况更不容乐观。25年前，儿童癌症被视为罕见病症。如今，美国学龄儿童死于癌症的人数比死于其他疾病的更多。情况变得极其严峻，以至于波士顿设立了美国第一家儿童肿瘤专科医院。1—14岁之间去世的儿童有12%死于癌症。临床上发现大量5岁以下儿童患有恶性肿瘤，但更可怕的事实是，相当一部分恶性增生在新生儿出生时或出生前就出现了。美国国家癌症研究所的休珀博士是环境癌症前沿领域的权威，他指出，先天性癌症和幼儿期癌症可能与母亲在妊娠期接触的致癌因子相关。这些物质能穿透胎盘，作用于快速发育的胚胎组织。实验表明，动物在幼年期越早接触到致癌因子，患癌的可能性越高。佛罗里达大学的弗朗西斯·雷博士（Dr. Francis Ray）告诫人们："（食品中）添加化学物质可能引发儿童癌症。……在一两代人身上，我们可能还看不出来将会有什么影响。"

※※※

在这里我们要关注的问题是，人类为了控制自然而使用的化学物质，是否直接或间接导致癌症。通过动物实验获得的证据，我们看到，有五六种农药无疑可被列为致癌物质。如果把内科医生认为能使人罹患白血病的那些物质加进来，名单会大大加长。我们没法做人体实验，所以证据肯定是旁证，但仍然很引人注目。还有一些农药对细胞活体组织的作用可能间接诱发恶性肿瘤，如果考虑进来，也能加到致癌物名单中。

最早与癌症联系起来的一种农药是砷化物，比如用作除草剂的亚砷酸钠，用作杀虫剂的砷酸钙等各种化合物。砷化物与人类及动物癌症之间的关系由来已久。休珀博士的《职业性肿瘤》（*Occupational Tumors*）是这方面的经典专著，其中列举了一个有关砷化物对人体影响的生动案例。西里西亚的赖兴斯坦市开采金银矿石已有近千年的历史，开采含砷矿石也有几百年。在几个世纪中，含砷废料堆积在矿井附近，并被高山上流下来的泉水冲走。于是地下水也被污染了，砷进入饮用水中。数世纪以来，当地很多居民患有慢性砷中毒，伴随着肝脏、皮肤、胃肠道和神经系统紊乱，这种病症后来被称为"赖兴斯坦病"。恶性肿瘤是这种疾病中常见的并发症。现在研究赖兴斯坦病主要是出于历史的兴趣，因为25年前引入新的水源后，饮用水中的砷很大程度上被消除了。然而在阿根廷的科尔多瓦省，慢性砷中毒以及并发的砷性皮肤癌仍然是地方病，因为从含砷岩层中渗出的饮用水受到了污染。

通过长期持续使用含砷杀虫剂，或许不难创造出类似于赖兴斯坦和科尔多瓦那样的情况。在美国，烟草种植园、西北部很多果

第十四章 四分之一

园以及东部蓝莓地的土壤都洒满含砷农药,可能很容易造成水源污染。

环境中的砷污染不仅影响人类,也影响动物。1936年,德国发布了一份事关重大的报告。在弗莱堡、萨克森一带,银铅冶炼厂排放的含砷气体进入空气中,飘到周围乡村上空,最终被植被吸收。根据休珀的说法,马、牛、山羊和猪出现了脱毛和皮肤增厚的症状,它们无疑是以这些植被为食的。生活在附近森林里的鹿,有时身上会出现异常的色斑和癌疣,有一只还有明显的癌症病变。家畜和野生动物都受到"砷肠炎、胃溃疡和肝硬化"的侵袭。冶炼厂附近养殖的绵羊患上了鼻窦癌;这些绵羊死后,人们在尸体的脑部、肝部和肿瘤中发现了砷。此外,在这片区域,"昆虫死亡率极高,尤其是蜜蜂。大雨过后,雨水从植物叶片上冲刷下来的含砷粉尘随着水流汇入溪流湖泊,水里的鱼死了一大片"。

***

新型有机类农药中有一种广泛用于灭螨灭蜱的化学物质,就是典型的致癌物。这种物质的使用历史提供了丰富的证据,表明虽然能通过立法提供所谓的保护,但是在法律缓慢推行的过程中,公众可能会有好几年受到一种已知致癌物的影响。这个故事换个角度来看也非常耐人寻味,它证实了,今天要求公众接受的"安全产品",到明天就可能发现极其危险。

1955年引入这种化学物质时,生产商申请获准在农作物上喷施后有少量残留。按法律规定,生产商需要用动物实验进行测试,并提交使用结果。然而,食品药品监督管理局的科学家看出,测试表明这种物质可能有致癌风险,于是管理局专员建议实行"零容许",也就是说,州际运输的食品依法不得出现此类物质残留。但依照法律,生产商有权上诉,于是案件提交一个委员会审查。委员会得出折中的决议:容许量标准设立为1ppm,准许销售期限为两年,在此期间进一步通过实验测定这种化学物质是否确实为致癌物质。

虽然委员会没有明说,但是这个决议意味着,公众要充当豚鼠,与实验室的狗和大鼠一同测试这种疑似致癌物质。然而动物实验更迅速地得出了结论,两年后,情况一目了然:这种杀虫剂确实是致癌物质。1957年,甚至到这时候,食品药品监督管理局也不能立即取消之前设定的容许量,而这个标准将会允许一种已知的致癌物质污染公众食品。完成各项法律程序还需要一年。1955年食品药品监督管理局的专员建议的零容许量,到1958年才最终生效。

农药中已知的致癌物质绝不仅是这些。在动物实验中,测试发现DDT造成了可疑的肝脏肿瘤。食品药品监督管理局的科学家在公布这一发现时,拿不准应将其归为哪类,但感觉有一定的理由"视之为低级别的肝细胞癌"。现在休珀博士已将DDT明确界定为"化学致癌物"。

目前已经发现,氨基甲酸酯类的两种除草剂IPC(O-异丙基-N-氨基甲酸)和CIPC(氯苯胺灵)能促使小鼠产生皮肤肿瘤,其中有一些是恶性的。这两种化学物质似乎能引起恶性病变,而接下来环境中普遍存在的其他类型的化学物质又会进一步发挥作用。

除草剂杀草强(又名氨基三唑)在受试动物身上引发了甲状腺癌。1959年,美国很多蔓越莓种植者滥用这种化学物质,导致市场上销售的一些果子上有残留。食品药品监督管理局没收了受污

第十四章 四分之一

染的蔓越莓，在随之引发的争论中，这种化学物质致癌的事实受到普遍质疑，就连很多医学从业者也表示怀疑。食品药品监督管理局发布的科学事实清楚地表明，杀草强对实验室大鼠有致癌性。将这种化学物质按 100ppm 的比例加入饮用水中（或者 1 万茶匙水中放 1 茶匙化学物质）喂给大鼠，大鼠从第 68 周开始出现甲状腺肿瘤。两年后，接受检查的老鼠有半数以上体内出现了肿瘤。经诊断，它们患有各种类型的良性和恶性增生。喂食较低的剂量也会诱发肿瘤——事实上，还没有发现到底多低的剂量不会造成这种后果。当然，没人知道杀草强使人体致癌的剂量，但正如哈佛大学医学教授鲁特斯坦（Dr. David Rutstein）所指出的，这个剂量即使对人体无害，很可能也完全无益。

然而目前经历的时间还不足以让我们弄清新型氯化烃类杀虫剂和现代农药的全部效果。大多数恶性肿瘤发展缓慢，在患者有生之年中，可能需要相当长的一段时间，才能达到表现出临床症状的阶段。20 世纪 20 年代，用夜光粉在表盘上描绘数字的女工因为嘴唇接触颜料刷而吞下了微量的镭；15、16 年以后，其中有些人患了骨癌。15 年到 30 年，甚至更久的时间，才证实了某些癌症是因职业性接触化学致癌物所致。

与特定行业接触各种致癌物不同，人体最早接触 DDT，就军工人员而言，可追溯到 1942 年左右，就普通民众而言，则可追溯到 1945 年。直到 19 世纪 50 年代早期，各种各样杀虫的化学物质才投入使用。这些化学物质播下了恶性肿瘤的种子，而全面成熟还在后头。

现在我们知道，大多数癌症通常有很长的潜伏期，但是其中也有例外。那就是白血病。广岛原子弹爆炸的幸存者仅三年后就出现了白血病症状，而且现在有理由相信，白血病潜伏期可能还要短得多。有时候其他类型的癌症也有潜伏期相对较短的，但目前普遍而言，癌症的发展过程极其缓慢，白血病似乎是个例外。

现代农药兴起后的这段时期内，白血病发病率一直在稳步上升。美国人口统计办公室所能提供的数据清楚地表明，造血组织恶性疾病的增长令人不安。1960 年，仅白血病一项就夺走了 12,290 人的生命。各类血液和淋巴恶性肿瘤总计造成死亡人数 25,400 人，相比 1950 年的 16,690 人有大幅增长。就死亡人数在总人口中所占的十万分比而言，1950 年为 11.1，1960 年增长到了 14.1。这并不仅限于美国，在各国的医疗记录中，不同年龄段因白血病去世的人数，每年以 4%—5% 的速率增长。这意味着什么？如今人们日益频繁接触的，又是哪种或是哪些出现在环境中新的致命因子？

世界知名的医疗机构，如梅奥诊所，接收过成百上千罹患这类造血组织疾病的患者。梅奥诊所血液科的医生马尔科姆·哈格雷夫斯医生及其同事报告称，患者几乎无一例外，都有有毒物质接触史，其中包括含 DDT、氯丹、苯、林丹和石油馏分的各种喷剂。

哈格雷夫斯认为，使用各类有毒物质带来的环境病与日俱增，"尤其是在过去十年间"。基于大量临床经验，他认为"绝大部分血液困难症和淋巴疾病患者显然有烃类接触史，而这各种烃类又包括现在的大多数农药。仔细考察病人的病历，几乎总能建立起这样一种关系。"这位专科大夫从他接诊的每一位患有白血病、再生障碍性贫血、霍奇金淋巴瘤以及其他血液和造血组织疾病的患者身上，掌握了大量详尽的病历资料。他表示，"这些患者都接触过环境中

第十四章 四分之一

的有毒物质,而且接触的还不少"。

这些病历资料说明了什么?有一份病历出自一位憎恶蜘蛛的家庭妇女。8月中旬,她拿着一瓶含有DDT和石油馏分的喷雾剂走进地下室,把楼梯下面、水果橱柜,以及天花板和椽子周围所有隐蔽的区域彻底喷了一遍。喷完之后,她开始觉得很难受,伴随着恶心和极度的紧张与焦虑。接下来几天她感觉好了一点,然而,很显然她还没有疑心是什么促使她身体不适,9月份她又完完整整喷施了两轮,她再次病倒、暂时恢复,然后又喷了一次药。第三次使用喷雾剂之后,出现了新的症状:发热,关节疼痛,浑身乏力,一条腿出现急性静脉炎。哈格雷夫斯医生给她检查的时候,发现她得了急性白血病。第二个月她就去世了。

哈格雷夫斯医生的另一个患者是一名职业男性,他的办公室位于一栋蟑螂横行的老楼里。因为不堪其扰,他亲自采取了防治措施。他利用周日的大半天时间,给地下室和所有隐蔽的区域喷了药。喷剂是用25%的DDT浓缩液与含甲基取代萘的溶剂兑成的悬浮剂。不出一会儿,他身上出现青紫并开始流血。因为大面积出血,他浑身是血地进了诊所。血液分析显示,骨髓出现严重的功能障碍,也就是所谓的再生障碍性贫血。接下来5个半月,他接受了59次输血,外加其他治疗。他部分恢复了健康,但是大约9年后,又出现了致命的白血病。

就农药而言,最显著地出现在病历资料中的化学物质,分别是DDT、林丹、六氯苯、硝基酚、常见的防蛀晶体对二氯苯和氯丹,当然,还有这些物质的溶剂。正如哈格雷夫斯医生所强调的,单纯接触一种化学物质是例外情况,而非普遍案例。商品农药通常含有好几种化学物质的混合物，都悬浮在石油馏分外加一些分散剂配成的溶剂中。辅料中的芳香烃和不饱和烃，可能本身就是损害造血组织的重要因素。然而，从实践的角度而不是从医学的角度来说，这种区分没什么意义，因为这些石油溶剂是大多数喷雾剂中不可分割的一部分。

各国医学文献中包含的很多重要案例，都支持了哈格雷夫斯的观点：这些化学物质与白血病等血液疾病之间存在因果关系。这些案例关系到很多普通人，比如被自家用的喷雾器或是飞机喷出的"雾雨"浇湿的农民、待在喷过蚂蚁药的书房里继续学习的大学生、在家里安装了便携式林丹雾化器的妇女，以及在喷施过氯丹和毒杀芬的棉花田里工作的雇工。在医学术语的遮掩下，这些案例讲述了诸多人间悲剧。例如，捷克斯洛伐克有两个男孩，他们是表兄弟，住在同一个镇上，而且总是一起干活，一起玩耍。他们最后一份致命的工作，是给一家合作农场卸货，搬运袋装杀虫剂（六氯苯）。八个月后，其中一个男孩突发急性白血病，九天后就去世了。大约在这时，他的表兄弟开始很容易觉得疲劳，而且体温上升。约三个月内，症状日渐严重，他也进了医院。这一次诊断结果又是急性白血病，又是不可避免地走向死亡。

然后是瑞典的一个农民，他的案例与日本拖渔船"福龙号"上的渔民久保山的经历[①]出奇地相似。像久保山一样，这个农民原本

[①] 1954年，美国在太平洋的比基尼岛附近进行大规模热核武器试验，产生了巨大的原子尘，而日本拖渔船"福龙五号"（Lucky Dragon No.5）正好被笼罩在放射性烟尘下，致使船上的渔民患上急性放射病。福龙号的报务员久保山爱吉（Aikichi Kuboyama）于1954年9月底病逝。

第十四章 四分之一

身体健康；他在土地上讨生活，就像久保山靠海吃海。他们两个人都被空中漂来的毒物判了死刑。对久保山而言，是具有辐射性毒害的烟尘；而对这个农民而言，则是化学粉尘。这个农民给约60英亩的土地喷施了含有DDT和六氯苯的粉剂。就在他干活的时候，一阵风卷起细小的粉尘，在他周围打转。"当天晚上他觉得异常疲劳，接下来好几天一直虚弱无力，腰腿疼痛，而且浑身发冷，不得不卧床休息。"隆德门诊中心的报告单上如是写道，"但是状况越来越差，5月19日（喷药一个星期后），他到当地医院请求入院治疗。"他高烧不退，血细胞数量异常。于是他被转到医疗诊所，生病两个半月之后就去世了。死后尸检显示，骨髓已经彻底耗尽。

***

细胞的正常分裂这个必不可少的过程，是如何产生变异并对人体造成危害的呢？这个问题引起无数科学家的关注，人们也为此投入了难以数计的大额资金。当有序复制的细胞变成疯狂增殖的癌细胞时，到底发生了什么？

答案如果能找到，必然是多方面的。癌症本身是一种以多种面貌现身的疾病，它呈现为各种形式，无论是起因、发展过程，还是促进或抑制其增长的影响因子，都各不相同。因此，对应的原因必定也多种多样。然而在一切原因背后，需要追究的可能只是几类基本的细胞损害。从各个领域的零散研究中，有时甚至根本不被当成癌症研究中，我们看到了第一束光，总有一天，这个问题会得到解答。

再一次，我们发现，只有通过考察生命中最小的单元，细胞和染色体，我们才能获得洞穿这些问题所需的开阔视野。而在这个微型世界内部，我们必须考察那些不知为何让细胞神奇的运行机制脱离正常模式的因素。

关于癌细胞的起因,一个最引人注目的理论,是德国马克斯-普朗克学会细胞生理学研究所的生物化学家奥托·沃伯格(Otto Warburg)提出的。沃伯格终身致力于研究细胞内复杂的氧化过程。他从广阔的知识背景出发,对正常细胞变成恶性细胞的方式给出了一种引人入胜而又清晰易懂的解释。

沃伯格认为,无论辐射还是化学致癌物,都是通过破坏正常细胞的呼吸过程,进而使细胞缺失能量而发挥作用。反复接触较低的剂量也会产生这种作用。而后果一旦产生,就不可逆转。没有被这类阻碍呼吸作用的毒物杀死的细胞将会努力弥补损失的能量。它们不再执行那套卓越而有效的循环来产生大量 ATP,而是退回一种原始的、远远不那么有效的方式,也就是发酵的方式。通过发酵努力求存的过程会持续很长一段时间,它在随后的细胞分裂中延续下去,这样一来,接下来产生的所有细胞都具有这种异常的呼吸方式。细胞一旦失去正常的呼吸方式,就无法重新获得——无论一年、十年还是几十年都不可能了。然而渐渐地,在这场为了重获能量而做出的艰苦斗争中,存活下来的那些细胞开始通过增加发酵作用来弥补缺失的能量。这是一场达尔文主义的斗争,只有适应力最强的才能存活下来。最后它们达到了某个临界点,此时发酵作用所能产生的能量和呼吸作用一样多了。在这时候,或许就可以说,癌细胞已经从正常细胞中产生了。

沃伯格的理论解释了很多之前令人不解的问题。大多数癌症潜伏期长,是因为一开始呼吸作用受到破坏后,无数细胞分裂促使发酵作用逐渐增加的过程需要一段时间。发酵作用占据主导所需

第十四章 四分之一

的时间，就不同物种而言是各不一样的，因为发酵的速率不同：在大鼠身上时间较短，癌症很快就表现出来；而在人身上要很长的时间（甚至好几十年），人体恶性肿瘤的发展过程极其缓慢。

沃伯格的理论也解释了，为什么反复接触较低剂量的致癌物，在某些情况下反而比一次接触大剂量致癌物更危险。大剂量致癌物直接杀死细胞，而小剂量致癌物允许一些细胞存活下来——尽管是在受损的状况下。这些幸存的细胞随即发展成癌细胞。这就是为什么对致癌物来说，根本不存在"安全的"剂量。

在沃伯格的理论中，我们也为先前无法理解的一个事实找到了解释。这个事实就是，用于治疗癌症的诊疗手段，同样也能导致癌症。大家都知道，辐射就是这样，辐射能杀死癌细胞，但也能诱发癌细胞。如今用来对抗癌症的很多化学物质也是这样。为什么呢？这两类因子都会损害呼吸作用。癌细胞的呼吸作用已经出现缺陷，再进一步破坏，它们就会死亡。而正常细胞在呼吸作用首次受到损害时，不会被杀死，而是走上了最终导向恶性肿瘤的道路。

1953年，当其他研究者发现通过在长时间内间断性地切断氧气供应，就能使正常细胞转变为癌细胞时，沃伯格的观点得到了证实。随后，1961年又出现了新的证据，这一次证据来自活生生的动物，而不是组织培养。人们将放射性示踪物注射到产生癌变的小鼠体内，然后仔细测量它们的呼吸，发现正如沃伯格所预见到的，小鼠体内发酵速率明显高于正常水平。

以沃伯格制定的准则来衡量，大多数农药简直再好不过地符合完美的致癌物标准。正如我们在前面的章节中看到的，很多氯化烃类、苯酚和一些除草剂能通过干扰细胞内部的氧化和能量产生过程,促使细胞休眠,而不可逆的恶性肿瘤会悄无声息地蛰伏很久,直到最终——当起因久已被人遗忘,甚至根本不会引起怀疑的时候——星火燎原,形成可见的癌症。

致癌的另一个途径是通过染色体。在这个领域,很多非常杰出的研究人员考察了所有可能破坏染色体、干扰细胞分裂或引发突变的可疑物质。虽然讨论突变通常是指生殖细胞,因为生殖细胞突变会对后代产生影响,但体细胞也可能产生突变。依据癌症源于突变的理论,细胞可能是在辐射或化学物质的影响下产生突变,摆脱了身体通常对细胞分裂的控制,由此便能以失控状态疯狂增殖。这种分裂中产生的新细胞同样可以不受控制,假以时日,这类细胞积聚起来,就构成了癌。

另一些研究人员指出,癌组织中的染色体并不稳定;它们极易断裂或受损,数量可能游离不定,有时甚至会成套翻倍。

最先追踪从染色体异常发展到癌症发作这一整个过程的研究人员,是纽约斯隆-凯特琳癌症研究所的阿尔伯特·勒范(Albert Levan)和约翰·比塞尔。关于是先出现恶性病变还是先出现染色体紊乱,这些研究者不假思索地表示"染色体异常先于恶性肿瘤"。他们推测,起初染色体受损并带来不稳定性后,细胞需要在世代交替中经历漫长的试错期(即恶性肿瘤漫长的潜伏期),直到最终大量突变累积起来,促使细胞摆脱控制并开始失控增殖,就形成了癌。

温格(Ojvind Winge)是染色体不稳定理论的早期支持者之一,他认为染色体数量翻倍尤其值得重视。我们在实验中多次观察到,六氯苯及其同类药物林丹能使植物体内染色体翻倍,而很多关于致命贫血症的细致的病历记录也提到了这些化学物质,这是否只是巧合？还有很多干扰细胞分裂、导致染色体断裂并造成突变的农药又如何呢？

不难理解为什么在辐射和拟辐射化学物质引发的疾病中，白血病是最常见的一种。物理和化学诱变因子攻击的首要目标是分裂活动格外活跃的细胞。其中包括各种组织细胞，但最重要的还是关系到血液生成的那些细胞。在人的生命中，骨髓是生产红细胞的主要器官，每秒向人体血液输送约1000万个新细胞。而白细胞则由淋巴腺和一些骨髓细胞产生，虽然速度不同，但数量也十分惊人。

某些化学物质对骨髓具有特殊的亲和性，这又让我们想起锶90这类放射性物质。杀虫剂溶剂中常见的成分苯，可滞留并沉积在骨髓中，目前已知代谢周期长达20个月。而很多年前就有医学文献指出，苯本身就会导致白血病。

儿童的身体组织正在快速增长，这也会为恶性细胞的发展提供了最适宜的环境。伯内特先生指出，白血病不仅在全球范围内发病率增加，而且已经成为三到四岁这个年龄段最常见的疾病。这种年龄上的巧合，是任何其他疾病中不曾出现的。据这位权威人士说："三岁到四岁之间高发，只有可能是幼小的机体在出生前后接触过一种诱变刺激，除此别无解释。"

另一种已知有致癌作用的诱变剂是聚氨酯。母鼠在妊娠期受到这种化学物质的影响，不仅本身会患肺癌，而且生下的幼鼠也是如此。这些实验幼鼠只在出生前接触过聚氨酯，可见化学物质肯定通过胎盘传递给了幼鼠。正如休珀博士警告我们的，在接触过聚氨酯及同类化学物质的人群中，婴儿可能会因出生前接触这类物质而患上肿瘤。

聚氨酯中的氨基甲酸酯与除草剂 IPC 和 CIPC 属于同类化学物质。虽然癌症专家提出了警告,但如今氨基甲酸酯正广为使用,不仅作为杀虫剂、除草剂、杀菌剂,而且用来合成制造各类产品,包括增塑剂、医药、服装和绝缘材料。

* * *

通往癌症的道路也可能是间接的。一种物质在通常意义上并非致癌物,也可能扰乱身体某些部分的正常机能,以某种方式促发恶性病变。一个很重要的例子就是癌症,尤其是生殖系统癌症,这类癌症似乎与性激素平衡紊乱有关。在某些情况下,这种紊乱又可能是因某些因素影响肝脏维持正常激素水平的能力所致。氯化烃类就属于此类诱因,它们对肝脏具有一定的毒性,因此能起到间接致癌作用。

当然,正常人体内也有性激素,而且起到必不可少的生长刺激作用,这关系到各种生殖器官的发育。但是身体对体内积累的过量激素有一套本能的保护机制,因为肝脏会发挥作用,保持雄性激素与雌性激素之间的平衡(雌雄两性体内都会产生这两种激素,尽管含量水平不同),防止其中任何一种激素过量积累。不过,如果肝脏受到疾病或化学物质的损害,抑或 B 族维生素供应不足,那就无法做到这一点了。在这类情况下,体内积累的雌性激素水平会异常高涨。

其后果是什么?至少就动物而言,已经有了大量的实验证据。洛克菲勒医学研究所的一名研究人员在一次实验中发现,因患病导致肝损伤的兔子,子宫肿瘤发病率极高。研究人员认为,这是因为肝脏无法再让血液中的雌性激素失去活性,因此雌性激素含量"随即上升到致癌的水平"。用小鼠、大鼠、豚鼠和猴子做的大量实验表明,长期服用雌性激素(不一定要大量服用)引起了生殖器官组织变化,"变化程度不一,从良性增生一直到确定无疑的恶性病变"。给仓鼠喂食雌激素,也诱发了肾脏肿瘤。

虽然医学上尚有争议,但是大量证据都支持一个观点,即同样的情况也会发生在人体组织中。麦吉尔大学皇家维多利亚医院的研究者研究了150起子宫癌病例,发现2/3的患者身上有雌性激素含量水平异常高的迹象。在随后研究的20起病例中,90%的患者同样存在雌性激素作用活跃的情况。

肝损伤有可能足以使肝脏丧失消除雌性激素活性的功能,与此同时又无法用现有的医疗手段检测出来。氯化烃类很容易造成这种情况,正如我们所看到的,摄入极其少量的氯化烃类,就能使肝细胞产生变化。氯化烃类还会造成维生素B流失。这一点也极其重要,因为另有一系列的证据表明,这类维生素有抗癌作用。已故的罗兹(C. P. Rhoads)曾任斯隆-凯特琳癌症研究所的所长,他发现,在实验中让动物接触一种致癌性很强的化学物质,只要喂食富含天然维生素B的酵母,动物就不会患癌。目前已经发现,维生素B缺乏伴随着口腔癌,或许还有其他消化道癌症。不单在美国,在瑞典和芬兰偏远的北部地区,因当地饮食通常缺乏维生素,也曾观察到这种情况。原发性肝癌易感人群,例如非洲的班图(Bantu)部落,就患有典型的维生素缺乏症。男性乳腺癌在非洲部分地区也很普遍,与之相关的疾病就是肝病和营养不良症。第二次世界大战之后,希腊男性乳房肿大成为饥饿时期常见的并发症。

简而言之,农药有间接致癌的作用,这种说法是有依据的。目前已经证实,农药能损害肝脏,使维生素 B 供应不足,从而导致"内源性",也就是身体自身产生的雌性激素增多。再加上我们通过化妆品、药品、食物,或是职业习惯,越来越多地接触到各色各类的合成雌性激素。这些激素组合起来,就会造成最令人担忧的问题。

***

人类与致癌化学物(包括农药)的接触是不可控的,也是多方面的。一个人可能通过多种途径接触同一种化学物质。砷就是一个例子。砷以很多不同的面貌存在于每个人周围的环境中,它可能是空气和水体污染物、食品农药残留,也可能出现在医药、化妆品、木料防腐剂,以及油漆与油墨的着色剂中。很可能,单独接触这些物质都不足以引发恶性肿瘤,然而任何一种本应该是"安全剂量"的物质,加在其他各种"安全剂量"的物质上,可能就会成为压垮骆驼的最后一根稻草。

同样,两种或更多种不同的致癌物可能共同作用造成损害,因此效果会产生叠加。比如说,一个人接触 DDT 的同时,几乎肯定会接触其他伤肝的烃类物质,因为这类物质极其广泛地用于溶剂、油漆清洁剂、脱脂剂、干洗液和麻醉剂。那么,DDT 的"安全剂量"又能是多少?

一种化学物质可能会与另一物质反应,效果产生改变,这样情况就更复杂了。有时候产生癌症可能需要两种化学物质共同发挥作用,一种物质使细胞或组织变得敏感,随后在另一种物质的作用下,就能产生真正的恶性肿瘤。因此,除草剂 IPC 和 CIPC 可能在皮肤肿瘤的产生中发挥初始作用,播下恶性肿瘤的种子,等其他东西来让其生根发芽——而那或许只是一种常见的洗涤剂。

第十四章 四分之一

物理因子和化学因子之间也会有相互作用。白血病可能分两步发生，X射线辐射先诱发恶性变化，某种化学物质，比如聚氨酯，再提供促进作用。大众通过不同渠道接触的辐射越来越多，再加上大量接触的各类化学物质，都给现代社会带来了严峻的新问题。

受放射性物质污染的公共用水带来了另一个问题。这类物质在污染水体的同时，也会改变水中所含有的化学物质的性质。它们通过电离辐射作用，以不可思议的方式重新排列原子结构，制造出新的化学物质。

而让美国各地的水污染专家担心的是，如今洗涤剂是大麻烦，成了普遍的公共水域污染源。而目前还没有可行的治理办法来清除水体中的洗涤剂。我们知道，洗涤剂很少有致癌的，但它们能以间接的方式促发癌症——洗涤剂作用于消化道内壁，使组织发生变化并更容易吸收危险化学物质，由此增强化学物质的效果。但是谁能预见到这种作用并加以控制？状况瞬息万变，除了零剂量，还有多大剂量的致癌物可以说是"安全的"？

最近的一件事情清楚地表明，容许环境中存在致癌因子，给我们带来了生命危险。1961年春天，美国很多鱼苗孵化场（有属于联邦的，也有属于各州和私人的）的虹鳟鱼中间出现了肝癌流行病。美国东部和西部的鳟鱼都受到了影响，在一些地区，超过三龄的鳟鱼患癌率达100%。之所以发现了这件事，是因为美国癌症研究所的环境癌症部和鱼类和野生动植物管理局事先签署了协议，要针对所有患肿瘤的鱼类撰写一份报告，以便尽早提醒人们水体污染使人体致癌的风险。

为了弄清这种流行病在如此广泛范围内肆虐的确切原因，研究还在进行中，但据说最有力的证据指向了孵化场配方饲料中的某些成分。饲料中除基本食料之外，还含有种类多得不可思议的化学添加剂和药物成分。

从多方面来说，鳟鱼事件都至关重要。但更主要的是，这个案例说明了当潜在致癌物被引入环境中时，可能发生在任何物种身上的事情。休珀博士表示，对于这种流行病提出的严重警告，我们必须极大地加大关注力度，控制环境致癌物的数量和种类。休珀博士说："如果不采取预防措施，就会进入下一个阶段，未来同样的疾病在人群中爆发的速率会越来越快。"

正如一名研究人员所说，我们生活在"致癌物的海洋"中。发现这一点无疑令人沮丧，而且很容易引起绝望和失败主义的反应。普遍的反应是："这种境况岂不是毫无希望？""要将这些致癌因子从我们的世界中清除出去，不是根本就不可能吗？与其浪费时间去尝试，倒不如用所有精力来研究癌症治疗方法，这样会不会更好？"

对于这个问题，多年来在癌症研究领域做出卓越成就的休珀博士提出的观点，无疑举足轻重。他经过深思熟虑才做出答复，而他的判断是基于毕生研究经验的。休珀博士认为，如今我们面临癌症威胁的境况，非常类似于19世纪末期人类面临传染病的情形。归功于巴斯德和科赫出色的工作，我们已经确定了病原微生物和很多疾病之间的因果关系。医学从业者，甚至普通公众，都开始了解到人类环境中栖息着数目众多的致病微生物，正如如今致癌物质遍布于我们周围。如今大多数传染病已经得到合理的控制，有些甚至被根除了。这一辉煌的医学成就，是靠两面夹击取得的，一方面强调预防，一方面加强治疗。虽然"灵丹"和"神药"在普通民众心目

第十四章 四分之一

中依然占据重要地位,但是在防治传染病的战争中,真正具有决定性的战役,多数都采取了消除环境中致病微生物的措施。历史上有一个例子,是关于一百年前伦敦爆发的严重霍乱。当时一位名叫约翰·斯诺(John Snow)的伦敦医生绘制了病例分布图,发现疾病是从宽街(Broad Street)附近一个区域传出来的,那里居民都用街上的一个水泵取水。斯诺医生迅速采取决定性的预防医学措施,换掉了水泵的把手。这场流行病被控制下来——不是靠魔力药丸杀死体内的霍乱微生物(当时还不知道这些),而是通过消除周围环境的微生物。而治疗措施不仅能治愈患者,甚至也能起到减少感染病灶的重要影响。当前结核病极为罕见,很大程度就是因为现在普通人很少接触到结核杆菌。

如今我们的周围世界中充斥着致癌因子。在休珀博士看来,把抗击癌症的大部分乃至全部精力用于研发治疗方案(甚至设想能找到"治愈方案"),是肯定要失败的。因为巨大的致癌因子储藏库还完好无损,在飘忽难觅的"治愈方案"得以消除这种疾病之前,致癌因子将继续夺走新的生命。

为什么我们迟迟没有采用这种常识性的思路来应对癌症?休珀博士说,可能是因为"治愈癌症患者这一目标比癌症预防更激动人心,更明显确切,更有诱惑力,也更能获得丰厚的回报"。然而从一开始就防止癌症形成"无疑更为人道",而且可能"远比治疗有效得多"。休珀博士对那些承诺"每天早餐前服一片神奇药丸"能预防癌症的说法不屑一顾。公众相信这种一厢情愿的说法,部分是源于对癌症的误解。人们以为癌症虽然神秘,但也是一种单一的疾病,有单一的原因,而且很可能有单一的治疗方案。这当然与已知的事实相去甚远。正如环境癌症可由多种化学物质和物理因子诱发一样,恶性病变本身也以许多不同方式表现出来,生物学特征也各不一样。

即便将来出现了期盼已久的"突破口",也绝不能指望这能包治各类恶性肿瘤。虽然我们必须继续寻找治疗措施来缓解和治愈癌症患者的症状,但是一心指望将来凭借一次壮举突然找到解决方法,对人类是有害的。寻求解决办法只能慢慢来,一步一个脚印。与此同时,我们一方面投入数百万研究经费,完全寄望于宏大项目去为确诊的癌症病例寻找治愈方案,一方面却忽视了预防癌症的宝贵机会,尽管我们在努力寻求救治。

这项工作绝不是没有希望的。从一个重要的方面来说,眼下的情形比19、20世纪之交传染病流行的状况更加令人乐观。那时候世界上到处是病菌,正如现在到处是致癌物。但是环境中的病菌不是人类带来的,人类传播病菌也是不由自主的。相反,人类确曾将绝大多数致癌物投放到环境中,只要他愿意,他可以消除其中的很多种。化学致癌物在人类社会中根深蒂固,是出于两个原因:其一,人类追求更美好、更便捷的生活方式,这一点很讽刺;其二是因为这类化学物质的生产和销售已经成为被人类经济和人类生活方式接受的一部分。

想象我们能够或者说愿意将现代社会中一切化学致癌物清除出去,可能不太现实。但是其中有很大一部分都绝非生活必需品。清除这些物质,致癌物总量就会明显减少,四分之一人口患癌的威胁,至少也会大大减轻。最坚定不移的举措,应当是消除如今污染我们的食品、水源和大气的那些致癌物,因为与这些物质接触——

第十四章 四分之一

一年又一年,反反复复的小剂量接触——是最危险的。

还有很多优秀的癌症研究者与休珀博士的观点一致,他们相信,坚持努力确定环境中的致癌因素,并消除或减弱这些因素的作用,就有可能显著减少恶性肿瘤病。对那些已经患癌或体内已存在癌症隐患的人来说,继续努力寻找治愈方案是必须的。但是对那些尚未受到这种疾病侵袭的人,当然还有对尚未出生的后代来说,预防才是势在必行的。

第十五章　大自然的反击

我们冒着如此大的风险,试图按我们的心意来塑造大自然,结果事与愿违,这确实是莫大的讽刺。然而看起来,我们的处境就是这样。虽然很少有人直面事实,但是所有人都有目共睹,大自然并不那么容易塑造,而昆虫一直在设法避开我们的化学攻击。

荷兰生物学家布列吉说:"昆虫界是大自然中最令人吃惊的现象。就昆虫界而言,没有什么是不可能的;最不可能的事情常常在这里发生。当你深入探究昆虫界的奥秘时,你会一直惊异得不敢呼吸。因为你知道任何事情都可能发生,完全不可能的事情也时常发生。"

如今这种"不可能"正在两种宽泛的意义上发生。昆虫通过遗传选择,逐渐产生了对化学物质具有抗药性的家族。下一章将讨论这一点。而更宽泛的问题,也就是我们现在将要看到的,是我们发动的化学攻击正在削弱环境本身内在的防御机制,而这些防御机制原本是为了约束所有的物种。每次我们攻破这些防御机制,一大群昆虫就会一拥而上。

来自世界各地的报告表明,我们正处在严重的困境中。当十年乃至更长时间的集中化学防治接近尾声时,昆虫学家发现,几年前他们认为已经解决的问题卷土重来,而新问题也出现了,因为之

第十五章 大自然的反击

前昆虫数量相对有限,现在却增长到了严重肆虐的地步。化学防治从本质上来说就是自讨苦吃,因为人类在开发和利用化学物质的时候,根本没有考虑过这些化学武器将被胡乱投掷到复杂的生物系统中。这些化学物质可能针对少数几类物种做过测试,但是并没有针对生物群落做过测试。

如今某些地方流行的做法是无视大自然的平衡,认为这种状态只存在于早期原始社会,而如今早就已被彻底颠覆,大可以将其忘掉了。有些人认为这是一种很方便的假定,但若是以这种图景来指导行动方向,就极其危险了。如今大自然的平衡虽然不同于更新世时期,但依然是存在的。它是一种由生物体之间相互关系构成的复杂、精确且极其完整的体系,任何人忽略它,都不比在悬崖边上挑战万有引力定律的人更安全。大自然的平衡并不是一种固定不变的状态,而是流动的,始终在变化的,处于一种恒定的调整状态中。人类也是这种平衡的一部分。有时候这种平衡于人类有利,有时候——经常是因为人类自身的行为——又会转向对其不利的一面。

现代社会在筹划昆虫防治计划时,忽略了两个关键的事实。第一,真正有效的防虫是由大自然来实施的,而不是由人类来实施的。自最早出现生命,自然界就存在控制种群增长的因素,生态学家称之为环境阻力。可获取的食物量、天气和气候状况、竞争者或捕食性天敌的存在,都至关重要。昆虫学家梅特卡夫(Robert Metcalf)说道:"阻碍昆虫入侵世界其他地方的最简单因素,就是昆虫自身内部爆发的战争。"而如今使用的大多数化学物质会一视同仁地杀死所有昆虫,无论是敌是友。

第二个被忽略的事实是,一旦环境阻力削弱,物种就会爆发出真正的繁殖力量。虽然我们时常能大略体悟到这一点，但是很多生物的生殖力几乎超出我们的想象力。我记得以前做研究的时候，在罐子里装上简单的干草与水的混合物，然后只要加入几滴从成熟的原生动物培养基中取来的材料，就能创造奇迹：不出几天，罐子里装满了一大群旋转、穿梭的小生物——数万亿拖鞋状的草履虫（*Paramecium*），数都数不清，每一只都微小如尘粒，然而在这个暂时性的伊甸园中，有适宜的温度、充足的食物，又没有天敌，所有的草履虫都能无拘无束地繁殖。我还想到海边岩石上一眼望不到边的成片白色藤壶；想到大片水母群游过时的壮观景象——接连数英里，几乎没有尽头，全是这些律动的、幽灵般的生物，它们的质地也如海水本身一样清透。

冬季鳕鱼顺着海水回溯到产卵地时，我们看到大自然的控制发挥了神奇的作用。尽管每条鳕鱼产下数百万颗卵，如果它们的后代都能存活下来，海洋中无疑会出现密密实实的大量鳕鱼，但是情况并非如此。大自然管控极其森严，在每对鳕鱼产下的数百万小鱼苗中，平均有两条活到成熟期接替亲鱼就足够了。

生物学家过去常常聊以自娱地猜测，如果因为某些不可思议的灾难，大自然的限制解除了，一条鱼的所有后代都存活下来，将会发生什么呢？一个世纪前，托马斯·赫胥黎推算出，一只雌性蚜虫（这种生物有无须通过交配繁殖的神奇能力）仅一年内产生的后代，总重量将相当于当时大清帝国所有人口的总重量。

对我们来说，幸好这种极端情况只是理论上的。但是扰乱大自然自身安排带来的可怕后果，是动物种群研究者所周知的。畜牧业大肆消灭郊狼，导致田鼠不再受郊狼的约束，因而泛滥成灾。另一个例子,是美国亚利桑那州凯巴布高原一再上演的鹿群的故事。从前鹿群与环境处于平衡状态,狼、美洲狮和浣熊等众多捕食者能防止鹿群因数量过度增长而导致食物供应不足。随后发起的一场鹿群"保护"运动开始灭杀鹿的天敌。捕食者一旦消失,鹿群就显著增长,食物很快不足了。鹿群在树上寻找食物时,啃牧的范围越来越往高处发展。随着时间推移,饿死的鹿比之前被捕杀的要多得多。不仅如此,它们孤注一掷的觅食行为也破坏了整个环境。

正如凯巴布高原上的狼和郊狼一样,田野和森林里的捕食性昆虫扮演着同样的角色。消灭了捕食性昆虫,被捕食昆虫种群数量就会激增。

没人知道地球上栖息着多少种昆虫,因为未经鉴定的种很多。目前已有记载的超过了 70 万种,这意味着从物种数量来说,地球上 70%—80% 的生物都是昆虫。其中绝大多数昆虫受到自然力量的控制,不需要人类插手。如若不然,无法想象要用多少化学物质或者其他手段,才有可能将其种群数量压下来。

麻烦在于,除非控制失败,否则我们很少意识到自然界天敌提供的保护。大多数人对世间万物视而不见,也浑然不觉大自然的美和奇迹,以及我们周围生物所表现出的奇特甚而可怕的密集性。同样,昆虫的捕食性和寄生性天敌的活动也少为人知。或许我们会注意到花园灌木上一只形状奇特、样子凶猛的昆虫,并隐约意识到这只捕食性螳螂以捕杀其他昆虫为生。但是只有当我们夜晚走进花园,拿手电筒四处照,瞥见螳螂蹑手蹑脚伏击猎物时,我们才会了解眼前的情景。我们会感觉看到一种类似猎人捕杀猎物的场景,也会对大自然用以约束万物的无情压制有所领悟。

以其他昆虫为食的捕食性昆虫种类很多。有些速度很快，像燕子一样迅捷地在空中攫住猎物。还有一些有条不紊地沿着茎干慢慢爬行，劫掠蚜虫一类待着不动的昆虫并大快朵颐。黄蜂捕捉软体昆虫，用昆虫的体液喂食幼蜂。泥蜂在房屋缝隙里建筑圆柱形的泥巢，并将昆虫封存在里面供后代食用。沙蜂在放牧的牛群上方盘旋，消灭折磨牛群的吸血蝇类。飞起来嗡嗡作响、常被误认为蜜蜂的食蚜蝇将卵产在感染了蚜虫的植物叶片上，等它们的幼虫孵化出来，就有大量的蚜虫可食。瓢虫也是消灭蚜虫、鳞翅目昆虫等植食性昆虫的高手。一只瓢虫要吃掉成百上千只蚜虫，才能引燃产一次卵所需的小小的能量火花。

生活习性更令人称奇的是寄生性昆虫。它们并不直接杀死寄主，而是依靠各种适应性特征，利用受害者来为自己的后代提供营养。它们将卵产在猎物的幼虫或卵的内部，这样它们的后代就能靠啃食寄主的身体度日。有些寄生性昆虫用一种黏液将卵附着于毛虫身体上，幼虫一旦孵化出来，就能在寄主皮肤上打洞。还有一些寄生性昆虫在一种本能（几乎可视为有先见之明）的引导下，将卵产在叶片上，毛虫在啃食时会不小心把虫卵吃进去。

不管是田野、树篱、花园还是森林，在任何地方，昆虫的捕食性天敌和寄生性天敌都在工作。看看池塘上，蜻蜓往来如梭，阳光照得它们的翅膀熠熠生辉。它们的祖先也曾如此急速飞过大型爬行类动物生活的沼泽上空。正如远古时期一样，如今这些目光锐利的生物在空中捕捉蚊子，几条腿环抱成篮子状，把蚊子扣在里面。在下方的水体中，蜻蜓的幼虫，水虿，则捕食着生活在水中的蚊子幼虫及其他昆虫幼虫。

第十五章 大自然的反击

再看看叶片上几乎不可见的草蛉。这种拥有薄纱般绿色翅膀和金色复眼的生物羞涩而神秘,它们是生活在二叠纪时期的古老族群的后裔。草蛉成虫主要以植物蜜腺和蚜虫的蜜露为食。雌虫产卵时,将每颗卵都悬在一条丝状长柄的末端,另一头则固定在叶片上。从卵中孵出的幼虫长相怪异,体表带有刚毛。草蛉幼虫又称蚜狮,以捕食蚜虫、介壳虫或螨虫为生。它们捉住猎物,吸干猎物的体液。每只蚜狮要进食好几百只蚜虫,才能随着不断运行的生命周期进入吐丝结茧的时期,在白色的茧中度过蛹的阶段。

还有很多蜂类和蝇类,也靠寄生在其他昆虫的卵或幼虫上求得生存。有些"卵寄生蜂"虽然极其微小,但数量众多且行动活跃,因而能有效抑制许多农作物害虫的增长。

这些小生物都在工作——无论晴天还是雨天,也不管白天黑夜。哪怕在冬季的严寒让生命之火化为灰烬时,这股生命力量也在"阴燃",等待春天唤醒昆虫界。时机一到,它们就重新焕发出生机。此外,在皑皑白雪的覆盖下,在冰冻如铁的土壤下面,在树皮的缝隙以及隐蔽的洞穴里,这些寄生性和捕食性生物都找到了安然度过寒冷季节的途径。

随着夏日逝去,螳螂母亲的寿命到了尽头。她将薄羊皮纸小盒子般的卵鞘附着于灌木的枝上,卵就安放在里面。

长脚马蜂(*Polistes*)的雌蜂在阁楼上被人遗忘的角落里找到了庇护所。她携带着受精卵,未来整个蜂群就指望这份遗产了。春天,这位孤独的幸存者将从纸片一样的小巢穴开始,在蜂室里产下几颗卵,并精心抚养出一小群工蜂。在工蜂的帮助下,她将扩大蜂巢的规模,让蜂群发展壮大。工蜂在炎热的夏天里不停地采蜜时,就会歼灭大量的毛虫。

因此,这些生物的生活环境和我们自身的需求决定了,它们一直是我们的盟友,让大自然的平衡保持在对我们有利的方向。而我们却转而对朋友开炮了。最可怕的是,我们严重低估了它们的价值:它们控制着一大波隐藏在暗中的敌人,如果没有它们帮忙,敌人就会战胜我们。

环境阻力一直在普遍减弱,随着每年杀虫剂在数量、种类和杀伤力上的增长,这种前景变得更加严峻,也愈发真实。可以想见,假以时日,无论是传播疾病昆虫还是农作物害虫,都会越来越严重地爆发,超过我们以往所知的任何情形。

你可能会问:"没错,但这不都是从理论上来说吗?""这肯定不会发生的,在我有生之年,无论如何不可能。"

但这发生了,就在此时此刻。科学期刊报告,截至1958年,约有50个物种被牵涉进大自然的急剧失衡之中。每年还会发现更多的例子。近期针对这个主题的一则回顾提到215篇论文,其中都报告或讨论了农药扰乱昆虫种群平衡造成的不利影响。

有时候,喷施化学物质反倒造成防治对象的数量猛增。比如在美国安大略市,喷过农药后,黑蝇的数量反而增长到原来的17倍。再比如在英格兰,喷施过一种有机磷类化学物质之后,菜缢管蚜①出现了一次史无前例的大爆发。

还有时候,喷施的药物剂量能有效地杀死靶标昆虫,但与此同时也打开潘多拉魔盒,放出了一大群先前因数量不多而不足为患的

---

① 菜缢管蚜(cabbage aphid),又称菜蚜、萝卜蚜。

第十五章 大自然的反击

毁灭性害虫。例如，当 DDT 等杀虫剂杀灭叶螨[①]的天敌之后，它就成了一种全球性的害虫。叶螨并不是昆虫，它是一种几乎看不见的八足类动物，属于蜘蛛、蝎子和蜱虫那一类。它有适于穿刺和吮吸的口器，对使世界呈现绿色的叶绿素胃口惊人。它将匕首一般的微小口器插进叶片或常绿树种针叶的外部细胞中，抽取叶绿素。轻度虫害使大树和灌木呈现出斑驳或花白斑点；大批叶螨侵扰则会使叶片变黄、凋萎。

几年前美国西部一些林区就出现了这样的情况。1956 年，美国林务局在大约 88.5 万英亩的林地上喷施了 DDT，目的在于防治云杉蚜虫。但是次年夏天，人们发现了比云杉卷叶蛾造成的损害更严重的问题。从空中俯瞰，可以看到大片森林枯萎，壮观的花旗松变得枯黄，针叶脱落。从海伦娜国家森林和大贝尔特山（Big Belt Montains）西边的山坡，到蒙大拿州的其他地区，再进入爱达荷州，各地森林看起来都像被烤焦了一样。显然，1957 年夏天发生了历史上规模最大、波及范围最广的叶螨虫害。几乎所有喷药区都受到了影响，而其他地方受害并不明显。护林员记得叶螨成灾以前有过先例，但没有这次那么严重。1929 年在美国黄石公园的麦迪逊河，20 年后在科罗拉多，还有 1956 年在新墨西哥州，也出现过类似的麻烦。每次大爆发都在森林喷施杀虫剂之后接踵而至。（1929 年喷药时 DDT 的时代尚未到来，当时用的是砷酸铅。）

为什么杀虫剂似乎让叶螨越来越兴旺？很明显，叶螨对杀虫剂相对不怎么敏感。除了这个事实之外，似乎还有两个原因。在自

[①] 叶螨（spider mite），又名红蜘蛛、蛛螨，为蛛形纲动物。

然界中，叶螨受到捕食性天敌的制约。而这些捕食性天敌，例如瓢虫、瘿蚊、捕食性螨虫和好几种花蝽①，都对杀虫剂极其敏感。另一个原因则与叶螨群落内部的种群压力有关。在未受侵扰的叶螨群落中，种群以均匀的分布密度簇拥在一起，在"蛛网"的保护下躲避敌害。喷药后，没被化学物质杀死却受了惊扰的叶螨爬到各处去寻找安定的环境，群落随之散开。结果叶螨找到了广阔的空间和大量的食物，比在先前群落中所能得到的多得多。现在叶螨的天敌已经死了，因此它们没必要花精力分泌蛛丝来编织保护网。相反，它们用全部精力来繁殖更多的叶螨，产卵量增加3倍也不是什么稀罕事——这一切都是拜杀虫剂所赐。

在弗吉尼亚州的谢南多厄峡谷著名的苹果产区，DDT刚一开始取代砷酸铅，一种叫红带卷蛾（即苹果蠹蛾）的小昆虫就大批涌现，令种植者烦恼不已。红带卷蛾之前从未造成严重的破坏，但是随着人们更多地使用DDT，这种害虫很快就使农作物减产高达50%，不仅在当地，而且在美国东部和中西部大部分地区，它都一举成为最具毁灭性的苹果害虫。

局面颇具讽刺性。20世纪40年代后期，加拿大新斯科舍省的苹果园中，苹果蠹蛾（苹果生虫的罪魁祸首）最猖獗的是定期喷药的果园。在没有喷过药的果园，苹果蠹蛾的数量反而不足以真正造成危害。

在苏丹东部，勤于喷药换来的回报同样不尽如人意，棉花种植者都被DDT害惨了。依靠加什三角洲（Gash Delta）的灌溉，当地

---

① 花蝽（pirate bugs），为半翅目花蝽科昆虫的俗称。

第十五章 大自然的反击

种植着大约六万英亩的棉花。在早期试验中,使用DDT显然成效甚佳,于是喷施力度加大了。这时候,麻烦开始了。最具毁灭性的棉花害虫就是棉铃虫,然而喷药越多,出现的棉铃虫也越多。没有喷过药的棉花挂果时受害较轻,后来棉铃成熟时也是如此。在喷施过两次的地里,籽棉产量明显下降。虽然有些食叶虫被消灭了,但是由此可能带来的任何好处,都远远不足以弥补棉铃虫造成的危害。最终,种植者只能正视这个令人不快的事实:如果他们省点力气和开销不去喷药,棉田的收成可能会更好。

在比属刚果[①]和乌干达,大量使用DDT防治咖啡树害虫的后果几乎是"灾难性"的。害虫本身几乎完全没有受到DDT的影响,而其捕食者则对DDT极其敏感。

在美国,因为喷药扰乱了昆虫界的种群动力学,农民们一再为了消灭一种虫害而迎来更可怕的虫害。最近开展的两次大规模喷药计划就起到了这种效果。一次是美国南部根除红火蚁的计划,另一次则是中西部针对日本丽金龟的喷施计划。(见第十章和第七章。)

1957年,当七氯被大批量用于美国路易斯安那州的农田时,后果是最可怕的甘蔗害虫——甘蔗螟虫在当地肆虐。喷施七氯原本是为了灭红火蚁,可是这种化学物质杀死了甘蔗螟虫的天敌,于是没过多久,甘蔗螟虫数量显著增多。作物损失极其严重,以致农民们试图起诉州政府渎职,未能事先警告人们。

伊利诺伊州的农民受到了同样惨痛的教训。就在不久前,伊利

[①] 刚果民主共和国,原为比利时殖民地,1960年2月独立。

诺伊州东部为了防治日本丽金龟,用狄氏剂猛烈浇灌农田。随后农民们发现,喷药区的玉米螟数量剧增。事实上,喷药区种植的玉米中含有大量破坏性的玉米螟幼虫,数量几乎比喷药区外面种植的玉米多一倍。农民们可能还不清楚这一切背后的生物学原理,但是他们不需要科学家来告诉他们这不划算:为了清除一种昆虫,他们带来了一场毁灭性远远更强的灾难。据美国农业部估算,美国每年因日本丽金龟带来的损失总计约为1000万美元,而玉米螟造成的损失则高达约8500万。

值得注意的是,玉米螟防治在很大程度上一直依赖于自然界的力量。1917年无意间从欧洲引入这种昆虫后,美国政府在两年内推出一项规模最大的计划,寻找并引进玉米螟的寄生性天敌。自那时起,已相继用高价从欧洲和东方国家购来24种寄生性天敌,其中有5种起到重要的防治作用。自不必说,这项工作的一切成果,如今都受到了威胁——喷药杀死了天敌昆虫。

如果说这看起来很荒谬,那么再来看看美国加利福尼亚州柑橘园的情况。19世纪80年代,世界上最著名、最成功的生物防治试验就在这里进行。1872年,加利福尼亚出现一种吸食柑橘树汁液的介壳虫。接下来25年里,这种昆虫成了毁灭性极强的害虫,导致很多果园颗粒无收。年轻的柑橘种植业面临灭顶之灾。于是很多农民放弃了种植柑橘,把树砍掉了。随后,人们从澳大利亚引入介壳虫的寄生性天敌——一种叫澳洲瓢虫(vedalia)的小瓢虫。第一次引进后,仅仅在两年内,加利福尼亚各个柑橘种植区的介壳虫就完全得到了控制。从那时起,一连数日在柑橘树丛中搜寻,也找不到一条介壳虫了。

第十五章 大自然的反击

接着,在20世纪40年代,柑橘种植者开始尝试用闪亮登场的新型化学物质防治其他昆虫。随着DDT的出现以及随后毒性更强的化学物质相继问世,加利福尼亚很多地区的澳洲瓢虫种群都被消灭了。之前政府引进澳洲瓢虫只花了5000美元,而澳洲瓢虫的活动每年为水果种植者挽救了数百万美元的损失,可是一眨眼的工夫,前功尽弃。介壳虫很快重新泛滥成灾,50年来造成的损失超乎寻常。

里弗赛德柑橘试验站的德巴赫博士(Dr. Paul DeBach)说道:"这可能标志着一个时代的结束。"如今介壳虫防治已经变成极其复杂的问题。要保持澳洲瓢虫的种群,只有靠反复放养,同时极其小心地制订喷药计划,尽可能减少它们与杀虫剂的接触。而柑橘种植者不管怎么做,多少都要受到相邻的土地所有者的影响,因为杀虫剂漂移总是造成严重的危害。

***

这些例子都是关于捕捉农业害虫的昆虫。还有那些携带疾病的昆虫天敌呢?也有相关的警告。例如,南太平洋的尼桑岛在第二次世界大战期间曾大规模喷药,但当敌对行动结束时停了下来。携带疟疾病原菌的蚊子很快大举入侵这座岛屿。蚊子的所有捕食性天敌都被消灭了,而新的种群还没有时间建立起来。这无疑为蚊子种群的大爆发扫清了道路。莱尔德(Marshall Laird)记述了这件事,他将化学防治比作跑步机:我们一旦跑动起来,就无法停下脚步,否则后果不堪设想。

在世界上有些地方,疾病可能以截然不同的方式与喷药联系在一起。不知为何,蜗牛一类的软体动物似乎对杀虫剂的效应完全免疫。这种情况已经观察到很多次。在加利福尼亚东部的盐沼地带喷药引起的大浩劫中（见前文相关章节），只有螺类幸存下来。当时记述下来的场景令人毛骨悚然——或许本该是超现实主义的画笔下产生的东西。螺类在死鱼尸体上和濒死的蟹类身体上爬行，吞食致命毒雨中的受害者残骸。

然而这有什么重要的呢？重要之处在于，很多螺类都是危险寄生虫的寄主。这些寄生虫的生命周期中有一部分在软体动物体内度过，还有一部分在人体中度过。例如血吸虫，当它们通过饮用水进入人体，或趁人们在受污染水体中洗澡时穿透皮肤，就会引发严重的疾病。那些血吸虫正是经由螺类寄主进入水中的。血吸虫病在亚洲和非洲部分地区格外盛行。在血吸虫发病区，采用有助于螺类大量增长的昆虫治理措施，很可能引发严重后果。

当然，螺类携带的疾病并不仅影响到人类。牛、羊、山羊、鹿、麋鹿、兔子等各种温血动物，也可能因为感染在淡水螺类中度过了部分生命周期的肝脏血吸虫而患上肝病。感染血吸虫的动物肝脏不适合人类食用，在食品检测中通常被视为不合格品。这使美国畜牧业每年损失约3500万美元。任何有助于螺类数量增长的举措，显然都会让这个问题雪上加霜。

***

过去十年中，这些问题一直笼罩在我们头上，但我们很晚才意识到这一点。大多数最适宜去研究并坚决推行自然防治的人，都在忙于努力对葡萄园采取更激动人心的化学防治。据报道，1960年，在美国所有的经济昆虫学家中，从事生物防治领域研究的只有2%。剩下98%的人有很大一部分在研究化学杀虫剂。

第十五章 大自然的反击

为什么会这样？大型化工厂给大学投资，支持与杀虫剂相关的研究。这为研究生创造了丰厚的奖学金和引人动心的科研岗位。反之，生物防治研究从未得到这样雄厚的资助——原因很简单，在化工厂能赚到很多钱，生物防治研究可没法让人发财。这项工作只能留给州立机构和联邦机构去做，那里的薪水也少得多。

这种状况也解释了原本令人不解的现象，那就是某些很优秀的昆虫学家竟然是化学防治的首要倡导者。探究一下这些人的背景，就会发现他们的整个研究项目都是靠化工厂资助的。他们的职业威望，有时甚至是他们的工作，都有赖于化学防治手段的持续推行。我们还能指望他们去咬自己衣食父母的手吗？但是既然知道了他们的倾向性，我们还凭什么去相信他们的"杀虫剂无害"声明？

在将化学物质作为首要昆虫防治手段的一片呼声中，偶然也会出现少数派提交的报告。这极少数昆虫学家尚未迷失方向，知道自己既不是化学家也不是工程师，而是生物学家。

英格兰的雅各布（F. H. Jacob）宣称："很多所谓的经济昆虫学家的行为会让我们看到，他们行动的信仰就是救赎要靠喷雾器的喷嘴……每次出现问题，不管是害虫重新出现、产生抗药性，还是药物造成哺乳动物中毒，化学家都很乐意再拿出一种新药。但是我们并不认同这种观点……归根到底，只有生物学家能为害虫防治的基本问题提供答案。"

新斯科舍省的皮克特写道："经济昆虫学家必须意识到，他们是在与生物打交道……他们的工作绝不能仅仅是测试杀虫剂，或者寻找毁灭性更强的化学物质。"皮克特博士本人正在研发充分利用捕食性和寄生性天敌合理防治昆虫的方法，他也是这个领域的先驱。他和助手们开发出来的防控方法，如今已经成为一种卓越的典范，可惜效仿者太少。在美国，只有在加利福尼亚一些昆虫学家研发出的整体控制计划中，可以找到能与之相比的方法。

皮克特博士的研究始于大约35年前，地点是新斯科舍省安纳波利斯峡谷的苹果园。那里曾经是加拿大最集中的水果种植区。当时人们相信，杀虫剂（当时用的是无机化合物）能解决昆虫防治问题，而唯一的任务就是让水果种植者遵照使用建议。然而美好的前景却未能实现。不知为何，昆虫产生了抗药性。人们加入了新的化学物质，设计出更优良的喷药设备，与此同时喷药的热情也在高涨，但是昆虫问题并未好转。随后，DDT承诺能"消除卷叶蛾爆发带来的噩梦"。实际使用的结果却是叶螨空前猖獗。皮克特说："我们只是在用一个问题取代另一个问题，从一场危机进入另一场危机。"

不过，正是在这一点上，皮克特及其助手没有随波逐流，当其他昆虫学家继续不切实际地追寻毒性更强的化学物质时，他们却另辟蹊径。他们意识到自然界中有强大的"同盟军"，于是开发出一套计划，尽可能利用自然防治，同时尽可能减少使用杀虫剂。无论什么时候用到杀虫剂，都只采用最小剂量——仅够控制害虫，又不会对益虫造成不必要的伤害。选取适当的时机也能起到作用。因此，如果在苹果花变成粉色之前（而不是之后）使用硫酸烟精，一种重要的捕食性天敌就能逃过一劫，这大概是因为此时这种昆虫还处在卵的阶段。

皮克特尤其注意选择尽可能不对昆虫的寄生性和捕食性天敌造成危害的化合物。他说："要是我们到了只能按照常规防治措施，像过去使用无机化合物那样使用DDT、对硫磷、氯丹之类新型杀虫

第十五章 大自然的反击

剂的地步，有志于研发生物防治方法的昆虫学家可能也只好自甘认输了。"他不用高毒广谱杀虫剂，而主要依赖鱼尼丁（从一种热带植物的地下茎中提取出来的物质）、硫酸烟精和砷酸铅。在某些情况下，他会采用浓度极低的DDT或马拉硫磷（1—2盎司/百加仑，而非通常情况下的1—2磅/百加仑）。虽然这两种都是现代杀虫剂中毒性最弱的，但是皮克特博士希望通过进一步研究，能用更安全、更有针对性的物质来替代。

这个计划效果如何呢？新斯科舍省遵照皮克特博士的改良计划进行喷施的果园主，产出的果实中一等果的比例，与那些采用大规模化学防治的果园主产出的一样高。他们果园的收成也很好。不仅如此，他们是以低得多的成本获得同样的收成。新斯科舍苹果园用于购买杀虫剂的支出，仅为大多数其他果园种植区该项开支额度的10%—20%。

成果非常卓越，但比这更重要的事实是，新斯科舍昆虫学家研发的改良计划没有扰乱大自然的平衡。十年前加拿大昆虫学家乌里耶特（G. C. Ullyett）提出："我们必须改变自己的理念，摒弃人类优越论，并且承认在很多情况下，我们在自然环境中找到的限制生物种群的方式与手段，都比我们自己动手要经济得多。"现在我们正朝向实现这种理念的道路迈进。

第十六章　雪崩来临前的轰鸣声

如果达尔文还活着,他一定会又惊又喜地看到,昆虫界超乎寻常地证实了他的适者生存理论。在大规模喷药带来的压力下,昆虫种群中的弱小者逐渐被淘汰了。如今,在很多地方很多种类的昆虫中,只剩下最具有适应力的强者在与我们斗智斗勇。

近半个世纪以前,美国华盛顿州立大学的昆虫学教授梅兰德(A. L. Melander)提出了一个问题:"昆虫会产生抗药性吗?"在今天看来,这纯粹是个反问句。如果说在梅兰德看来答案尚不明确,或者有待时日,那只是因为他过早提出了这个问题——当时是1914年,而不是40年后。在DDT出现之前的时代,无机化合物的喷施规模在今天看来可能是极其保守的,但也时不时促成一些能从化学喷雾或粉尘中活下来的昆虫。梅兰德本人碰到了令人头疼的梨圆蚧:早些年喷施石硫合剂就能得到满意的防治效果,可是在华盛顿克拉克斯顿一带,这种昆虫变得极其顽固,比韦纳奇、亚基马峡谷等各处的虫子更难杀死。

突然之间,美国其他地方的梨圆蚧似乎有了同样的想法:面对果园主勤勤恳恳喷施的大量石硫合剂,它们并不是非死不可。在中西部大部分地区,成千上万英亩优良的果园都被毁了,因为如今喷药对虫子不起作用了。

第十六章 雪崩来临前的轰鸣声

随后，在加利福尼亚某些地方，用帆布覆盖树木再用氢氰酸烟熏防虫的老法子开始失效。这个问题促使加利福尼亚州柑橘实验站于1915年左右开始了长达25年的研究。20世纪20年代，另一种学会了从抗药性中得到好处的昆虫是红带卷蛾，即苹果蠹蛾，而在此之前约40年里，砷酸铅一直能成功地防治苹果蠹蛾。

但是DDT以及很多近缘化合物的出现，才真正开启了"抗药时代"。我们只要具备最简单的昆虫或动物种群动力学知识，就不会奇怪何以在短短几年内，一个危险而可怕的问题就清晰地浮出了水面。然而我们似乎很晚才意识到，昆虫拥有一种有效反制猛烈化学攻击的武器。到目前为止，似乎也只有那些关注致病昆虫的研究者，才真正看到了局面的紧迫性。农业学家依然很大程度上乐呵呵地寄望于研发出毒性更强的新型化学物质，尽管目前的种种困境都是因这种似是而非的思路而起。

如果说人们很晚才了解昆虫耐药现象，对抗药性本身的了解则截然不同。1945年在DDT出现之前，已知对无机杀虫剂产生抗药性的昆虫不过十来种。随着新型有机化合物和大规模喷施手段的出现，产生抗药性的昆虫开始大举增多，到1960年已经相当惊人，多达137种。谁也不敢说何时会有尽头。关于这个主题，已有1000多篇学术论文发表。世界卫生组织声明"抗药性是目前病媒昆虫防治计划面临的最重要问题"，并从各国征募约300名科学家协助研究。英国杰出的动物种群研究者埃尔顿博士曾经说道："我们听到了一场大雪崩来临前的轰鸣声。"

有时昆虫会迅速产生抗药性，以致刚在报告中宣称某种特效化合物能成功防治一种昆虫，墨迹还没干，就得修改报告重新提交。

例如，南非的牧场主长期以来为蓝蜱①所扰，仅一家牧场上，每年因蓝蜱叮咬而死的牛就有600头。多年来，这种蜱虫已经对砷化物农药产生了抗药性。接着用六氯苯做试验，短时间内情况似乎不错。1949年初提交的报告声称，用这种新型化学物质很容易就能控制对砷化物产生了抗性的蜱虫；同年晚些时候，不得不又灰溜溜地发表一份关于蜱虫产生抗药性的公告。这种局面促使一位作家在1950年的《皮革贸易评论》(*Leather Trades Review*)上写道："如果人们真正了解问题的重要性，此类在科学圈悄然流传并出现在海外媒体报刊小块版面中的新闻，足以像关于新型原子弹的新闻一样成为重大头条。"

虽然昆虫抗药性是农林业关注的问题，但最令人感觉不安的却是公共卫生领域的情况。各种昆虫与许多人体疾病之间的关系由来已久。按蚊属(*Anopheles*)的蚊子将单细胞的疟疾病原菌注入人体血液，另一些蚊子传播黄热病，还有一些则携带脑炎病毒。苍蝇虽然不叮咬人类，但也会通过接触使食物受到痢疾杆菌污染；在世界上很多地方，苍蝇在很多眼病的传播中起到重要作用。这份疾病与病媒昆虫的名单中还包括斑疹伤寒与体虱、鼠疫与鼠蚤、非洲昏睡病与采采蝇②、各种热病与蜱虫，诸如此类不胜枚举。

这些都是亟待解决的重大问题。任何一个负责任的人，都不会主张忽略这些虫媒疾病。现在我们必须面对的问题是，用只能使情况加速恶化的方法来解决问题，是否明智，又是否负责任？在世界各地通过防治病媒昆虫抵御疾病的工作中，有太多捷报传来，却很

---

① blue tick，根据英文翻译为蓝蜱，未找到相关资料。
② 采采蝇(tsetse fly)，又名舌蝇。

第十六章 雪崩来临前的轰鸣声

少听到负面消息——我们在不断地失败,那些转瞬即逝的胜利,如今有力地证实了一个令人忧心的观点:在我们的努力下,昆虫界的坏蛋们正越来越强大。更糟糕的是,我们可能已经毁掉了自己的作战工具。

加拿大杰出的昆虫学家布朗博士(Dr. A. W. A. Brown)受世界卫生组织委托,对抗药性问题做了一次全面的调查。调查结果以专著形式于1958年出版,其中写道:"公共卫生计划引入强效的合成杀虫剂仅仅十年之后,主要的技术问题就是先前得到治理的昆虫产生了抗药性。"世界卫生组织在发表他这篇专著时提出警告:"除非我们能迅速把握这个新的问题,否则目前对节肢动物传播的疾病,诸如疟疾、斑疹伤寒和鼠疫发动的猛攻可能遭遇挫折。"

多大程度的挫折?目前产生了抗药性的物种,几乎包括所有在医学上具有重要意义的昆虫。很显然,黑蝇、沙蝇和采采蝇还没有产生抗药性。反之,如今全球范围内的苍蝇和体虱都产生了抗药性。蚊子的抗药性使疟疾防治计划面临威胁。鼠疫的首要传播者——东方鼠蚤,最近被证实对DDT具有抗药性,这又是一次极其严重的发展。代表各个大陆和大多数岛屿的众多国家报告说,还有很多物种产生了抗药性。

现代第一批医用杀虫剂,大概是于1943年在意大利投入使用。当时盟军政府通过往大批人群身上喷洒DDT粉尘,对斑疹伤寒发起一次顺利的进攻。两年后为了防治疟蚊,又做了一次广泛的滞留性喷洒①。仅仅一年后,麻烦的苗头就出现了。苍蝇和库蚊属

---

① 滞留性喷洒(residual sprays),也称表面喷洒,指将杀虫剂稀释后直接喷洒在需处理的表面,用于防治在特定的表面上活动的爬虫,或栖息在特定表面上的飞虫。

(*Culex*)蚊子都开始对喷剂表现出抗药性。1948年,新型化合物氯丹作为DDT的辅助剂投入试验。这一次良好的防治效果保持了两年,但是等到1950年8月,抗氯丹的蝇类出现了。同年年底,所有的苍蝇和库蚊属蚊子似乎都对氯丹产生了抗药性。新型化学物质投入使用的速度有多快,昆虫产生抗药性的速度就有多快。到1951年年底,DDT、甲氧滴滴涕、氯丹、七氯和六氯苯都被列入了失效化合物的名单。与此同时,蝇类数量已经"多得无法想象"。

20世纪40年代末期,撒丁岛出现了同样的连锁事件。丹麦于1944年开始使用含DDT的产品;到1947年,很多地方的蝇类治理以失败告终。到1948年,埃及某些地方的蝇类已经对DDT有了抗药性;六氯苯取而代之,但不到一年又没效了。埃及一个村庄的情况尤其具有代表性:1950年,杀虫剂有效控制了蝇类,其间婴儿死亡率下降了将近50%;然而第二年,蝇类对DDT和氯丹都有了抗性,蝇类种群恢复到之前的水平,婴儿死亡率也是如此。

到1948年,美国田纳西峡谷的蝇类普遍对DDT产生了抗性,其他地区紧随其后。人们试图用狄氏剂重新控制蝇类,但几乎未见成效,因为某些地方的蝇类在短短两个月内就对这种化学物质产生了很强的抗药性。所有可用的氯化烃类都试了一遍之后,防治机构转向了有机磷类,但是抗药性的故事再次上演。现在专家得出了结论:"杀虫剂技术已经杀不死苍蝇了,必须再次基于总体卫生水平来进行防治。"

DDT最早期取得的广为宣传的成就,就是在拉普拉斯用于治理体虱。没过几年,可与意大利这项胜利媲美的是,1945—1946年冬天,日本和韩国用DDT成功治理了波及约200万人口的体虱。

第十六章 雪崩来临前的轰鸣声

然而某些麻烦已初见端倪，1948年西班牙的斑疹伤寒流行病防治以失败告终，这本该起到预示作用。可此次实践虽然失败了，鼓舞人心的实验室研究却促使昆虫学家相信，体虱不可能产生抗药性。正因为此，1950—1951年冬天发生的事情令人们大为吃惊。当一群韩国士兵用DDT粉末祛除体虱时，结果不可思议，体虱反倒大量滋生。采集这些体虱进行试验，发现DDT含量为5%的药粉并不能增加其自然死亡率。类似结果也见于从东京板桥区一处收容所的游民身上以及从叙利亚、约旦和埃及东部的难民营采集来的体虱。这表明用DDT来防治体虱和斑疹伤寒已经失效了。1957年，有越来越多的国家发现当地的体虱对DDT产生了抗药性，其中包括伊朗、土耳其、埃塞俄比亚、西非、南非、秘鲁、智利、法国、南斯拉夫、阿富汗、乌干达、墨西哥和坦噶尼喀，最初在意大利取得的胜利看起来已经十分暗淡。

就疟蚊而言，最早对DDT产生抗药性的是希腊的萨氏按蚊（*Anopheles sacharovi*）。1946年开始大规模喷药后，早期效果显著。然而，观察者注意到，虽然喷过药的房屋和马厩里不见按蚊的身影，但在公路桥下却有大量成年按蚊停歇。这种户外栖息场所从洞穴、房屋外墙、涵洞延伸到了橘子树的叶片和树干上。很显然，成年按蚊已经对DDT产生了足够的抗药性，可以从喷过药的建筑物中逃逸出来，在户外开阔地带休养生息。没过几个月，它们就能待在房屋里了，人们发现它们直接停歇在喷药的墙壁上。

这是个预兆，如今情况已经变得极其严峻。正是为消灭疟疾而发起的房屋全面喷洒计划，促使按蚊属中产生抗药性的蚊子种类以惊人的速度增长。1956年，只有5种蚊子表现出抗药性；到1960

年年初,从 5 种增长到了 28 种!其中包括西非、中东、中美洲、印度尼西亚以及东欧地区非常危险的疟疾病媒蚊。

还有一些携带其他疾病的蚊类也出现了类似情况。一种携带血丝虫[①]等寄生虫病源体的热带蚊子,在世界上很多地方都产生了极强的抗药性。在美国一些地区,传播东方马脑炎的病媒蚊已经产生了抗药性。更严重的问题关系到黄热病的病媒虫,数世纪以来,黄热病一直是世界上最严重的瘟疫之一。传播黄热病的蚊子在东南亚已经出现对杀虫剂具有抗药性的品系,如今在加勒比海地区也十分普遍。

从世界各地提交的报告,可以看出昆虫抗药性给疟疾等疾病带来的影响。1954 年,因为抗药性问题,特立尼达岛防治病媒蚊失败,黄热病随即爆发。印度尼西亚和伊朗的疟疾加剧。在希腊、尼日利亚和利比里亚,病媒蚊继续盘踞不去,传播疟原虫。格鲁吉亚通过防治蝇类减少了腹泻病的发生,但不出一年就全线崩溃。埃及同样依靠暂时控制蝇类减少了急性结膜炎发病率,但是好景不长,没超过 1950 年。

还有一些情况对人类健康影响不大,但从经济价值上来说却很让人伤脑筋。例如,美国佛罗里达州盐沼地带的蚊虫也表现出了抗药性。这些蚊子虽然不是病媒生物,但是它们成群结队,疯狂嗜血,使佛罗里达海岸一带大片区域变得无法居住,直到人们采取了艰难的、临时性的防治措施。然而成功转瞬即逝。

---

① 血丝虫在人体内大量繁殖,幼虫导致人体内的淋巴细胞剧增,人体中聚集血丝虫的部分便会越来越肥大,使皮肤出现裂纹,就像大象皮肤。因此血丝虫病又名象皮病。

第十六章 雪崩来临前的轰鸣声

普通的家蚊时常产生抗药性,这个事实应该能让如今很多定期安排全面喷洒的社区暂时消停下来了。意大利、以色列、日本、法国和美国加利福尼亚州、俄亥俄州、新泽西州、马萨诸塞州等部分地区的家蚊已经对好几种杀虫剂产生了抗药性,其中包括几乎普遍使用的DDT。

蜱虫的抗药性是另一个大问题。传播斑疹热的林蜱(woodtick)最近产生了抗药性,而褐色犬蜱(brown dog tick)长久以来普遍拥有免于死于化学杀虫剂之下的能力。这给人类和犬类都带来了麻烦。褐色犬蜱是一种亚热带生物,在美国新泽西州这样偏北的地区,它必须在暖和的建筑楼里越冬,而不是逗留在户外。1959年夏天,美国自然博物馆的帕利斯特(John C. Pallister)报告说,他们部门接到了附近中央公园西街公寓楼的很多住户打来的电话。帕利斯特说:"时不时地,整幢公寓楼爬满了小蜱虫,而且很难清除。狗在中央公园沾染了蜱虫,蜱虫就会产卵,在公寓里孵化。它们似乎对DDT、氯丹以及大部分现代喷雾剂免疫。以前纽约城蜱虫很少见,可如今纽约、长岛、韦斯特切斯特,一直到康涅狄格州,到处都是。我们注意到近五六年格外明显。"

遍及北美大部分地区的德国小蠊①已经对氯丹有了抗药性,以前灭蟑螂的人最青睐这种武器,现在只能转向有机磷类。然而,最近德国小蠊对有机磷类杀虫剂也产生了抗药性,这让灭蟑螂的人不得不考虑下一步该怎么办。

---

① 德国小蠊(German cockroach),最常见的一种蟑螂,也是蜚蠊目中分布最广、最难治理的世界性家居卫生害虫。原产非洲,个体大小只有一般蟑螂成虫的1/4。

如今虫媒疾病防治机构采取的应对办法，就是随着抗药性的发展，从一种杀虫剂切换到下一种杀虫剂。但是即便化学家有能力提供新的材料，我们也不能无休止地进行下去。布朗博士曾指出，我们正沿着一条"单行道"行进。没人知道这条道有多长。如果在成功控制致病昆虫之前走到了死胡同，我们的处境确实岌岌可危。

庄稼害虫的情况也是如此。

在农业时代早期，有十多种被列为害虫的昆虫对无机化合物产生抗药性，如今又有一大批其他农业害虫对DDT、六氯苯、林丹、毒杀芬、狄氏剂、艾氏剂乃至人们寄予厚望的有机磷类产生了抗药性。1960年，产生抗药性的农作物害虫总计已达到了65种。

1951年，DDT投入使用六年后，美国出现首例对DDT有抗药性的害虫。最麻烦的大概是卷叶蛾的问题，如今在世界各地的苹果种植区，卷叶蛾几乎都对DDT产生了抗药性。甘蓝害虫抗药性造成另一个严重的问题。美国很多地区马铃薯害虫已经不受化学农药的控制。6种棉花害虫，再加上蓟马、果蝽、叶蝉、毛虫、螨虫、蚜虫、线虫等形形色色的昆虫，如今都能无视农民的化学喷雾攻击。

化工厂不愿意面对昆虫抗药性这个令人不快的事实，这或许可以理解。1959年，在一百多种重要昆虫已经明显表现出抗药性的情况下，农业化学领域一份前沿刊物仍在讨论昆虫抗药性是"真实抑或想象"。然而即便业内人士满怀希望地憧憬着未来的改变，问题也不会消失，而且事实上造成了一些令人不快的经济损失。其中一点就是，用化学农药防治昆虫的成本一直在稳定增加。现在也不可能再预先囤积材料，因为今天看来最有希望的化学杀虫剂，明天可能就会彻底失败。杀虫剂的研发与生产涉及的大量资金资助将

第十六章 雪崩来临前的轰鸣声

不复存在,因为昆虫再一次证明了,用蛮力对待大自然是行不通的。无论技术人才以多快的速度推出新型杀虫剂产品和新的使用方式,昆虫都很可能永远领先我们一步。

＊＊＊

达尔文本人也很难找到比抗药性的作用机制更好的例子来阐述自然选择的运行。在同一个原始种群中,一部分成员的身体构造、行为或生理属性发生了巨大改变,正是这些"顽强的"昆虫在化学武器攻击下生存下来。化学喷雾杀死了弱者,唯有那些能依靠内在属性逃过劫难的个体能存活下来。而这些幸存者抚育的后代,靠遗传就能拥有其父辈先天具有的一切"顽强"属性。不可避免的结果就是,大规模喷施强力化学物质只会让原本想解决的问题越来越糟。经过几个世代之后,昆虫种群已经不再是强者与弱者的混合,而是完全由具有顽强抗药性的品系组成。

昆虫对化学物质产生抗药性的途径可能各不一样,目前还尚未完全弄清。有人认为,某些昆虫能对抗化学防治是得益于身体构造上的优势,但在这点上似乎没什么确切的证据。不过,由观察可知,某些品系显然存在免疫性。例如,布列吉博士曾在丹麦斯普林福比(Springforbi)的害虫防治所仔细观察过蝇类,"它们在DDT中悠然自得,就像原始社会的巫师在烧红的炭火上赤足行走一样"。

世界其他地方也有类似报告。在马来西亚的吉隆坡,最初蚊子对DDT的反应是,室内喷过后,它们就会离开。然而随着抗药性的产生,它们可以公然停歇在喷药表面上,用手电筒照射,还能清楚地看到它们脚下的DDT沉积物。在中国台湾南部一所军营里也发现了具有抗药性的臭虫,抽样检测发现它们身上确实有DDT药粉残留。在实验中，将这些臭虫放在用DDT浸泡过的衣物上，它们能活一个月之久。不仅如此，它们还会产卵，后代出生后也能顺利成长。

尽管如此，是否具有抗药性并不一定取决于身体结构。抗DDT的蝇类拥有一种酶，能帮助它们将这种杀虫剂降解为毒性较弱的化合物DDE。这种酶只出现在拥有一种抗DDT遗传因子的蝇类体内。当然，这种因子是可遗传的。至于蝇类等昆虫是如何降解有机磷类化合物毒性的，现在还不太清楚。

有些行为习性可能也会让昆虫免受化学物质影响。很多工人注意到，具有抗药性的蝇类更倾向于停歇在未喷药的水平面上，而不是喷过药的墙壁上。有抗药性的苍蝇可能有厩螯蝇[①]那种待在一个地方不动的习性，这极大地减少了它们与有毒残留物接触的频率。有些疟蚊的特殊习性能显著减少它们与DDT的接触，这样就相当于对DDT免疫。当喷药使它们受到惊扰时，它们会离开室内，在户外生存。

抗药性通常需要两三年才能产生，不过偶然情况下只需要一个季节，乃至更少的时间。另一种极端情况下则可能需要长达六年的时间。昆虫种群一年中产生的后代数量很重要，这也因物种类别和气候条件而变。例如，加拿大的蝇类产生抗药性就比美国南部的蝇类要慢得多，因为美国南部夏季炎热，有助于蝇类快速繁殖。

有时会有人满怀期待地问："如果昆虫能对化学物质产生抗药性，那人类也可以这样吗？"理论上可以，但这可能需要数百年甚至

[①] 厩螯蝇（stable-fly），拉丁名为 *Stomoxys calcitrans*。

第十六章 雪崩来临前的轰鸣声

数千年的时间,所以对现代人基本没什么安慰。抗药性并不是由个体产生的。如果一个人生下来就拥有一些属性,让他相比其他人而言对药物不那么敏感,那他就更有可能活下来并生儿育女。因此,抗药性是种群历经数个世代,乃至很多个世代后才产生的。人类的繁殖速度大致是每个世纪三代人,而昆虫在几天或几周内就能产生新一代。

"在某些情况下,更明智的做法是接受少量损失,这总比一时不受任何损失,但长远代价却是失去作战手段要好。"这是布列吉博士以荷兰植保署署长的身份给我们的建议:"在实践中建议'尽量少喷药',而不是'尽最大能力喷药'。……应当始终尽量不对害虫种群施加太大的压力。"

不幸的是,这种远见卓识在美国农业植保署的同行中间并未占据主流。美国农业部1952年专门针对昆虫编写的《年鉴》承认了昆虫产生抗药性的事实,但表示:"因此还需要增加杀虫剂的使用次数或加大剂量才能充分防治。"农业部并没有说,当所有化学物质都被试过一遍,只剩下那些不单能杀灭昆虫,而且能杀灭地球上一切生灵的物质时,情况又将如何。然而1959年,在农业部给出这个建议仅仅七年后,康涅狄格州一位昆虫学家在《农业和食品化学期刊》(*Journal of Agricultural and Food Chemistry*)中表示,至少为了防治一两种害虫,当时已经在使用最后可用的新物质了。

布列吉博士说道:

> 事情再清楚不过了,我们正走在一条危险的道路上……我们必须做一些积极有力的研究,寻找其他控制措施,这些措

施必须是生物学的，而不是化学的。我们的主旨应当是尽可能小心谨慎地引导自然进程向我们希望的方向发展，而不是采用蛮力……

我们需要更崇高的方向和更深刻的洞见，而这正是很多研究人员所缺乏的。生命是一种超乎我们理解的奇迹，即便在不得不与之抗争的时候，我们也应当敬畏它……诉诸杀虫剂之类的武器，只能证明我们没有足够的知识和能力去引导自然进程，所以不得不采取蛮力。我们应当保持谦逊，在这里绝不能容许任何科学的自负。

第十七章 另一条道路

如今我们站在两条道路的交叉口。但是不像罗伯特·弗罗斯特那首脍炙人口的诗歌[①]中所写的那样,这两条道路看起来并不一样美好。我们长久以来走的那条路,表面看来走得很轻松,我们沿着这条平坦的高速路飞速前进,但道路的尽头潜伏着灾难。而交叉口通往的另一条路——那条"更少有人行走的路"——是我们最终达到地球可持续性发展这一目的的唯一机会。

说到底,选择是由我们自己来做。如果我们受够了,最终获得了"知情权",而且一旦知情,我们明白有人在让我们毫无意义地冒巨大的危险,我们就不该再接受农业顾问的建议——那些人告诉我们必须在全球范围内到处喷施化学物质;我们应当四处打量,看看还有哪些别的路可走。

除了化学防治,可用的替代方案确实还有很多。有些替代方案已经在使用,而且成效显著。另一些尚处于实验室测试阶段。还有一些充其量是想象力丰富的科学家头脑中的观念,等到时机成熟才能测试。但这些替代方案有一个共同点:它们都是基于对防治对象

[①] 罗伯特·弗罗斯特(Robert Frost, 1874—1963),美国诗人。此处是指他的诗歌《未选择的路》(*The Road Not Taken*)。

及其所属的整个生命网络的了解而提出的生物学解决方案。各地生物学众多学科领域的专家——昆虫学家、病理学家、遗传学家、病理学家、生化学家、生态学家——共同努力，将他们的知识与创造性的灵感汇聚起来，构建了生物防治这门新科学。

"任何学科都可以比作一条河流，"约翰·霍普金斯大学的生物学家斯旺森教授（Professor Carl P. Swanson）说，"河流的滥觞是隐秘而不为人知的；它平静而又迅速地流动；它有枯水期也有丰水期。它从很多研究者的工作中寻找动力，汲取其他思想源流，它在不断演进的观念和归纳总结中不断深化、拓展。"

现代意义上的生物防治科学也是如此。在美国，它隐秘的滥觞起于一个世纪以前，当时人们首次尝试引入自然界天敌来防治令农民们备感头疼的昆虫。这项行动有时推进缓慢甚至止步不前，但偶尔也因为一次显著的成功而获得加速前进的动力。其间也有枯水期。20世纪40年代，随着新型杀虫剂闪亮登场，应用昆虫学领域的研究者鬼迷心窍地放弃所有的生物学方法，踏上了"化学防治的跑步机"。但是清除世界上所有害虫的目标始终遥遥无期。如今，人们终于清楚地看到，无节制地盲目使用化学物质对人类自身比对靶标昆虫的危害更大。于是，生物防治科学这条河流重新流动起来，并得到了新思想源流的补充。

有一些最吸引人的新方法，是"以子之矛攻子之盾"——利用昆虫自身生命力的驱动去毁灭它。其中最可观的就是美国农业部昆虫研究所的爱德华·尼普林博士（Dr. Edward Knipling）及其助手研发的"雄性绝育"技术。

大约25年前，尼普林博士提出这种独特的昆虫防治方法时，

第十七章 另一条道路

同事们都很吃惊。他的理论是，如果有可能使大量昆虫绝育再放回野外，在特定环境下，这些绝育的雄虫在与野外正常雄虫的竞争中就会占据上风。通过反复投放，雌虫将只能产下不可育的卵，昆虫种群就会灭亡。

科学家们对这项提议采取了僵化的官僚作风和怀疑主义的态度，但是尼普林博士坚持己见。在理论付诸试验之前，还有一个重要问题尚待解决——必须找到使昆虫绝育的实用方法。自1916年以来，学术界就已知道X射线能使昆虫绝育的事实。当时一位名叫朗纳（G. A. Runner）的昆虫学家报告这种方法能让烟草甲虫绝育。20世纪20年代后期，穆勒（Hermann Muller）在X射线引发生殖变异方面做出的先驱性工作，开启了一个广阔的新的思想领域。到20世纪中期，许多研究者报告，X光或伽马射线至少能使十多种昆虫绝育。

但是这些仍然是实验室测试，要付诸实践还有很长一段路要走。1950年左右，尼普林全力发起一次行动，意在将昆虫绝育变成一种武器，用来清除美国南部危害牲畜的重要害虫螺旋锥蝇。雌蝇在温血动物裸露的伤口处产卵，幼虫孵化出来就寄生在动物身上，以寄主的血肉为食。成年阉牛感染严重时不出10天就会死亡。据估计，美国畜牧业每年因此损失4000万美元。野生动物的伤亡更难以估量，但是数量肯定不少。得克萨斯州某些地方鹿群稀少，正是拜螺旋锥蝇所赐。螺旋锥蝇是一种热带或亚热带昆虫，栖居在南美洲、中美洲和墨西哥，在美国通常仅限于西南部。然而1933年左右，螺旋锥蝇被无意间引进到佛罗里达州，这里的气候让它能顺利越冬并建立种群。它甚至推进到了亚拉巴马州南部和佐治亚州，美国东南各州的畜牧业很快就面临高达2000万美元的年损失额。

多年来，得克萨斯州农业部的科学家已经积累了大量有关螺旋锥蝇的生物学信息。到1954年，在佛罗里达岛上做了一些基础的野外试验之后，尼普林博士准备全面测试他的理论。为此，他通过荷兰政府的安排，来到加勒比海上距离陆地至少有50英里的库拉索岛上。

从1954年8月开始，在美国农业部位于佛罗里达州的实验室里培养出来的绝育螺旋锥蝇，被空运到库拉索岛，每周以每立方英里约400只的速度从空中投放下去。雌蝇在用作实验的山羊身上产下的卵块数量几乎马上开始减少，繁殖率也是如此。投放开始仅7周后，所有的蝇卵都成了不可育的。很快，无论是可育的还是不可育的，一个卵块也找不到了。库拉索岛的螺旋锥蝇确实被根除了。

库拉索试验惊人的成功，这激起了佛罗里达州的畜牧业主的热望，他们也希望以类似壮举来摆脱螺旋锥蝇之苦。尽管佛罗里达州面积相当于库拉索岛的300倍，难度相对来说大得多，但是1957年，美国农业部和佛罗里达州联合资助了一次根除行动。按照计划，每周需要在专门建造的"蝇厂"里生产出约5000万只螺旋锥蝇，用20架轻型飞机沿预先设计的飞行路线，每天投放五六个小时；每架飞机上携带一千个纸盒，每个纸盒里装有200—400只接受过辐射处理的锥蝇。

1957年那年冬天，佛罗里达州北部气候严寒，温度极低。这为此次计划的启动提供了意想不到的机会，因为螺旋锥蝇种群数量减少了，而且分布范围缩小。17个月后，当人们认为计划已经完成时，共有35亿人工培育的绝育锥蝇被投放到佛罗里达州、佐治亚州和

第十七章 另一条道路

亚拉巴马州。最后一次出现疑似螺旋锥蝇引起的动物伤口感染,是在1959年2月。随后几周,几只成年锥蝇落网。自那以后再也找不到螺旋锥蝇的踪迹了。美国西南部已经成功清除了螺旋锥蝇——此次胜利证实了,最重要的是科学创造性,再加上全面的基础研究、持之以恒的坚韧和坚定不移的决心。

如今密西西比州试图用检疫壁垒来防止螺旋锥蝇从美国西南部再次袭来。西南部地区的螺旋锥蝇依然根深蒂固,要将其根除可能是一项艰巨的任务,因为那里涉及的范围广泛,而且墨西哥的螺旋锥蝇也有重新入侵的可能。然而还是值得背水一战,农业部似乎也在考虑推行某些计划,以便至少将螺旋锥蝇种群数量控制在较低的水平,此类计划将很快在美国西南部的得克萨斯州等虫害区试行。

***

螺旋锥蝇行动的辉煌胜利激起了广泛的兴趣,很多人希望采用同样的方法来对抗其他昆虫。当然,并不是所有的昆虫都适合采用这种技术,这在很大程度上取决于昆虫的生活史、种群密度及其对辐射的反应等细节问题。

英国人正在进行实验,希望能用这种方法来对付罗德西亚的采采蝇。这种昆虫在非洲约1/3的地区泛滥成灾,对人类健康造成威胁,并使将近450万平方英里的林中草地无法放牧牲畜。采采蝇的习性与螺旋锥蝇大不一样,虽然辐射能使其绝育,但是在使用这种防治方法之前,还有一些技术难题有待攻克。

英国人已经检测了众多其他物种对辐射的敏感性。美国科学家针对瓜实蝇、东方果蝇和地中海果蝇,在夏威夷的实验室试验和在偏远的罗塔岛进行的野外试验都取得了鼓舞人心的初期成果。玉米螟和甘蔗螟也正在接受测试。此外，在医学上具有重大意义的昆虫，也有可能通过绝育技术来防治。一名智利科学家指出，当地虽然喷施了杀虫剂，疟蚊还是十分顽固；投放不育雄蚊或许能成为杀灭疟蚊种群的最后一着。

通过辐射使昆虫绝育显然存在种种困难，这促使人们开始寻求用更简单的方法达到类似的效果，如今对化学绝育剂的兴趣也蔚然高涨。

佛罗里达州奥兰多农业部实验室的科学家正在对苍蝇进行绝育实验，甚至还做了一些野外试验。他们的方法是将化学物质混在合适的食料中给苍蝇喂食。1961年，在佛罗里达群岛上，短短五周内苍蝇种群几乎就被歼灭了。接下来自然会有附近岛屿的苍蝇移居过来，但是作为试点项目，此次试验是成功的。不难理解，农业部对这种方法带来的前景深感振奋。首先，正如我们所看到的，如今几乎无法用杀虫剂来控制苍蝇了，无疑需要一种全新的防治方法。而通过辐射使蝇类绝育的问题在于，放归野外的那些不育雄蝇不仅要靠人工培养出来，而且数量必须比野外种群中现有的雄蝇更多。这对螺旋锥蝇来说是可行的，因为这种昆虫的数量其实并不多。可是，通过人工放归使蝇类种群数量增加一倍以上，即便这种增加只是暂时性的，也会引起极大的反感。相比之下，化学绝育剂可以混在诱饵里投放到苍蝇生存的自然环境中，苍蝇进食后导致不育，假以时日，不育的苍蝇数量占多数，种群就会自行灭亡。

检测化学物质的绝育性能，要比测试化学物质的毒性困难得多。评估一种化学物质的绝育效果需要30天——当然，多项试验

第十七章 另一条道路

可以同时进行。然而在1958年4月到1961年12月，为了寻找可能具有绝育效果的化学物质，奥兰多实验室筛查了好几百种化学物质。似乎只要从中找到少量有希望的物质，农业部就很高兴了。

如今农业部的其他实验室也在研究这个问题，研究人员用化学物质对厩螫蝇、蚊子、棉铃象甲以及形形色色的果蝇做了测试。虽然都是实验性质的，但针对化学绝育剂的研究开始没几年，这项计划就日益宏大。从理论上来说，化学绝育剂在很多方面颇具吸引力。尼普林博士指出，有效的昆虫化学绝育剂"能轻而易举地超过目前最好的杀虫剂"。试想，如果一个种群里有100万只昆虫，每一代数量增加4倍，杀虫剂能杀死每个世代中90%的昆虫，三代之后，活下来的还剩125,000只。相比之下，如果一种化学物质让种群中90%的昆虫失去生育能力，三代之后将只剩下125只。

不利的一面是，有些效力极强的化学物质也被牵涉进来。幸运的是，至少在早期阶段，大多数研究化学绝育剂的人，似乎都认为有必要找到安全的化学物质和安全的使用方法。然而，我们不时听到有人建议说，应当把这些化学绝育剂当作空中喷雾来使用，例如，洒在叶片上让舞毒蛾幼虫来啃食。事先不全面调查所涉及的风险就贸然行动，将是极其不负责任的。我们如果不始终牢记化学绝育剂的潜在危险，就很容易陷入更大的麻烦，比现在杀虫剂造成的局面还糟糕。

目前正在测试的绝育剂主要分两类，这两类物质的作用模式都非常有趣。第一类与细胞的生命过程，或者说新陈代谢密切相关。例如，这类物质极其类似细胞或组织所需要的一种物质，以致有机体"误"将其当作真正的代谢物质并试图纳入正常的构建程序。但是在某些细节上匹配不当,导致代谢过程终止。这类化学物质被称为"抗代谢剂"。

第二类化学物质主要作用于染色体,极有可能影响基因化合物并导致染色体断裂。这类化学绝育剂是烷化剂(Alkylating agents),它们极其活跃,能造成严重的细胞损坏,破坏染色体并造成突变。按照伦敦切斯特·贝蒂研究所(Chester Beatty Research Institute)的亚历山大博士(Dr. Peter Alexander)的观点,"任何对昆虫有绝育效果的烷化剂都会是强效诱变剂和致癌物"。亚历山大博士认为,在昆虫防治中考虑使用任何此类化学物质,都将"面对最强烈的反对"。因此,但愿目前的实验不会导致这类特殊化学物质的实际使用,而是能发现其他安全且对靶标昆虫有高度针对性的物质。

***

近期最引人关注的研究,正面向于寻找其他方式来从昆虫自身的生命进程中锻造出武器。昆虫制造各种毒液、引诱剂和驱虫剂。这些分泌物有什么化学性质?也许我们能将其用作针对性很强的杀虫剂?康奈尔大学等地的科学家正在极力寻找这些问题的答案。他们研究了很多昆虫保护自身不受捕食性天敌袭击的防御机制,并分析了昆虫分泌物的化学结构。还有一些科学家正在研究所谓的"保幼激素"(Juvenile hormone),这种强力化学物质能阻止昆虫幼虫变态发育,直到生物达到一定的生长阶段。

在关于昆虫分泌物的探索中,最直接有效的成果大概是引诱剂的研发。这一次又是大自然为我们指明了方向。舞毒蛾就是一个格外耐人寻味的例子。雌蛾因身体过于沉重而无法飞行,只能生活在地面或地表附近。它们在低矮的植被中扑闪，或在树干上爬行。与之相反，雄蛾更善于飞行，它们隔着很远的距离也能被雌蛾从特定腺体释放出的气味所吸引。多年来，昆虫学家利用这一点，努力炼制出雌蛾体内释放的性引诱剂。这在当时被用来诱捕雄蛾，以便监测昆虫在其分布范围边界处的数量。但是这个过程花费极其昂贵。美国东北各州虽然大肆宣扬舞毒蛾成灾，却并没有足够的舞毒蛾来提供原材料，只能从欧洲进口人工捕捉的雌蛾，有时一个蛹就要花费0.5美元。因此，当农业部的科学家经过多年努力，成功分离出引诱剂的时候，这项工作取得了一次巨大突破。继这次发现之后，人们又用蓖麻油的一种成分成功配制出了极其近似的合成物质。这种材料不仅能诱骗雄蛾，而且诱惑性显然与天然物质一般无二。只需要1微克①（0.001克），就能布置一个有效的陷阱。

这远不止是学术层面的研究，因为这种新的经济型"诱蛾剂"不仅可用于监测昆虫数量，也可用于防治工作。目前人们正在测试几种更具有吸引力的可能性。在一次可称作"心理战"的实验中，人们将引诱剂混在一种颗粒物质中，用飞机撒下去。此举意在迷惑雄蛾，改变其正常行为——在铺天盖地的引诱剂的气息中，雄蛾将无法循着真正的气味轨迹找到雌性。这条进攻路线还在进一步推进，目前正有实验计划旨在诱使雄蛾与伪造的雌蛾交配。在实验室中，无论是木片、蛭石还是其他微小的无生命物体，只要涂抹适量的舞毒蛾诱饵，雄性舞毒蛾就会试图与之交配。让雄性将交配欲望挥霍于不以生育为目的的渠道，是否有助于减少种群数量还有待测

---

① 原文如此。1微克=0.000 001克，此处"微克"应改为"毫克"。

试，但是这种可能性非常有趣。

舞毒蛾诱饵是第一种人工合成的昆虫性引诱剂，但可能很快还会出现其他产品。科学家正在研究许多农业害虫，寻找可能人工仿照的引诱剂。而在关于黑森瘿蚊和烟草天蛾的研究中，已经取得了鼓舞人心的成果。

人们也正在尝试用引诱剂结合毒药来治理几种昆虫。政府部门的科学家已经研发出一种叫作甲基丁香酚的引诱剂，雄性的东方果蝇和瓜实蝇都无法抵挡这种引诱剂。结合一种毒药，这种引诱剂在日本450公里以南的博宁群岛上接受了测试。用这两种物质处理过的一块块小纤维板，被空投到整个岛链上，用来诱杀雄蝇。这项"雄蝇根除"计划始于1960年，一年后，农业部就估计蝇类种群被消灭了99%以上。此次使用的方法，相比过去广泛喷洒杀虫剂的做法似乎有明显优势。使用的毒药是一种有机磷类化学物质，但沾染毒药的只是方块纤维板，不大可能被野生动物吃掉；不仅如此，残留物也会很快分解，不会成为土壤和水体的潜在污染物。

但是昆虫并不都靠气味来吸引或吓退对方。声音也会是一种警告或引诱。某些蛾类能听到蝙蝠在飞行中不断发出的超声波（蝙蝠在黑暗中穿行的雷达导航系统），从而避开追捕。寄生蝇靠近时拍动翅膀的声音会让某些叶蜂科昆虫的幼虫警觉，并聚集在一起寻求庇护。另一方面，某些木材钻孔虫发出的声音能让寄生性天敌找到它们，而对雄蛾来说，雌蛾的振翅声简直就是水妖塞壬之歌。

如果可以的话，我们能利用昆虫察觉声音并采取相应反应的能力做什么呢？目前已经初步成功地利用录播雌蛾飞行之声诱使雄蛾做出反馈，虽然尚处在实验阶段，但非常值得关注。利用这种方法，就能将雄蛾引到电网上杀死。加拿大也正在试验用超声波脉冲产生的趋避效应对付玉米螟和地蚕。夏威夷大学的休伯特·弗林斯和马布尔·弗林斯（Hubert and Mable Frings）这两位研究动物声音的权威人士认为，利用声音影响昆虫行为的野外实践方法指日可待，只要我们基于目前对动物声音发生与接收机制的了解，找到合适的钥匙去开启并应用这些丰富的知识。相比引诱剂，声音的趋避效应或许能带来更多种可能性。弗林斯夫妇的一项著名发现就是，椋鸟听到录音机播放同伴凄厉的叫声时会惊惶四散。这种现象背后，或许有某些核心信息可以应用于昆虫。对实业家而言，诸如此类的可能性已经足够真实了，所以至少一家大型电力公司正准备成立实验室进行测试。

科学家也在尝试直接用声音作为破坏因子。超声波能杀死实验室水箱里所有的蚊子幼虫，但同时也会杀死其他水生生物。在另一些实验中，空气传播的超声波只消几秒钟就能杀死丽蝇、黄粉虫和埃及伊蚊[①]。这些实验都是朝向全新的昆虫防治理念迈出的第一步，电子技术的奇迹总有一天会成为现实。

* * *

新的生物害虫防治并不完全依赖于电子技术、伽马射线等人类发明创造的产物。有一些方法由来已久，而基本的理念就是昆虫也会生病，就像我们一样。细菌感染像古老的瘟疫一样在昆虫种群中肆虐，一旦病毒入侵，大群昆虫就会发病、死亡。早在亚里士多德

[①] 埃及伊蚊，俗称黄热病蚊（yellow fever mosquitoes），一种传播登革热和黄热病的病媒蚊。

时代，人们就知道昆虫也会生病；中世纪诗歌有关于桑蚕疫病的吟咏；同样也是通过研究家蚕疾病，巴斯德最早提出了传染病的发生原理。

侵扰昆虫的不仅有病毒和细菌，还有真菌、原生生物、微小螨虫等各种不可见的微观生物。这些微生物总体而言对人类是有益的，因为其中不仅包括病原微生物，还包括那些分解粪便、增加土壤肥力并参与发酵和硝化作用等无数生物过程的微生物。为什么不也用它们来帮忙防治昆虫呢？

最早预见到微生物这一作用的，是19世纪的动物学家梅契尼科夫（Elie Metchnikoff）。19世纪最后十年到20世纪上半叶，微生物防治的观念逐渐形成，人们认识到，可以通过向昆虫的生活环境中引入疾病来防治昆虫。关于这一点，最早的决定性证据出现于20世纪30年代后期，当时人们发现，可以利用芽孢杆菌属（Bacillus）的细菌孢子造成的"乳状菌病"来防治日本丽金龟。正如我在第七章中指出的，这是一次经典案例，美国东部使用细菌防治已经有相当长的一段历史。

现在人们正满怀希望地投入测试的另一种芽孢杆菌属细菌，苏云金杆菌（Bacillus thuringiensis），最初于1911年发现于德国的图林根州。当时人们发现，这种细菌能使螟蛾幼虫产生致命的败血症。这种细菌实际上是靠毒杀而不是导致疾病。在杆状的营养体内部，除了芽孢，还会形成一种晶体。这种晶体中包含的蛋白质成分对某些昆虫，尤其是蛾类等鳞翅目昆虫的幼虫具有极高的毒性。幼虫吃下喷洒了这种毒素的叶片后，不久就会麻痹，停止进食并很快死亡。就实用的目的来说，进食即刻终止无疑具有极大的优势，

第十七章 另一条道路

因为只要一喷施这种病菌，差不多就能阻止昆虫妨害农作物。如今美国有好几家公司在生产含有苏云金杆菌孢子的化合物，商品名也有多种。也有几个国家在开展田野试验：法国和德国用这种细菌来防治菜粉蝶幼虫，南斯拉夫用来防治美国白蛾，苏联则用来防治天幕毛虫。美国巴拿马于1961年开始试验，在那里，这种细菌杀虫剂或许能解决香蕉种植者面临的一个或多个严峻问题。香蕉象甲是一种重要的香蕉害虫，它严重损毁根部，使香蕉树很容易被风吹倒。狄氏剂之前是唯一有杀虫作用的化学药物，可如今已触发了一连串的灾难。香蕉象甲变得越来越难以治理。化学物质也消灭了一些重要的捕食性天敌，导致卷叶蛾数量增多。这种粗壮短小的蛾类产下的幼虫使香蕉表面布满斑痕。这就是为什么人们希望新的微生物杀虫剂能消灭卷叶蛾和象甲，同时又不干扰大自然的控制。

在加拿大和美国东部的森林中，细菌杀虫剂可能是解决蚜虫和舞毒蛾等森林虫害的重要方法。1960年，这两个国家开始用商业化生产的苏云金杆菌进行田野试验，目前已经取得一些鼓舞人心的早期成果。以加拿大佛蒙特州为例，细菌防治的最终成果与喷施DDT所取得的效果一样理想。现在主要的技术问题是找到一种执行方案，让细菌孢子附着在常绿树种的针叶上。对农作物来说这不成问题——甚至用粉尘都行。尤其在加利福尼亚州，人们已经用细菌杀虫剂针对多种蔬菜进行了广泛的试验。

与此同时，还有一些关于病毒的工作，可能相对不那么引人注目。在加利福尼亚州各地的田野里，人们正在给幼嫩的紫花苜蓿喷洒一种含有病毒的溶剂。对苜蓿粉蝶来说，这种物质具有不亚于任何杀虫剂的致命杀伤力。溶剂中的病毒是从感染这种极其险恶的疾病而死的苜蓿粉蝶体内提取出来的。只需要5只死掉的苜蓿粉蝶，就足以提供用来喷施1英亩苜蓿地的病毒。在加拿大一些森林里，一种入侵松树叶蜂的病毒已被证实能起到理想的防治效果，足以替代杀虫剂。

捷克斯洛伐克的科学家正在试验用原生动物对付结网毛虫等害虫。美国科学家也发现，有一种寄生性的原生生物能降低玉米螟的产卵率。

有些人可能认为，微生物杀虫剂这个词让人联想到伤及无辜的细菌战的场景。实际并非如此。不同于化学物质，昆虫病原体对目标对象之外的一切生物都是无害的。昆虫病理学的杰出权威爱德华·斯坦豪斯博士（Dr. Edward Steinhaus）特意强调说："据可靠的记载，无论是在实验室还是在大自然中，都没有真正出现过一例昆虫病原体使脊椎动物感染疾病的记录。"

昆虫病原体针对性极强，仅感染一小群昆虫——有时候甚至是单一物种。从生物学上来说，它们并不属于使高等动物或植物致病的那类生物。斯坦豪斯博士也曾指出，在自然界中，昆虫爆发的疾病通常仅限于其群体内部，既不会影响寄主植物，也不会影响以昆虫为食的动物。

昆虫有很多自然天敌——不仅是各种微生物，还有其他昆虫。最早想到有可能通过促进昆虫天敌的增长来防治昆虫的，当属1800年左右的伊拉斯谟·达尔文（Erasmus Darwin）。或许因为这种"以虫治虫"方案是首次普遍实施的生物防治方法，所以人们普遍存在误解，以为这是化学喷施之外的唯一替代方案。

美国真正开始采纳传统的生物防治，要追溯到1888年。当

第十七章 另一条道路

时昆虫学家中探索者的队伍日益壮大,艾伯特·柯贝利(Albert Koebele)率先前往澳大利亚,去寻找吹绵蚧的自然天敌,以挽救加利福尼亚面临灭顶之灾的柑橘业。正如我们在第十五章中看到的,此次出征大获成功。接下来一个世纪,美国科学家满世界搜寻自然天敌,以控制那些不请自来登陆上岸的昆虫。总计约有100种从国外引进的捕食性天敌和寄生性天敌成长起来。除了柯贝利带回的澳洲瓢虫,还有一些物种的引进很成功。从日本引进的一种黄蜂在美国一落地,就完全控制了侵袭东部苹果园的一种昆虫。加州的苜蓿种植业,也多亏了苜蓿斑蚜(无意间从中东引入的一种害虫)的几种自然天敌。舞毒蛾的寄生性天敌和捕食性天敌成功控制了虫害,用来防治日本丽金龟的臀钩土蜂也是如此。据估计,生物防治吹绵蚧和粉蚧每年为加利福尼亚省下好几百万美元——确实,据加州顶尖的昆虫学家德巴赫博士(Dr. Paul DeBach)估计,加州在生物防治工作上投入400万美元,收回了1亿美元。

在全球大部分地区,约四十个国家都有通过引进自然天敌成功防治重要害虫的生物防治案例。相比化学防治,生物防治的优势非常明显:成本相对低廉,效果持久,而且不会产生任何有毒残留物。然而生物防治的困境在于缺乏资助。在美国各州,几乎唯有加利福尼亚正式推出了生物防治计划,很多州甚至没有一位昆虫学家在全职从事这方面研究。或许正因为此,依靠自然天敌开展的生物防治通常并未得到应有的全面研究——很少有人详细调查生物防治对害虫种群的影响,投放的数量也并不总是很准确,因为很难说清成败之间的差异在哪里。

捕食者和被捕食者之间的依存关系并不是孤立的,而是属于一张广阔的生命网，其中所有生物都需要考虑进来。或许在森林里，更传统的生物防治模式能充分发挥作用。现代的农田是高度人工化的，它不像大自然孕育的任何东西。而森林却是另一个世界，更贴近自然环境。在这里，只需要提供最小限度的帮助和最大限度地减少人工干扰，大自然就能自行安排，建立一切神奇而复杂的监测和平衡体系，保护森林不过分受到昆虫侵害。

美国的护林员似乎主要是从引进昆虫的寄生性天敌和捕食性天敌来考虑生物防治。加拿大人的视野更开阔，而有些欧洲人走得更远，他们将"森林卫生学"发展到了不可思议的高度。在欧洲护林员看来，鸟类、蚂蚁、森林蜘蛛以及土壤细菌，和树木一样同属于森林的一部分，因此他们十分注意给新生林地注入这类保护因子。促进鸟类增长是第一步。在现代的集约林中，树干蛀空的朽木不复存在，连带着啄木鸟等树栖型鸟类的家园也被清理掉了。用鸟巢箱来弥补，就可以吸引鸟类重返森林。还有一些特意为猫头鹰和蝙蝠设计的箱子，那些夜行性鸟类可以在夜间履行小型鸟类在白天开展的工作。

然而这只是个开头。欧洲森林里正在开展一些最有趣的防治工作：当地人用森林红蚂蚁来作为富于攻击性的昆虫捕食者——很不幸，北美没有这种物种。约25年前，维尔茨堡大学的卡尔·格斯瓦尔德教授（Professor Karl Gösswald）研发出一种培养红蚂蚁并帮助建立蚁群的方法。在他的指导下，德国约有90个试验区已经建立了10,000个红蚂蚁群。意大利等国也采用格斯瓦尔德教授的方法，建立蚂蚁农场培养蚁群，再投放到各地森林中。以亚平宁山脉为例，为保护人工再造林区，已经设置了好几百个蚁穴。

第十七章 另一条道路

德国莫尔恩市（Mölln）的林务官海因茨·鲁珀斯霍芬博士（Dr. Heinz Ruppertshofen）说道："只要你能让森林同时得到鸟类和蚂蚁的保护，再加上一些蝙蝠和猫头鹰，就已经从根本上促进了生物学平衡。"他认为，单单引入一种捕食性或寄生性天敌，效果远不如引入树木在自然界中的一系列"伙伴"。

莫尔恩市森林中新建的蚁群周围有铁丝网保护，可以减少因啄木鸟啄食造成的损失。这样一来，虽然10年来有些试验区的啄木鸟数量增加了3倍，但并不会严重减少蚁群的数量，啄木鸟反倒会去捕捉树上有害的毛虫，可谓一举两得。照料蚁群（还有鸟类筑巢箱）的工作，由当地学校一群年龄在10—14岁之间的童子军来承担。成本相当低廉，好处却是森林得到了长久的保护。

鲁珀斯霍芬博士的工作还有一点格外引人关注，就是他用到了蜘蛛。在这方面他似乎是先驱。虽然有关蜘蛛分类学与博物学的文献有很多，但都零散不成体系，也根本没有提到蜘蛛在生物防治上的作用。目前已知蜘蛛有22,000种，其中760种原产于德国（约2000种原产于美国）。栖息在德国森林中的蜘蛛分别属于29个科。

对护林员来说，最重要的是蜘蛛巢穴的种类。编织车轮状蛛网的蜘蛛尤其重要，因为有些网编织得密不透风，任何飞虫都无法逃脱。十字园蛛①的巨网直径达16英寸，蛛丝上约有120,000个黏珠。一只蜘蛛平均寿命为18个月，总计能消灭2000只昆虫。在一片生态良好的森林里，每平方米（一平方码稍多一点）范围内就有50—150只蜘蛛。如果数量不足，可以通过收集蜘蛛茧投放到森林各处

---

① Cross spider，拉丁名为 *Araneus diadematus*。

来补充。蜘蛛茧是囊状的,里面装满了卵。"3个卵囊能生出1000只横纹金蛛①[这种蜘蛛美国也有],那就能捉20万只飞虫,"鲁珀斯霍芬博士说,春天新生的那些编织车轮状巨网的幼嫩小蜘蛛尤其重要,"它们齐心协力地在树木的嫩芽上面织出一张网,就能保护嫩芽不受飞虫伤害。"随着蜘蛛蜕皮长大,蛛网也会增大。

加拿大生物学家的研究路线大同小异,不过,区别在于北美森林很大程度上是天然林而非人工林,可用于帮助维护森林健康的物种也多少有些不同。加拿大重点关注那些小型哺乳动物,它们能令人匪夷所思地高效防治某些昆虫,尤其是那些生活在森林地表蓬松土壤中的昆虫。叶蜂就属于这类昆虫,叶蜂又名锯蜂,正是因为雌蜂能用锯子一样的产卵器刺破常绿树的针叶,将卵产在里面。幼虫最终落到地上,在落叶松沼泽的泥炭或云杉与松树下面的凝灰岩中形成蛹。而在森林地表下,是一个蜂巢般的世界——白足鼠、鼹鼠和各类鼩鼱在那里挖掘出了四通八达的隧道。在这些小挖掘者中,贪吃的鼩鼱最擅长寻找叶蜂蛹,它们吃掉的叶蜂蛹也是最多的。它们进食时会用一只前爪按住蜂蛹,咬开蜂蛹的一端。它们在辨别蜂蛹是好的还是空的这方面表现出非凡的才能。说到永无餍足的胃口,鼩鼱更是无与伦比。一只鼹鼠一天能吃掉约200只蜂蛹,而某些种类的鼩鼱竟能吃掉多达800只!实验室测试表明,75%—98%都会被消灭掉。

难怪纽芬兰岛急切盼望这种效率十足的小型哺乳动物的到来——这里没有本土鼩鼱,又深受叶蜂困扰。1958年,纽芬兰岛引

---

① 横纹金蛛(Wasp spider),拉丁名为 *Argiope bruennichi*。

第十七章 另一条道路

进了最高效的叶蜂猎手假面鼩鼱①。加拿大官员于 1962 年报告说,此次引进很成功。鼩鼱在岛上繁衍生息并扩散开来,有些做过标记的个体曾在距离放归点 10 英里远处被重新捕获。

因此,对于希望寻求永续方案来保持和加强森林中自然关系的护林员来说,还是有一整套工具可用的。用化学药剂防治森林害虫,往好里说只是权宜之计,并不能真正解决问题;往坏里说,则不仅杀死了林中溪流里的鱼,造成昆虫猖獗,而且毁掉了大自然的控制措施,以及我们现在可能正在极力引进的那些物种。鲁珀斯霍芬博士说,正是因为那些暴力措施,"森林生物间的伙伴关系完全被打乱,寄生虫灾害复发的周期越来越短……所以我们必须停止将这些不自然的操作带进极其重要的自然空间,这几乎也是我们仅存的最后一点生存空间了"。

***

我们应当如何与地球上其他生物共处?在一切全新而富有想象力与开创性的思路背后,有一个亘古不变的主题,那就是意识到我们所面对的是生命,是活生生的生物种群,是它们的压力与反压力,它们的盛衰消长。只有将这些生命力考虑进去,审慎地引导它们进入对我们有利的渠道,我们才有希望取得昆虫大军与人类之间的和谐共处。

目前毒药盛行,正是因为完全未能考虑到这些最基本的因素。我们手执如洞穴人的棍棒一样原始粗鲁的武器,朝着错综复杂的生命网络开火——生命之网一方面脆弱易毁,另一方面又坚忍顽强,

---

① 假面鼩鼱(Masked shrew),拉丁名为 *Sorex cinereus*。

能以意想不到的方式反击。那些实施化学控制的人忽视了生命中这些无与伦比的力量,他们的任务缺乏"高瞻远瞩",他们在摆弄面前巨大的生命力量时没有任何谦卑之心。

"控制自然"这个词是狂妄自大的产物,诞生于尼安德特人时代的生物学与哲学——那时人们认为大自然的存在是为了服务于人类。应用昆虫学的观念和行动,很大程度上源自石器时代的科学。可悲可叹的是,如此原始的一门科学,竟能得到现代最可怕的武器装备,并转而将炮火对准昆虫,而这样一来,炮火也对准了地球。

主要参考文献

(页码为原书页码,即中译本边码)

CHAPTER 2: THE OBLIGATION TO ENDURE

Page 6

'Report on Environmental Health Problems,' *Hearings*, 86th Congress, Subcom. of Com. on Appropriations, March 1960, p. 170.

Page 8

The Pesticide Situation for 1957-58, U. S. Dept. of Agric., Commodity Stabilization Service, April 1958, p. 10.

Page 9

Elton, Charles S., *The Ecology of Invasions by Animals and Plants*. New York: Wiley, 1958.

Page 11

Shepard, Paul, 'The Place of Nature in Man's World,' *Atlantic Naturalist*, Vol. 13 (April-June 1958), pp. 85-89.

CHAPTER 3: ELIXIRS OF DEATH

Pages 13-82

Gleason, Marion, et al., *Clinical Toxicology of Commercial Products*. Baltimore: Williams and Wilkins, 1957.

Pages 13-32

Gleason, Marion, et al., *Bulletin of Supplementary Material: Clinical Toxicology of Commercial Products*, Vol. IV, No. 9. Univ. of Rochester.

Page 14

The Pesticide Situation for 1958-59, U. S. Dept. of Agric., Commodity Stabilization Service, April 1959, pp. 1-24.

Page 14

The Pesticide Situation for 1959-60, U. S. Dept. of Agric., Commodity Stabilization Service, July 1961, pp. 1-23.

Page 15

Hueper, W. C., *Occupational Tumors and Allied Diseases.* Springfield, Ill.: Thomas, 1942.

Page 15

Todd, Frank E., and S. E. McGregor, 'Insecticides and Bees,' *Yearbook of Agric.*, U. S. Dept. of Agric., 1952, pp. 131-35.

Page 17

Bowen, C. V., and S. A. Hall, 'The Organic Insecticides,' *Yearbook of Agric.*, U. S. Dept. of Agric., 1952, pp. 209-18.

Page 18

Van Oettingen, W. F., *The Halogenated Aliphatic, Olefinic, Cyclic, Aromatic, and Aliphatic-Aromatic Hydrocarbons: Including the Halogenated Insecticides, Their Toxicity and Potential Dangers.* U. S. Dept. of Health, Education, and Welfare. Public Health Service Publ. No. 414, (1955), pp. 341-42.

Page 18

Laug, Edwin P., et al., 'Occurrence of DDT in Human Fat and Milk,' *A. M. A. Archives Indus. Hygiene and Occupat. Med.*, Vol. 3 (1951), pp. 245-46.

Page 18

Biskind, Morton S., 'Public Health Aspects of the New Insecticides,' *Am. Jour. Diges. Diseases*, Vol. 20 (1953), No. 11, pp. 331-41.

Page 18

Laug, Edwin P., et al., 'Liver Cell Alteration and DDT Storage in the Fat of the Rat Induced by Dietary Levels of 1 to 50 p. p. m. DDT,' *Jour. Pharmacol. and Exper. Therapeut.*, Vol. 98 (1950), p. 268.

Page 18

　　Ortega, Paul, et al., 'Pathologic Changes in the Liver of Rats after Feeding Low Levels of Various Insecticides,' *A. M. A. Archives Path.*, Vol. 64 (Dec. 1957), pp. 614-22.

Page 19

　　Fitzhugh, O. Garth, and A. A. Nelson, 'The Chronic Oral Toxicity of DDT (2, 2-BIS p-CHLOROPHENYL-1, 1, 1-TRI-CHLO-ROETHANE),' *Jour. Pharmacol. and Exper. Therapeut.*, Vol. 89 (1947), No. 1, pp. 18-30.

Page 19

　　Laug et al., 'Occurrence of DDT in Human Fat and Milk.'

Page 19

　　Hayes, Wayland J., Jr., et al., 'Storage of DDT and DDE in People with Different Degrees of Exposure to DDT,' *A. M. A. Archives Indus. Health*, Vol. 18 (Nov. 1958), pp. 398-406.

Page 19

　　Durham, William F., et al., 'Insecticide Content of Diet and Body Fat of Alaskan Natives,' *Science*, Vol. 134 (1961), No. 3493, pp. 1880-81.

Page 19

　　Van Oettingen, *Halogenated. . . Hydrocarbons*, p. 363.

Page 19

　　Smith, Ray F., et al., 'Secretion of DDT in Milk of Dairy Cows Fed Low Residue Alfalfa,' *Jour. Econ. Entomol.*, Vol. 41 (1948), pp. 759-63.

Page 20

　　Laug et al., 'Occurrence of DDT in Human Fat and Milk.'

Page 20

　　Finnegan, J. K., et al., 'Tissue Distribution and Elimination of DDD and DDT Following Oral Administration to Dogs and Rats,' *Proc. Soc. Exper. Biol. and Med.*, Vol. 72 (1949), pp. 356-57.

Page 20

　　Laug et al., 'Liver Cell Alteration.'

Page 20

'Chemicals in Food Products,' *Hearings*, H. R. 74, House Select Com. to Investigate Use of Chemicals in Food Products, Pt. 1 (1951), p. 275.

Page 20

Van Oettingen, *Halogenated. . . Hydrocarbons*, p. 322.

Page 21

'Chemicals in Food Products,' *Hearings*, 81st Congress. H. R. 323, Com. to Investigate Use of Chemicals in Food Products, Pt. 1 (1950), pp. 388-90.

Page 21

Clinical Memoranda on Economic Poisons. U. S. Public Health Service Publ. No. 476 (1956), p. 28.

Page 21

Gannon, Norman, and J. H. Bigger, 'The Conversion of Aldrin and Heptachlor to Their Epoxides in Soil,' *Jour. Econ. Entomol.*, Vol. 51 (Feb. 1958), pp. 1-2.

Page 21

Davidow, B., and J. L Radomski, 'Isolation of an Epoxide Metabolite from Fat Tissues of Dogs Fed Heptachlor,' *Jour. Pharmacol. and Exper. Therapeut.*, Vol. 107 (March 1953), pp. 259-65.

Page 21

Van Oettingen, *Halogenated. . . Hydrocarbons*, p. 310.

Page 21

Drinker, Cecil K., et al., 'The Problem of Possible Systemic Effects from Certain Chlorinated Hydrocarbons,' *Jour. Indus. Hygiene and Toxicol.*, Vol. 19 (Sept. 1937), p. 283.

Page 21

'Occupational Dieldrin Poisoning,' Com. on Toxicology, *Jour. Am. Med. Assn.*, Vol. 172 (April 1960), pp. 2077-80.

Page 21

Scott, Thomas G., et al., 'Some Effects of a Field Application of Dieldrin on

Wildlife,' *Jour. Wildlife Management,* Vol. 23 (Oct. 1959), pp., 409-27.

Page 21

Paul, A. H., 'Dieldrin Poisoning-a Case Report,' *New Zealand Med. Jour.,* Vol. 58 (1959), p. 393.

Page 22

Hayes, Wayland J., Jr., 'The Toxicity of Dieldrin to Man,' *Bull. World Health Organ.,* Vol. 20 (1959), pp. 891-912.

Page 22

Gannon, Norman, and G. C. Decker, 'The Conversion of Aldrin to Dieldrin on Plants,' *Jour. Econ. Entomol.,* Vol. 51 (Feb. 1958), pp. 8-11.

Page 22

Kitselman, C. H., et al., 'Toxicological Studies of Aldrin (Compound 118) on Large Animals,' *Am. Jour. Vet. Research,* Vol. 11 (1950), p. 378.

Page 22

Dahlen, James H., and A. O. Haugen, 'Effect of Insecticides on Quail and Doves,' *Alabama Conservation,* Vol. 26 (1954), No. 1, pp. 21-25.

Page 22

De Witt, James B., 'Chronic Toxicity to Quail and Pheasants of Some Chlorinated Insecticides,' *Jour. Agric. and Food Chem.,* Vol. 4 (1956), No. 10, pp. 863-66.

Page 22

Kitselman, C. H., 'Long Term Studies on Dogs Fed Aldrin and Dieldrin in Sublethal Doses, with Reference to the Histopathological Findings and Reproduction,' *Jour. Am Vet. Med. Assn.,* Vol. 123 (1953), p. 28.

Page 22

Treon, J. F., and A. R. Borgmann, 'The Effects of the Complete Withdrawal of Food from Rats Previously Fed Diets Containing Aldrin or Dieldrin. ' Kettering Lab., Uhiv. of Cincinnati: mimeo. Quoted from Robert L. Rudd and Richard E. Genelly, *Pesticidest: Their Use and Toxicity in Relation to Wildlife.* Calif. Dept. of Fish and Game, Game Bulletin No. 7 (1956), p. 52.

Page 23

Myers, C. S., 'Endrin and Related Pesticides: A Review.' Penna. Dept. of Health Research Report No. 45 (1958). Mimeo.

Page 23

Jacobziner, Harold, and H. W. Raybin, 'Poisoning by Insecticide (Endrin),' *New York State Jour. Med.,* Vol. 59 (May 15, 1959), pp. 2017-22.

Page 23

'Care in Using Pesticide Urged,' *Clean Streams,* No. 46 (June 1959). Penna. Dept. of Health.

Page 23

Metcalf, Robert L., 'The Impact of the Development of Organophosphorus Insecticides upon Basic and Applied Science,' *Bull. Entomol. Soc. Am.,* Vol. 5 (March 1959), pp. 3-15.

Pages 24-5

Mitchell, Philip H., *General Physiology*. New York: McGraw-Hill, 1958. pp. 14-15.

Page 25

Brown, A. W. A., *Insect Control by Chemicals*. New York: Wiley, 1951. London: Chapman & Hall, 1951.

Page 25

Toivonen, T., et al., 'Parathion Poisoning Increasing Frequency in Finland,' *Lancet,* Vol. 2 (1959), No. 7095, pp. 175-76.

Page 26

Hayes, Wayland J., Jr., 'Pesticides in Relation to Public Health,' *Annual Rev. Entomol.,* Vol. 5 (1960), pp. 379-404.

Page 26

Occupational Disease in California Attributed to Pesticides and Other Agricultural Chemicals. Calif. Dept. of Public Health, 1957, 1958, 1959, and 1960.

Page 26

Quinby, Oriffith E., and A. B. Lemmon, 'Parathion Residues As a Cause of Poisoning in Crop Workers,' *Jour. Am. Med. Assn.,* Vol. 166 (Feb. 15, 1958), pp. 740–46.

Page 26

Carman, G. C., et al., 'Absorption of DDT and Parathion by Fruits,' *Abstracts*, 115th Meeting Am. Chem. Soc. (1948), p. 30A.

Page 26

Clinical Memoranda on Economic Poisons, p. 11.

Page 27

Frawley, John P., et al., 'Marked Potentiation in Mammalian Toxicity from Simultaneous Administration of Two Anticholin esterase Compounds,' *Jour. Pharmacol. and Exper. Therapeut.,* Vol. 121 (1957), No. 1, pp. 96–106.

Page 27

Rosenberg, Philip, and J. M. Coon, 'Potentiation between Cholinesterase Inhibitors,' *Proc. Soc. Exper. Biol. and Med.,* Vol. 97 (1958), pp. 836–39.

Page 27

Dubois, Kenneth P., 'Potentiation of the Toxicity of Insecticidal Organic Phosphates,' *A. M. A. Archives Indus. Health*, Vol. 18 (Dec. 1958), pp. 488–96.

Page 27

Murphy, S. D., et al., 'Potentiation of Toxicity of Malathion by Triorthotolyl Phosphate,' *Proc. Soc. Exper. Biol. and Med.,* Vol. 100 (March 1959), pp. 483–87.

Page 27

Graham, R. C. B., et al., 'The Effect of Some organophosphorus and Chlorinated Hydrocarbon Insecticides on the Toxicity of Several Muscle Relaxants,' *Jour. Pharm. and Pharmacol.,* Vol. 9 (1957), pp. 312–19.

Page 28

Rosenberg, Philip, and J. M. Coon, 'Increase of Hexobarbital Sleeping Time by Certain Anticholinesterases,' *Proc. Soc. Exper. Biol. and Med.,* Vol. 98 (1958), pp. 650-52.

Page 28

Dubois, 'Potentiation of Toxicity.'

Page 28

Hurd-Karrer, A. M., and F. W. Poos, 'Toxicity of Selenium-Containing Plants to Aphids,' *Science,* Vol. 84 (1936), pp. 252.

Page 28

Ripper, W. E., 'The Status of Systemic Insecticides in Pest Control Practices,' *Advances in Pest Control Research.* New York: Interscience, 1957. Vol. 1, pp. 305-52.

Page 29

Occupational Disease in California, 1959.

Page 29

Glynne-Jones, G. D., and W. D. E. Thomas, 'Experiments on the Possible Contamination of Honey with Schradan,' *Annals Appl. Biol.,* Vol. 40 (1953), p. 546.

Page 29

Radelefl, R. D., et al., *The Acute Toxicity of Chlorinated Hydrocarbon and Organic Phosphorus Insecticides to Livestock.* U. S. Dept. of Agric. Technical Bulletin 1122 (1955).

Page 30

Brooks, F. A., 'The Drifting of Poisonous Dusts Applied by Airplanes and Land Rigs,' *Agric. Engin.,* Vol. 28 (1947), No. 6, pp. 233-39.

Page 30

Stevens, Donald B., 'Recent Developments in New York State's Program Regarding Use of Chemicals to Control Aquatic Vegetation,' paper presented at 13th Annual Meeting North-eastern Weed Control Conf. (Jan. 8, 1959).

Page 31

Anon., 'No More Arsenic,' *Economist,* Oct. 10, 1959.

Page 31

'Arsenites in Agriculture,' *Lancet*, Vol. 1 (1960), p. 178.

Page 31

Horner, Warren D., 'Dinitrophenol and Its Relation to Formation of Cataract,' (A. M. A.) *Archives Ophthalmol.*, Vol. 27 (1942), pp. 1097-1121.

Page 31

Weinbach, Eugene C., 'Biochemical Basis for the Toxicity of Pentachlorophenol,' *Proc. Natl. Acad. Sci.*, Vol. 43 (1957), No. 5, pp. 393-97.

CHAPTER 4: SURFACE WATERS AND UNDERGROUND SEAS

Page 33

Biological Problems in Water Pollution. Transactions, 1959 seminar. U. S. Public Health Service Technical Report W60-3 (1960).

Page 34

'Report on Environmental Heahh Problems,' *Hearings*, 86th Congress, Subcom. of Com. on Appropriations, March 1960, p. 78.

Page 34

Tarzwell, Clarence M., 'Pollutional Efiects of Organic Insecticides to Fishes,' *Transactions*, 24th North Am. Wildlife Conf. (1959), Washington, D. C., pp. 132-42. Pub. by Wildlife Management Inst.

Page 35

Nicholson, H. Page, 'Insecticide Pollution of Water Resources,' *Jour. Am. Waterworks Assn.*, Vol. 51 (1959), pp. 981-86.

Page 35

Woodward, Richard L., 'Efiects of Pesticides in Water Supplies,' *Jour. Am. Waterworks Assn.*, Vol. 52 (1960), No. 11, pp. 1367-72.

Page 35

Cope, Oliver B., 'The Retention of DDT by Trout and Whitefish,' in *Biological Problems in Water Pollution*, pp. 72-75.

Page 36

Kuenen, P. H., *Realms of Water*. New York: Wiley, 1955. London: Cleaver-Hume Press, 1955.

Page 36

Gilluly, James, et al., *Principles of Geology*, San Francisco: Freeman, 1951.

Pages 36-7

Walton, Graham, 'Public Health Aspects of the Contamination of Ground Water in South Platte River Basin in Vicinity of Henderson, Colorado, August, 1959.' U. S. Public Health Service, Nov. 2, 1959. Mimeo.

Pages 36-7

'Report on Environmental Health Problems.'

Page 38

Hueper, W. C., 'Cancer Hazards from Natural and Artificial Water Pollutants,' *Proc.*, Conf. on Physiol. Aspects of Water Quality. Washington, D. C., Sept. 8-9, 1960. U. S. Public Health Service.

Pages 39-42

Hunt, E. G., and A. I. Bischoif, 'Inimical Eiects on Wildlife of Periodic DDD Applications to Clear Lake,' *Calif. Fish and Game*, Vol. 46 (1960), No. 1, pp. 91-106.

Page 42

Woodard, G., et al., 'Effects Observed in Dogs Following the Prolonged Feeding of DDT and Its Analogues,' *Federation Proc.*, Vol. 7 (1948), No. 1, p. 266.

Page 42

Nelson, A. A., and G. Woodard, 'Severe Adrenal Cortical Atrophy(Cytotoxic) and Hepatic Damage Produced in Dogs by Feeding DDD or TDE,' (A. M. A.) *Archives Path.*, Vol. 48 (1949), p. 387.

Page 42

Zimmermann, B., et al., 'The Effects of DDD on the Human Adrenal: Attempts to Use an Adrenal-Destructive Agent in the Treatment of Disseminated Mammary and Prostatic Cancer.' *Cancer*, Vol. 9(1956), pp. 940-48.

Page 43

Cohen, Jesse M., et al., 'Effect of Fish Poisons on Water Supplies. I. Removal of Toxic Materials,' *Jour. Am. Waterworks Assn.*, Vol. 52 (1960), No. 12, pp. 1551-65. 'II. Odor Problems,' Vol. 53 (1960), No. 1, pp. 49-61. 'III. Field Study, Dickinson, North Dakota,' Vol. 53 (1961), No. 2, pp. 233-46.

Page 43

Hueper, 'Cancer Hazards from Water Pollutants.'

CHAPTER 5: REALMS OF THE SOIL

Page 44

Simonson Roy W., 'What Soils Are,' *Yearbook of Agric.*, U. S. Dept. of Agrie., 1957, pp. 17-31.

Page 45

Clark, Francis E., 'Living Organisms in the Soil,' *Yearbook of Agric.*, U. S. Dept. of Agric., 1957, pp. 157-65.

Page 46

Farb, Peter, *Living Earth*, New York: Harper, 1959. London: Constable, 1960.

Page 47

Lichtenstein, E. P., and K. R. Schulz, 'Persistence of Some Chlorinated Hydrocarbon Insecticides As Influenced by Soil Types, Rate of Application and Temperature,' *Jour. Econ. Entomol.*, Vol. 52 (1959), No. 1, pp. 124-31.

Page 47

Thomas, F. J. D., 'The Residual Effects of Crop-Protection Chemicals in the Soil,' in *Proc.*, 2nd Internatl. Plant Protection Conf. (1956), Fernhurst Research Station, England.

Page 47

Eno, Chades F., 'Chlorinated Hydrocarbon Insecticides: What Have They Done to Our Soil?' *Sunshine State Agric. Research Report* for July 1959.

Page 47

Mader, Donald L., 'Effect of Humus of Different Origin in Moderating the Toxicity of Biocides.' Doctorate thesis, Univ. of Wise., 1960.

Page 48

Sheals, J. G., 'Soil Population Studies. I. The Effects of Cultivation and Treatment with Insecticides,' *Bull. Entomol. Research*, Vol. 47 (Dec. 1956), pp. 803-22.

Page 48

Hetrick, L. A., 'Ten Years of Testing Organic Insecticides As Soil Poisons against the Eastern Subterranean Termite.' *Jour. Econ. Entomol.*, Vol. 50 (1957), p. 316.

Page 48

Lichtenstein, E. P., and J. B. Polivka, 'Persistence of Insecticides in Turf Soils,' *Jour. Econ. Entomol.*, Vol. 52 (1959), No. 2, pp. 289-293.

Page 48

Ginsburg, J. M., and J. P. Reed, 'A Survey on DDT-Accunmlation in Soils in Relation to Different Crops,' *Jour. Econ. Entomol.*, Vol. 47 (1954), No. 3, pp. 467-73.

Page 48

Cullinan, F. P., 'Some New Insecticides—Their Effect on Plants and Soils,' *Jour. Econ. Entomol.*, Vol. 42 (1949), pp. 387-91.

Page 49

Satterlee, Henry S., 'The Problem of Arsenic in American Cigarette Tobacco,' *New Eng. Jour. Med.*, Vol. 254 (June 21, 1956), pp. 1149-54.

Page 49

Licbtenstein, E. P., 'Absorption of Some Chlorinated Hydrocarbon Insecticides from Soils into Various Crops,' *Jour. Agric. and Food Chem.*, Vol. 7 (1959), No. 6, pp. 430-33.

Pages 49-50

'Chemicals in Foods and Cosmetics,' *Hearings*, 81 st Congress, H. R. 74 and 447. House Select Com. to Investigate Use of Chemicals in Foods and Cosmetics, Pt. 3 (1952), pp. 1385-1416. Testimony of L. G. Cox.

Pages 50-51

    Klostermeyer, E. C., and C. B. Skotland, *Pesticide Chemicals As a Factor in Hop Die-out*. Washington Agric. Exper. Stations Circular 362 (1959).

Page 51

    Stegeman, LeRoy C., 'The Ecology of the Soil.' Transcription of a seminar, New York State Univ. College of Forestry, 1960.

CHAPTER 6: EARTH'S GREEN MANTLE

Pages 52-4

    Patterson, Robert L., *The Sage Grouse in Wyoming*. Denver: Sage Books, Inc., for Wyoming Fish and Game Commission, 1952.

Pages 53-4

    Murie, Olaus J., 'The Scientist and Sagebrush,' *Pacific Discovery*, Vol. 13 (1960), No. 4, p. 1.

Page 54

    Pechanec, Joseph, et al., *Controlling Sagebrush on Rangelands*. U. S. Dept. of Agric. Farmers' Bulletin No. 2072 (1960).

Pages 65—6

    Douglas, William O., *My Wilderness: East to Katahdin*. New York: Doubleday, 1961.

Page 56

    Egler, Frank E., *Herbicides: 60 Questions and Answers Concerning Roadside and Rightofway Vegetation Management*. Litchfield, Conn.: Litchfield Hills Audubon Soc., 1961.

Page 56

    Fisher, C. E., et al., *Control of Mesquite on Grazing Lands*. Texas Agric. Exper. Station Bulletin 935 (Aug. 1959).

Page 56

    Goodrum, Phil D., and V. H. Reid, 'Wildlife Implications of Hardwood and Brush Controls,' *Transactions*, 21st North Am. Wildlife Conf. (1956).

Page 56

A Survey of Extent and Cost of Weed Control and Specific Weed Problems. U. S. Dept. of Agric. ARS 34-25 (March 1962).

Page 57

Barnes, Irston R., 'Sprays Mar Beauty of Nature,' *Washington Post*, Sept. 25, 1960.

Page 58

Goodwin, Richard H., and William A. Niering, *A Roadside Crisis: The Use and Abuse of Herbicides*. Connecticut Arboretum Bulletin No. 11 (March 1959), pp. 1-13.

Page 58

Boardman, William, 'The Dangers of Weed Spraying,' *Veterinarian*, Vol. 6 (Jan. 1961): pp. 9-19.

Page 59

Willard, C. J., 'Indirect Effects of Herbicides,' *Proc.*, 7th Annual Meeting Nortl. Central weed Control Conf. (1950), pp. 110-12.

Page 59

Douglas, William O., *My Wilderness: The pacific West*. New York: Doubleday, 1960.

Page 60

Egler, Frank E., *Vegetation Management for Rights-of-Way and Roadsides*. Smithsonian Report for 1953 (Smithsonian Inst., Washington, D. C.), pp. 299-322.

Page 60

Bohart. George E., 'Pollination by Native Insects,' *Yearbook of Agric.*, U. S. Dept. of Agric., 1952, pp. 107-21.

Page 61

Egler, *Vegetation Management*.

Page 62

Niering, William A., and Frank E. Egler, 'A Shrub Community of *Viburnum lentago*, Stable for Twenty-five Years,' *Ecology*, Vol. 36 (April 1955), pp. 356-60.

Page 62

Pound, Charles E., and Frank E. Egler, 'Brush Control in Southeastern New York: Fifteen Years of Stable Tree-less Communities,' *Ecology*, Vol. 34 (Jan. 1953), pp. 63-73.

Page 62

Egler, Frank E., 'Science, Industry, and the Abuse of Rights of Way,' *Science*, Vol. 127 (1958), No. 3298, pp. 573-80.

Page 62

Niering, William A., 'Principles of Sound Right-of-Way Vegetation Management,' *Econ. Botany*, Vol. 12 (April-June 1958), pp. 140-44.

Page 62

Hall, William C., and William A. Niering, 'The Theory and Practice of Successful Selective Control of "Brush" by Chemicals. ' *Proc.*, 13th Annual Meeting North-eastern Weed Control Conf. (Jan. 8, 1959).

Page 62

Egler, Frank E., 'Fifty Million More Acres for Hunting?' *Sports Afield*, Dec. 1954.

Page 62

McQuilkin, W. E., and L. R. Strickenberg, *Roadside Brush Control with 2, 4, 5-T on Eastern National Forests*. North-eastern Forest Exper. Station Paper No. 148. Upper Darby, Penna., 1961.

Page 63

Goldstein, N. P., et al., 'Peripheral Neuropath after Exposure to an Ester of Dichlorophenoxyacetic Acid,' *Jour. Am. Med. Assn.*, Vol. 171 (1959), pp. 1306-9. Page 63

Brody, T. M., 'Efleet of Certain Plant Growth Substances on Oxidative Phosphorylation in Rat Liver Mitochondria,' *Proc. Soc. Exper. Biol. and Med.*, Vol. 80 (1952), pp. 533-36.

Page 63

Croker, Barbara H., 'Eflects of 2, 4-D and 2, 4, 5-T on Mitosis in *Allium cepa*,' *Bot. Gazette*, Vol. 114 (1953), pp. 274-83.

Page 63

Willard, 'Indirect Effects of Herbicides.'

Page 64

Stahler, L. M., and E. J. Whitehead, 'The Effect of 2, 4-D on Potassium Nitrate Levels in Leaves of Sugar Beets,' *Science*, Vol. 112 (1950), No. 2921, pp. 749-51.

Page 64

Olson, O., and E. Whitehead, 'Nitrate Content of Some South Dakota Plants,' *Proc.*, South Dakota Acad. of Sci., Vol. 20 (1940), p. 95.

Page 64

What's New in Farm Science. Univ. of Wisc. Agric. Exper. Station Annual Report, Pt. II, Bulletin 527 (July 1957), p. 18.

Page 64

Stahler and Whitehead, 'The Effect of 2, 4-D on Potassium Nitrate Levels.'

Page 64

Grayson, R. R., 'Silage Gas Poisoning: Nitrogen Dioxide Pneumonia, a New Disease in Agricultural Workers,' *Annals Internal Med.*, Vol. 45 (1956), pp. 393-408.

Page 64

Crawford, R. F., and W. K. Kennedy, *Nitrates in Forage Crops and Silage: Benefits, Hazards, Precautions*. New York State College of Agric., Cornell Misc. Bulletin 37 (June 1960).

Page 65

Briejèr, C. J., To author.

Page 66

Knake, Ellerv L., and F. W. Slife, 'Competition of *Setaria faterii* with Corn and Soybeans,' *Weeds*, Vol. 10 (1962), No. 1, pp. 26–29.

Page 66

Goodwin and Niering, *A Roadside Crisis*.

Page 66

Egler, Frank E., To author.

Page 66

De Witt, James B., To author.

Paffe 67

Holloway, James K., 'Weed Control by Insect,' *Sci. American*, Vol. 197 (1957), No. 1, pp. 56–62.

Page 67

Holloway, James K., and C. B. Huffaker, 'Insects to Control a Weed,' *Yearbook of Agric.*, U. S. Dept. of Agric., 1952, pp. 135–40.

Page 67

Huffaker, C. B., and C. E. Kennett, 'A Ten-Year Study of Vegetational Changes Associated with Biological Control of Klamath Weed.' *Jour. Range Management*, Vol. 12 (1959), No. 2, pp. 69–82.

Page 69

Bishopp, F. C., 'Insect Friends of Man,' *Yearbook of Agric.*, U. S. Dept. of Agric., 1952, pp. 79–87.

CHAPTER 7: NEEDLESS HAVOC

Page 72

Nickell, Walter, To author.

Page 72

Here Is Your 1959 Japanese Beetle Control Program. Release, Michigan State Dept. of Agric., Oct. 19, 1959.

Page 72

Hadley, Charles H., and Walter E. Fleming, 'The Japanese Beetle,' *Yearbook of Agric.*, U. S. Dept. of Agric., 1952, pp. 567–73.

Page 73

Here Is Your 1959 Japanese Beetle Control Program.

Page 73

'No Bugs in Plane Dusting,' *Detroit News*, Nov. 10, 1959.

Page 74

Michigan Audubon Newsletter, Vol. 9 (Jan. 1960).

Page 75

'No Bugs in Plane Dusting.'

Page 75

Hickey, Joseph J., 'Some Effects of Insecticides on Terrestrial Birdlife,' *Report* of Subcom. on Relation of Chemicals to Forestry and Wildlife, Madison, Wisc., Jan. 1961. Special Report No. 6.

Page 76

Scott, Thomas G., To author, Dec. 14, 1961.

Page 76

'Coordination of Pesticides Programs,' *Hearings*, 86th Congress, H. R. 11502, Corn. on Merchant Marine and Fisheries, May 1960, p. 66.

Pages 76-8

Scott, Thomas G., et al., 'Some Effects of a Field Application of Dieldrin on Wildlife,' *Jour. Wildlife Management*, Vol. 23 (1959), No. 4, pp. 409-27.

Page 77

Hayes, Wayland J., Jr., 'The Toxicity of Dieldrin to Man,' *Bull. World Health Organ.*, Vol. 20 (1959), pp. 891-912.

Page 78

Scott, Thomas G., To author, Dec. 14, 1961, Jan. 8, Feb. 15, 1962.

Pages 80-82

Hawley, Ira M., 'Milky Diseases of Beetles,' *Yearbook of Agric.*, U. S. Dept. of Agric., 1952, pp. 394-401.

Pages 80-82

Fleming, Walter E., 'Biological Control of the Japanese Beetle Especially with Entomogenous Diseases,' *Proc.*, 10th Internatl. Congress of Entomologists (1956), Vol. 3 (1958), pp. 115-25.

Page 81

Chittick, Howard A. (Fairfax Biological Lab.), To author, Nov. 30, 1960.

Page 82

Scott et al., 'Some Effects of a Field Application of Dieldrin on Wildlife.'

CHAPTER 8: AND NO BIRDS SING

Page 85

Audubon Field Notes. 'Fall Migration-Aug. 16 to Nov. 30, 1958.' Vol. 13 (1959), No. 1, pp. 1-68.

Page 86

Swingle, R. U., et al., 'Dutch Elm Disease,' *Yearbook of Agric.*, U. S. Dept. of Agric., 1949, pp. 451-52.

Page 86

Mehner, John F., and George J. Wallace, 'Robin Populations and Insecticides,' *Atlantic Naturalist*, Vol. 14 (1959), No. 1, pp. 4-10.

Page 87

Wallace, George J., 'Insecticides and Birds,' *Audubon Mag.*, Jan.-Feb. 1959.

Page 88

Barker, Roy J., 'Notes on Some Ecological Effects of DDT Sprayed on Elms,' *Jour. Wildlife Management*, Vol. 22 (1958), No. 3, pp. 269-74.

Page 88

Hickey, Joseph J., and L. Barrie Hunt, 'Songbird Mortality Following Annual Programs to Control Dutch Elm Disease,' *Atlantic Naturalist*, Vol. 15 (1960), No. 2, pp. 87-92.

Page 89

Wallace, 'Insecticides and Birds.'

Page 89

Wallace, George J., 'Another Year of Robin Losses on a University Campus,'

Audubon Mag., March-April 1960.

Page 89

'Coordination of Pesticides Programs,' *Hearings*, H. R. 11502, 86th Congress, Com. on Merchant Marine mad Fisheries, May 1960, pp. 10, 12.

Page 89

Hickey, Joseph J., and L. Barrie Hunt, 'Initial Songbird Mortality Following a Dutch Elm Disease Control Program,' *Jour. Wildlife Management*, Vol. 24 (1960), No. 3, pp. 259-65.

Page 89

Wallace, George J., et al., *Bird Mortality in the Dutch Elm Disease Program in Michigan.* Cranbrook Inst. of Science Bulletin 41 (1961).

Page 89

Hickey, Joseph J., 'Some Effects of Insecticides on Terrestrial Birdlife,' *Report* of Subcom. on Relation of Chemicals to Forestry and Wildlife, State of Wisconsin, Jan. 1961, pp. 2-43.

Page 90

Walton, W. R., *Earthworms As Pests and Otherwise.* U. S. Dept. of Agric. Farmers' Bulletin No. 1569 (1928).

Page 90

Wright, Bruce S., 'Woodcock Reproduction in DDT-Sprayed Areas of New Brunswick,' *Jour. Wildlife Management*, Vol. 24 (1960), No. 4, pp. 419-20.

Page 90

Dexter, R. W., 'Earthworms in the Winter Diet of the Opossum and the Raccoon,' *Jour. Mammal.*, Vol. 32 (1951), p. 464.

Page 90

Wallace et al., *Bird Mortality in the Dutch Elm Disease Program.*

Page 91

'Coordination of Pesticides Programs. ' Testimony of George J. Wallace, p. 10.

Pages 91-2

Wallace, 'Insecticides and Birds. '

Page 92

Bent, Arthur C., *Life Histories of North American Jays, Crows, and Titmice*. Smithsonian Inst., U. S. Natl. Museum Bulletin 191 (1946).

Page 92

MacLellan, C. R., 'Woodpecker Control of the Codling Moth in Nova Scotia Orchards,' *Atlantic Naturalist*, Vol. 16 (1961), No. 1, pp. 17-25.

Page 92

Knight, F. B., 'The Effects of Woodpeckers on Populations of the Engelmann Spruce Beetle,' *Jour. Econ. Entomol.*, Vol. 51 (1958), pp. 603-7.

Page 93

Carter, J. C., To author, June 16, 1960.

Page 94

Sweeney, Joseph A., To author, March 7, 1960.

Page 95

Welch, D. S., and J. G. Matthysse, *Control of the Dutch Elm Disease in New York State*. New York State College of Agric., Cornell Ext. Bulletin No. 932 (June 1960), pp. 3-16.

Page 96

Matthysse, J. G., *An Evaluation of Mist Blowing and Sanitation in Dutch Elm Disease Control Programs*. New York State College of Agric., Cornell Ext. Bulletin No. 30 (July 1959), pp. 2-16.

Page 96

Miller, Howard, To author, Jan. 17, 1962.

Page 97

Elton, Charles S., *The Ecology of Invasions by Animals and Plants*. New York: Wiley, 1958. London: Methuen & Co., 1958.

Page 97

Broley, Charles E., 'The Bald Eagle in Florida,' *Atlantic Naturalist*, July 1957, pp. 230-31.

Page 97

——, 'The Plight of the American Bald Eagle,' *Audubon Mag.*, July-Aug. 1958, pp. 162-63.

Pages 97-8

Cunningham, Richard L., 'The Status of the Bald Eagle in Florida,' *Audubon Mag.*, Jan. -Feb. 1960, pp. 24-43.

Page 98

'Vanishing Bald Eagle Gets Champion,' *Florida Naturalist*, April 1959, p. 64.

Page 98

McLaughlin, Frank, 'Bald Eagle Survey in New Jersey,' *New Jersey Nature News*, Vol. 16 (1959), No. 2, p. 25. Interim Report, Vol. 16 (1959), No. 3, p. 51.

Page 98

Broun, Maurice, To author, May 22, 30, 1960.

Page 99

Beck, Herbert H., To author, July 30, 1959.

Page 99

DeWitt, James B., 'Effects of Chlorinated Hydrocarbon Insecticides upon Quail and Pheasants,' *Jour. Agric. and Food Chem.*, Vol. 8 (1955), No. 8, p. 672.

Page 99

——, 'Chronic Toxicity to Quail and Pheasants of Some Chlorinated Insecticides,' *Jour. Agric. and Food Chem.*, Vol. 4 (1956), No. 10, p. 863.

Page 100

Rudd, Robert L., and Richard E. Genelly, *Pesticides: Their Use and Toxicity in Relation to Wildlife*. Calif. Dept. of Fish and Game, Game Bulletin No. 7 (1956), p. 57.

Page 100

Imler, Ralph H., and E. R. Kalmbach, *The Bald Eagle and Its Economic Status*. U. S. Fish and Wildlife Service Circular 30 (1955).

Page 100

Mills, Herbert R., 'Death in the Florida Marshes,' *Audubon Mag.*, Sept. -Oct.

1952.

Page 101

Bulletin, Internatl. Union for the Conservation of Nature, May and Oct. 1957.

Page 101

The Deaths of Birds and Mammals Connected with Toxic Chemicah in the First Half of 1960. Report No. 1 of the British Trust for Ornithology and Royal Soc. for the Protection of Birds. Com. on Toxic Chemicals, Royal Soc. Protect. Birds.

Pages 101-3

Sixth Report from the Estimates Com., Ministry of Agric., Fisheries and Food, Sess. 1960-61, House of Commons.

Page 103

Christian, Garth, 'Do Seed Dressings Kill Foxes?' *Country Life*, Jan. 12, 1961.

Page 103

Rudd, Robert L., and Richard E. Genelly, 'Avian Mortality from DDT in Californian Rice Fields,' *Condor*, Vol. 57 (March-April 1955), pp. 117-18.

Page 104

Rudd and Genelly, *Pesticides*.

Page 104

Dykstra, Walter W., 'Nuisance Bird Control,' *Audubon Mag.*, May-June 1960, pp. 118-19.

Page 104

Buchheister, Carl W., 'What About Problem Birds?' *Audubon Mag.*, May-June 1960, pp. 116-18.

Page 105

Quinby, Griffith E., and A. B. Lemmon, 'Parathion Residues As a Cause of Poisoning in Crop Workers,' *Jour. Am. Med. Assn.*, Vol. 166 (Feb. 15, 1958), pp. 740-46.

CHAPTER 9: RIVERS OF DEATH

Pages 106-10

Kerswill, C. J. 'Effects of DDT Spraying in New Brunswick on Future RUns of Adult Salmon,' *Atlantic Advocate*, Vol. 48 (1958), pp. 65-68.

Pages 106-10

Keenleyside, M. H. A., 'Insecticides and Wildlife,' *Canadian Audubon*, Vol. 21 (1959), No. 1, pp. 1-7.

Pages 106-10

———, 'Effects of Spruce Budworm Control on Salmon and Other Fishes in New Brunswick,' *Canadian Fish Culturist*, Issue 24 (1959), pp. 17-22.

Pages 106-10

Kerswill, C. J., *Investigation and Management of Atlantic Salmon in 1956* (also for 1957, 1958, 1959-60; in 4 parts). Federal-Provincial Co-ordinating Com. on Atlantic Salmon (Canada).

Page 108

Ide, F. P., 'Effect of Forest Spraying with DDT on Aquatic Insects of Salmon Streams,' *Transactions*, Am. Fisheries Soc., Vol. 86 (1957), pp. 208-19.

Page 109

Kerswill, C. J., To autllor, May 9, 1961.

Pages 109-10

———, To attthor, June 1, 1961.

Page 111

Warner, Kendall, and O. C. Fenderson, 'Effects of Forest Insect Spraying on Northern Maine Trout Streams.' Maine Dept. of Inland Fisheries and Game. Mimeo., n. d.

Page 111

Alderdice, D. F., and M. E. Worthington, 'Toxicity of a DDT Forest Spray to Young Salmon.' *Canadian Fish Culturist*, Issue 24 (1959), pp. 41-48.

Page 111

Hourston, W. R., To author, May 23, 1961.

Page 112

Graham, R. J., and D. O. Scott, *Effects of Forest Insect Spraying on Trout and Aquatic Insects in Some Montana Streams*. Final Report, Mont. State Fish and Game Dept., 1958.

Pages 112–13

Graham, R. J., 'Effects of Forest Insect Spraying on Trout and Aquatic Insects in Some Montana Streams,' in *Biological Problems in Water Pollution*. Transactions, 1959 seminar. U. S. Public Health Service Technical Report W60-3 (1960).

Page 113

Crouter, R. A., and E. H. Vernon, 'Effects of Black-headed Budworm Control on Salmon and Trout in British Columbia,' *Canadian Fish Culturist*, Issue 24 (1959), pp. 23–40.

Page 114

Whiteside, J. M., 'Spruce Budworm Control in Oregon and Washington, 1949–1956,' *Proc.*, 10th Internatl. Congress of Entomologists (1956), Vol. 4 (1958), pp. 291–302.

Page 114

Pollution-Caused Fish Kills in 1960. U. S. Public Health Service Publ. No. 847 (1961), pp. 1–20.

Page 115

'U. S. Anglers—Three Billion Dollars,' *Sport Fishing Inst. Bull.,* No. 119 (Oct. 1961).

Page 115

Powers, Edward (Bur. of Commercial Fisheries), To author.

Page 115

Rudd, Robert L., and Richard E. Genelly, *Pesticides: Their Use and Toxicity in Relation to Wildlife*. Calif. Dept. of Fish and Game, Game Bulletin No. 7 (1956), p. 88.

Page 15

Biglane, K. E., To author, May 8, 1961.

Page 115

Release No. 58-38, Penna. Fish Commission, Dec. 8, 1958.

Page 115

Rudd and Genelly, *Pesticides*, p. 60.

Page 115

Henderson, C., et al., 'The Relative Toxicity of Ten Chlorinated Hydrocarbon Insecticides to Four Species of Fish,' paper presented at 88th Annual Meeting Am. Fisheries Soc.(1958).

Page 115

'The Fire Ant Eradication Program and How It Affects Wildlife,' subject of *Proc. Symposium*, 12th Annual Conf. South-eastern Assn. Game and Fish Commissioners, Louisville, Ky.(1958). Pub. by the Assn., Columbia, S. C., 1958.

Page 115

'Effects of the Fire Ant Eradication Program on Wildlife,' report, U. S. Fish and Wildlife Service, May 25, 1958. Mimeo.

Page 115

Pesticide-Wildlife Review, 1959, Bur. Sport Fisheries and Wildlife Circular 84 (1960), U. S. Fish and Wildlife Service, pp. 1-36.

Page 115

Baker, Maurice F., 'Observations of Effects of an Application of Heptachlor or Dieldrin on Wildlife。' in *Proc. symposium*, pp. 18-20.

Page 116

Glasgow, L. L., 'Studies on the Effect of the Imported Fire Ant Control Program on Wildlife in Louisiana,' in *Proc. Symposium*, pp. 24-29.

Page 116

Pesticide-Wildlife Review, 1959.

Page 116

Progress in Sport Fishery Research, 1960. Bur. Sport Fisheries and Wildlife Circular 101 (1960), U. S. Fish and Wildlife Service.

Page 116

'Resolution Opposing Fire-Ant Program Passed by American Society of Ichthyologists and Herpetologists,' *Copeia* (1959), No. 1, p. 89.

Pages 116-17

Young, L. A., and H. P. Nicholson, 'Stream Pollution Resulting from the Use of Organic Insecticides,' *Progressive Fish Culturist*, Vol. 13 (1951), No. 4, pp. 193-98.

Page 118

Rudd and Genelly, *Pesticides*.

Page 118

Lawrence, J. M., 'Toxicity of Some New Insecticides to Several Species of Pondfish,' *Progressive Fish Culturist*, Vol. 12 (1950), No. 4. pp. 141-46.

Page 118

Pielow, D. P., 'Lethal Effects of DDT on Young Fish,' *Nature*, Vol. 158 (1946), No. 4011, p. 378.

Page 119

Herald, E. S. ' 'Notes on the Effect of Aircraft-Distributed DDT-Oil Spray upon Certain Philippine Fishes,' *Jour. Wildlife Management*, Vol. 13 (1949), No. 3, p. 316.

Pages 119-20

'Report of Investigation of the Colorado River Fish Kill, January, 1961. ' Texas Game and Fish Commission, 1961. Mimeo.

Pages 121-2

Harrington, R. W., Jr., and W. L. Bidlingmayer, 'Effects of Dieldrin on Fishes and Invertebrates of a Salt Marsh,' *Jour. Wildlife Management*, Vol. 22 (1958), No. 1, pp. 76-82.

Page 122

Mills, Herbert R., 'Death in the Florida Marshes,' *Audubon Mag.*, Sept. -Oct. 1952.

Page 122

Springer, Paul F., and John R. Webster, *Effects of DDT on Saltmarsh Wildlife:* 1949. U. S. Fish and Wildlife Service, Special Scientific Report, Wildlife No. 10 (1949).

Pages 123-4

John C. Pearson, To author.

Pages 124-5

Butler, Philip A., 'Effects of Pesticides on Commercial Fisheries,' *Proc.*, 13th Annual Session (Nov. 1960), Gulf and Caribbean Fisheries Inst., pp. 168-71.

CHAPTER 10: INDISCRIMINATELY FROM THE SKIES

Page 127

Perry, C. C., *Gypsy Moth Appraisal Program and Proposed Plan to Prevent Spread of the Moths*. U. S. Dept. of Agric. Technical Bulletin No. 1124 (Oct. 1955).

Page 128

Corliss, John M., 'The Gypsy Moth,' *Yearbook of Agric.*, U. S. Dept. of Agric., 1952, pp. 694-98.

Page 128

Worrell, Albert C., 'Pests, Pesticides, and People,' offprint from *Am. Forests Mag.*, July 1960.

Page 128

Clausen, C. P., 'Parasites and Predators,' *Yearbook of Agric.*, U. S. Dept. of Agric., 1952, pp. 880-88.

Page 128

Perry, *Gypsy Moth Appraisal Program*.

Page 129

Worrell, 'Pests, Pesticides, and People.'

Page 129

'USDA Launches Large-Scale Effort to Wipe Out Gypsy Moth,' press release, U. S. Dept. of Agric., March 20, 1957.

Page 129

Worrell, 'Pests, Pesticides, and People.'

Page 129

Robert Cushman Murphy et al. v. Ezra Taft Benson et al. U. S. Distriet Court, Eastern District of New York, Oct. 1959, Civ. No. 17610.

Page 130

Murphy et al. v. *Benson et al.* Petition for a Writ of Certiorari to the U. S. Court of Appeals for the Second Circuit, Oct. 1959.

Page 150

Wallcr, W. K., 'Poison on the Land,' *Audubon Mag.*, March-April 1958, pp. 68–71.

Page 130

Murphy et al. v. *Benson et al.* U. S. Supreme Court Reprots, Memorandum Cases, No. 662, March 28, 1960.

Page 130

Waller, 'Poison on the Land.'

Page 131

Am. Bee Jour., June 1958, p. 224.

Page 132

Murphy et al. v. *Benson et al.* U. S. Court of Appeals, Second Circuit. Brief for Defendant-Appellee Butler, No. 25, 448, March 1959.

Page 132

Brown, William L., Jr., 'Mass Insect Control Programs: Four Case Histories,' *Psyche*, Vol. 68 (1961), Nos. 2–3, pp. 75–111.

Pages 132–3

Arant, F. S., et al., 'Facts about the Imported Fire Ant,' *Highlights of Agric. Research*, Vol. 5 (1958), No. 4.

Page 133

Brown, 'Mass Insect Control Programs.'

Page 133

'Pesticides: Hedgehopping into Trouble?' *Chemical Week*, Feb. 8, 1958, p. 97.

Page 134

Arant et al., 'Facts about the Imported Fire Ant.'

Page 134

Byrd, I. B., 'What Are the Side Effects of the Imported Fire Ant Control Program?' in *Biological Problems in Water Pollution*. Transactions, 1959 seminar. U. S. Public Health Service Technical Report W60-3 (1960), pp. 46-50.

Page 134

Havs, S. B., and K. L. Hays, 'Food Habits of *Solenopsis saevissima richteri* Forel,' *Jour. Econ. Entomol.*, Vol. 52 (1959), No. 3, pp. 455-57.

Page 134

Caro, M. R., et al., 'Skin Responses to the Sting of the Imported Fire Ant,' *A. M. A. Archives Dermat.*, Vol. 75 (1957), pp. 475-88.

Page 134

Byrd, 'Side Efiects of Fire Ant Program.'

Page 135

Baker, Maurice F., in *Virginia Wildlife*, Nov. 1958.

Page 136

Brown, 'Mass Insect Control Programs.'

Page 136

Pesticide-Wildlife Review, 1959. Bur. Sport Fisheries and Wildlife Circular 84 (1960), U. S. Fish and Wildlife Service, pp. 1-88.

Page 136

'Tlle Fire Ant Eradication Program and How It Affects Wildlife,' subject of *Proc. Symposium*, 12th Annual Conf. South-eastern Assn. Game and Fish Commissioners, Louisville, Ky. (1958). Pub. by the Assn., Columbia, S. C.,

1958.

Page 137

Wright, Bruce S., 'Woodcock Reproduction in DDT-Sprayed Areas of New Brunswick,' *Jour. Wildlife Management*, Vol. 24 (1960), No. 4, pp. 419−20.

Page 137

Clawson, Sterling G., 'Fire Ant Eradication—and Quail,' *Alabama Conservation.*, Vol. 30 (1959). No. 4, p. 14.

Page 137

Rosene, Walter, 'Whistling-Cock Counts of Bobwhite Quail On Areas Treated with Insecticide and on Untreated Areas, Decatur County, Georgia,' in *Proc. Symposium*, pp. 14−18.

Page 137

Pesticide-Wildlife Review, 1959.

Pages 137−8

Cottam, Clarence, 'The Uncontrolled Use of Pesticides in the South-east,' address to South-eastern Assn. Fish, Game and Conservation Commissioners, Oct. 1959.

Pages 138−9

Poitevint, Otis L., Address to Georgia Sportsmen's Fed., Oct. 1959.

Page 139

Ely, R. E., et al., 'Excretion of Heptachlor Epoxide in the Milk of Dairy Cows Fed Heptachlor-Sprayed Forage and Technical Heptachlor,' *Jour. Dairy Sci.*, Vol. 38 (1955), No. 6, pp. 669−72.

Page 139

Gannon, N., et al., 'Storage of Dieldrin in Tissues and Its Excretion in Milk of Dairy Cows Fed Dieldrin in Their Diets,' *Jour. Agric. and Food Chem.*, Vol. 7 (1959), No. 12, pp. 824−32.

Page 139

Insecticide Recommendations of the Entomology Research Division for the Control of Insects Attacking Crops and Livestock for 1961. U. S. Dept. oF

Agric. Handbook No. 120 (1961).

Page 140

Peckinpaugh, H. S. (Ala. Dept. of Agric. and Indus.), To author, March 24, 1959.

Page 140

Hartman, H. L. (La. State Board of Health), To author, March 23, 1959.

Page 140

Lakey, J. F. (Texas Dept. of Health), To author, March 23, 1959.

Page 140

Davidow, B., and J. L. Radomski, 'Metabolite of Heptachlor, Its Analysis, Storage, and Toxicity,' *Federation Proc.*, Vol. 11 (1952), No. 1, p. 336.

Page 140

Food and Drug Administration, U. S. Dept. of Health, Education, and Welfare, in *Federal Register*, Oct. 27, 1959.

Page 140

Burgess, E. D. (U. S. Dept. of Agric.), To author, June 23, 1961.

Page 141

'Fire Ant Control is Parley Topic,' *Beaumont [Texas] Journal*, Sept. 24, 1959.

Page 141

'Coordination of Pesticides Programs,' *Hearings*, 86th Congress, H. R. 11502, Com. on Merchant Marine and Fisheries, May 1960, p. 45.

Page 141

Newsom, L. D. (Head, Entomol. Research, La. State Univ.), To author, March 23, 1962.

Page 142

Green, H. B., and R. E. Hutchins, *Economical Method for Control of Imported Fire Ant in Pastures and Meadows*. Miss. State Univ. Agric. Exper. Station Information Sheet 586 (May 1958).

CHAPTER 11: BEYOND THE DREAMS OF THE BORGIAS

Page 144

'Chemicals in Food Products,' *Hearings*, 81st Congress, H. R. 323, Com. to Investigate Use of Chemicals in Food Products, Pt. I, (1950), pp. 388-90.

Page 145

Clothes Moths and Carpet Beetles. U. S. Dept. of Agric., Home and Garden Bulletin No. 24 (1961).

Page 145

Mulrennan, J. A., To author, March 15, 1960.

Page 145

New York Times, May 22, 1960.

Page 146

Petty, Charles S., 'Organic Phosphate Insecticide Poisoning. Residual Effects in Two Cases,' *Am. Jour. Med.,* Vol. 24, (1958), pp. 4167-70.

Page 146

Miller, A. C., et al., 'Do People Read Labels on Household Insecticides?' *Soap and Chem. Specialties*, Vol. 34 (1958), No. 7, pp. 61-63.

Page 147

Hayes, Wayland J., Jr., et al., 'Storage of DDT and DDE In People with Different Degrees of Exposure to DDT,' *A. M. A. Archives Indus. Health*, Vol. 18 (Nov. 1958), pp. 398-406.

Page 147

Walker, Kenneth C., et al., 'Pesticide Residues in Foods. Dichlorodiphenyltrichloroethane and Dichlorodiphenyldichloroethylons Content of Prepared Meals,' *Jour. Agric. and Food Chem.*, Vol. 2 (1954), No. 20, pp. 1034-37.

Page 147

Hayes, Wayland J., Jr., et al., 'The Effect of Known Repcated Oral Doses of Chlorophenothane (DDT) in Man,' *Jour. Am. Med.* Assn., Vol. 162 (1956), No. 9, pp. 890-97.

Page 147

Milstead, K. L., 'Highlights in Various Areas of Enforcement,' address to 64th Annual Conf. Assn. of Food and Drug Officials of U. S., Dallas (June 1960).

Page 148

Durham, William, et al., 'Insecticide Content of Diet and Body Fat of Alaskan Natives,' *Science*, Vol. 134 (1961), No. 3493, pp. 1880-81.

Page 149

'Pesticides—1959,' *Jour. Agric. and Food Chem.*, Vol. 7 (1959), No. 10, pp. 674-88.

Page 149

Annual Reports, Food and Drug Administration, U. S. Dept. of Health, Educaton, and Welfare. For 1957, pp. 196, 197; 1956, p. 203.

Page 149

Markarian, Haig, et al., 'Insecticide Residues in Foods Subjected to Fogging under Simulated Warehouse Conditions,' *Abstracts*, 135th Meeting Am. Chem. Soc. (April 1959).

CHAPTER 12: THE HUMAN PRICE

Page 153

Price, David E., 'Is Man Becoming Obsolete?' *Public Health Reports*, Vol. 74 (1959), No. 8, pp. 693-99.

Page 154

'Report on Environment Health Problems,' *Hearings*, 86th Congress, Subcom. of Com. on Appropriations, March 1960, p. 34.

Page 154

Dubos, René, *Mirage of Health*. New York: Harper, 1959. World Perspectives Series. P. 171. London: George Allen & Unwin, 1960.

Page 155

Medical Research: *A Midcentury Survey*. Vol. 2, *Unsolved Clinical Problems in Biological Perspective*. Boston: Little, Brown, 1955. p. 4.

Page 155

'Chemicals in Food Products,' *Hearings*, 81st Congress, H. R. 323, Com. to Investigate Use of Chemicals in Food Products, 1950, p. 5. Testimony of A. J. Carlson.

Page 155

Paul, A. H., 'Dieldrin Poisoning—a Case Report,' *New Zealand Med. Jour.*, Vol. 58 (1959), p. 393.

Page 155

'Insecticide Storage in Adipose Tissue,' editorial, *Jour. Am. Med. Assn.*, Vol. 145 (March 10, 1951), pp. 735-36.

Page 156

Mitchell, Philip H., *A Textbook of General Physiology*. New York: McGraw-Hill. 1956. 5th ed.

Page 156

Miller, B. F., and R. Goode, *Man and His Boay: The Wonders of the Human Mechanism*. New York: Simon and Schuster, 1960. London: Gollanez, 1961.

Page 156

Dubois, Kenneth P., 'Potentiation of the Toxicity of Insecticidal Organic Phosphates,' *A. M. A. Archives Indus. Health*, Vol. 18 (Dec. 1958), pp. 488-96.

Page 157

Gleason, Marion, et al., *Clinical Toxicology of Commercial Products*. Baltimore: Williams and Wilkins, 1957.

Page 157

Case, R. A. M., 'Toxic Effects of DDT in Man,' *Brit. Med. Jour.*, Vol. 2 (Dec. 15, 1945), pp. 842-45.

Page 158

Wigglesworth, V. D., 'A Case of DDT Poisoning in Man,' *Brit. Med. Jour.*, Vol. 1 (April 14, 1945), p. 517.

Page 158

Hayes, Wayland J., Jr., et al., 'The Effect of Known Repeated Oral Doses of Chlorophenothane (DDT) in Man,' *Jour. Am. Med. Assn.*, Vol. 162 (Oct. 27, 1956), pp. 890-97.

Page 158

Hargraves, Malcolm M., 'Chemical Pesticides and Conservation Problems,' address to 23rd Annual Conv. Natl. Wildlife Fed. (Feb. 27, 1959). Mimeo.

Page 159

——, and D. G. Hanlon. 'Leukemia and Lymphoma—Environmental Diseases?' paper presented at Internatl. Congress of Hematology, Japan, Sept. 1960. Mimeo.

Page 159

'Chemicals in Food Products,' *Hearings*, 81st Congress, H. R. 323, Com. to Investigate Use of Chemicals in Food Products, 1950. Testimony of Dr. Morton S. Biskind.

Page 159

Thompson, R. H. S., 'Cholinesterases and Anticholinesterases,' *Lectures on the Scientific Basis of Medicine*, Vol. II (1952-53), Univ. of London. London: Athlone Press, 1954.

Page 160

Laug, E. P., and F. M. Keenz, 'Effect of Carbon Tetrachloride on Toxicity and Storage of Methoxychlor in Rats,' *Federation Proc.*, Vol. 10 (March 1951), p. 318.

Page 160

Hayes, Wayland J., Jr., 'The Toxicity of Dieldrin to Man,' *Bull. World Health Organ.*, Vol. 20 (1959), pp. 891-912.

Page 160

'Abuse of Insecticide Fumigating Devices,' *Jour. Am. Med. Assn.*, Vol. 156 (Oct. 9, 1954), pp. 607-8.

Page 161

'Chemicals in Food Products.' Testimony of Dr. Paul B. Dunbar, pp. 28-29.

Page 161

Smith, M. I., and E. Elrove, 'Pharmacological and Chemical Studies of the Cause of So-Called Ginger Paralysis,' *Public Health Reports*, Vol. 45 (1930), pp. 1703-16.

Page 161

Durham, W. F., et al., 'Paralytic and Related Effects of Certain Organic Phosphorus Compounds,' *A. M. A. Archives Indus. Health*, Vol. 13 (1956), pp. 326-30.

Page 161

Bidstrup, P. L., et al., 'Anticholinesterases (Paralysis in Man Following Poisoning by Cholinesterase Inhibitors),' *Chem. and Indus.*, Vol. 24 (1954), pp. 674-76.

Page 162

Gershon, S., and F. H. Shaw, 'Psychiatric Sequelae of Chronic Exposure to Organophosphorus Insecticides,' *Lancet*, Vol. 7191 (June 24, 1961), pp. 1371-74.

CHAPTER 13: THROUGH A NARROW WINDOW

Page 163

Wald, George, 'Life and Light,' *Sci. American*, Oct. 1959, pp. 40-42.

Page 163

Rabinowitch, E. I., Quoted in *Medical Research: A Midcentury Survey*. Vol. 2, *Unsolved Clinical Problems in Biological Perspective*. Boston: Little, Brown, 1955. p. 25.

Page 164

Ernster, L., and O. Lindberg, 'Animal Mitochondria,' *Annual Rev. Physiol.*, Vol. 20 (1958), pp. 13-42.

Page 165

Siekevitz, Philip, 'Powerhouse of the Cell,' *Sci. American*, Vol. 197 (1957), No. 1, pp. 131-40.

Page 165

Green, David E., 'Biological Oxidation,' *Sci. American*, Vol. 199 (1958), No. 1, pp. 56-62.

Page 165

Lehninger, Albert L., 'Energy Transformation in the Cell,' *Sci. American*, Vol. 202 (1960), No. 5, pp. 102-14.

Page 165

——, *Oxidative Phosphorylation*. Harvey Lectures (1953-54), Ser. XLIX, Harvard University. Cambridge: Harvard Univ. Press, 1955. pp. 176-215.

Page 166

Siekevitz, 'Powerhouse of the Cell.'

Page 166

Sinlon, E. W., 'Mechanisms of Dinitrophenol Toxicity,' *Biol. Rev.*, Vol. 28 (1953), pp. 453-79.

Page 166

Yost, Henry T., and H. H. Robson, 'Studies on the Effects of Irradiation of Cellular Particulates. III. The Effect of Combined Radiation Treatments on Phosphorylation,' *Biol. Bull.*, Vol. 118 (1959), No. 3, pp. 498-506.

Page 166

Loomis, W. F., and Lipmann, F., 'Reversible Inhibition of the Coupling between Phosphorylation and Oxidation,' *Jour. Biol. Chem.*, Vol. 173 (1948), pp. 807-8.

Page 167

Brody, T. M., 'Effect of Certain Plant Growth Substances on Oxidative Phosphorylation in Rat Liver Mitochondria,' *Proc. Soc. Exper. Biol. and Med.*, Vol. 80 (1952), pp. 533-36.

Page 167

Sacklin, J. A., et al., 'Effect of DDT on Enzymatic Oxidation and Phosphorylation,' *Science*, Vol. 122 (1955), pp. 377-78.

Page 167

Danziger, L., 'Anoxia and Compounds Causing Mental Disorders in Man,'

Diseases Nervous System, Vol. 6 (1945), No. 12, pp. 365–70.

Page 167

Goldblatt, Harry, and G. Cameron, 'Induced Malignancy in Cells from Rat Myocardium Subjected to Intermittent Anaerobiosis During Long Propagation in Vitro,' *Jour. Exper. Med.*, Vol. 97 (1953), No. 4, pp. 525–52.

Page 167

Warburg, Otto, 'On the Origin of Cancer Cells,' *Science*, Vol. 123 (1956), No. 3191, pp. 309–14.

Page 168

'Congenital Malformations Subject of Study,' *Registrar*, U. S. Public Health Service, Vol. 24, No. 12 (Dec. 1959), p. 1.

Page 168

Brachet, J., *Biochemical Cytology*. New York: Academic Press, 1957. p. 516.

page 169

Genelly, Richard E., and Robert L. Rudd, 'Effects of DDT, Toxaphene, and Dieldrin on Pheasant Reproduction,' *Auk*, Vol. 73 (Oct. 1956), pp. 529–39.

Page 169

Wallace, George J., To author, June 2, 1960.

Page 169

Cottam, Clarence, 'Some Effects of Sprays on Crops and Livestock,' address to Soil Conservation Soc. of Am., Aug. 1961. Mimeo.

Page 169

Bryson, M. J., et al., 'DDT in Eggs and Tissues of Chickens Fed Varying Levels of DDT,' *Advances in Chem.*, Ser. No. 1, 1950.

Page 170

Genelly, Richard E., and Robert L. Rudd, 'Chronic Toxicity of DDT, Toxaphene, and Dieldrin to Ring-necked Pheasants,' *Calif. Fish and Game*, Vol. 42 (1956), No. 1, pp. 5–14.

Page 170

Emmel, L., and M. Krupe, 'The Mode of Action of DDT in Warm-blooded

Animals,' *Zeits. fur Naturforschung*, Vol. 1 (1946), pp. 691-95.

Wallace, George J., To author.

Pillmore, R. E., 'Insecticide Residues in Big Game Animals.' U. S. Fish and Wildlife Service, pp. 1-10. Denver, 1961. Mimeo.

Hodge, C. H., et al., 'Short-Term Oral Toxicity Tests of Methoxychlor in Rats and Dogs,' *Jour. Pharmacol. and Exper. Therapeut.*, Vol. 99 (1950), p. 140.

Burlington, H., and V. F. Lindeman, 'Effect of DDT On Testes and Secondary Sex Characters of White Leghorn Cockerels.' *Proc. Soc. Exper. Biol. and Med.*, Vol. 74 (1950), pp. 48-51.

Lardy, H. A., and P. H. Phillips, 'The Effect of Thyroxine and Dinitrophenol on Sperm Metabolism,' *Jour. Biol. Chem.*, Vol. 149 (1943), p. 177.

'Occupational Oligospermia,' letter to Editor, *Jour. Am. Med. Assn.*, Vol. 140, No. 1249 (Aug. 13, 1949).

Burnet, F. Macfarlane, 'Leukemia As a Problem in Preventive Medicine,' *New Eng. Jour. Med.*, Vol. 259 (1958), No. 9, pp. 423-31.

Alexander, Peter, 'Radiation-Imitating Chemicals?' *Sci. American*, Vol. 202 (1960), No. 1, pp. 99-108.

Simpson, George G., C. S. Pittendrigh, and L. H. Tiffany, *Life: An Introduction to Biology*. New York: Harcourt, Brace, 1957. London: Routledge & Kegan Paul, 1958.

Page 173

Burnet, 'Leukemia As a Problem in Preventive Medicine.'

Page 173

Bearn, A. G., and J. L. German III, 'Chromosomes and Disease.' *Sci. American*, Vol. 205 (1961), No. 5, pp. 66–76.

Page 173

'The Nature of Radioactive Fall-out and Its Effects On Man,' *Hearings*, 85th Congress, Joint Com. on Atomic Energy, Pt. 2 (June 1957), p. 1062. Testimony of Dr. Hermarnn J. Muller.

Page 173

Alexander, 'Radiation-Imitating Chemicals.'

Pages 173–4

Muller, Hermann J., 'Radiation and Human Mutation,' *Sci. American*, Vol. 193 (1955), No. 11, pp. 58–68.

Page 174

Conen, P. E., and G. S. Lansky, 'Chromosome Damage during Nitrogen Mustard Therapy,' *Brit. Med. Jour.,* Vol. 2 (Oct. 21, 1961), pp. 1055–57.

Page 174

Blasquez, J., and J. Maier, 'Ginandromorfismo en *Culex fatigans* sometidos por generaciones sucesivas a exposiciones de DDT,' *Revista de Sanidad y Assistencia Social*(Caracas), Vol. 16 (1951), pp. 607–12.

Page 174

Levan, A., and J. H. Tjio, 'Induction of Chromosome Fragmentation by Phenols,' *Hereditas*, Vol. 34 (1948), pp. 453–84.

Page 174

Loveless, A., and S. Revell, 'New Evidence on the Mode of Action of "Mitotic Poisons",' *Nature*, Vol. 164 (1949), pp. 938–44.

Page 174

Hadorn, E., et al., Quoted by Charlotte Auerbach in 'Chemical Mutagenesis,' *Biol. Rev.*, Vol. 24 (1949), pp. 355–91.

Page 174

Wilson, S. M., et al., 'Cytological and Genetical Effects of the Defoliant Endothal,' *Jour. of Heredity*, Vol. 47 (1956), No. 4' pp. 151-55.

Page 174

Vogt, quoted by W. J. Burdette in 'The Significance of Mutation in Relation to the Origin of Tumors: A Review,' *Cancer Research*, Vol. 15 (1955), No. 4, pp. 201-26.

Page 174

Swanson, Carl, *Cytology and Cytogenetics*. Englewood Cliffs, N. J.: Prentice-Hall, 1957.

Page 174

Kostoff, D., 'Induction of Cytogenic Changes and Atypical Growth by Hexachlorcyclohexane,' *Science*, Vol. 109 (May 6, 1949), pp. 4, 67-68.

Page 174

Sass, John E., 'Response of Meristems of Seedlings to Benzene Hexachloride Used As a Seed Protectant,' *Science*, Vol. 114 (Nov. 2, 1951), p. 466.

Page 175

Shenefelt. R. D., 'What's Behind Insect Control?' in *What's New in Farm Science*. Univ. of Wisc. Agric. Exper. Station Bulletin 512 (Jan. 1955).

Page 175

Croker, Barbara H., 'Effects of 2, 4-D and 2, 4, 4-T on Mitosis in *Allium cepa*,' *Bot. Gazette*, Vol. 114 (1953), pp. 274-83.

Page 175

Mühling, G. N., et al., 'Cytological Effects of Herbicidal Substituted Phenols,' *Weeds*, Vol. 8 (1960), No. 2, pp. 173-81.

Page 175

Davis, David E., To author, Nov. 24, 1961.

Page 175

Jacobs, Patricia A., et al., 'The Somatic Chromosomes in Mongolism,' *Lancet*, No. 7075 (April 4, 1959), p. 710.

Page 176

Ford, C. E., and P. A. Jaeobs, 'Human Somatic Chromosomes,' *Nature*, June 7, 1958, pp. 1565-68.

Page 176

'Chromosome Abnormality in Chronic Myeloid Leukaemia。' editorial, Brit. *Med. Jour.*, Vol. 1 (Feb. 4, 1961), p. 347.

Page 176

Bearn and German, 'Chromosomes and Disease. '

Page 177

Patau, K., et al., 'Partial-Trisomy Syndromes. I. Sturge-Weber's Disease,' *Am. Jour. Human Genetics*, Vol. 13 (1961), No. 3, pp. 287-98.

Page 177

——, 'Partial-Trisomv Syndromes. II. An Insertion As Cause of the OFD Syndrome in Mother and Daughter,' *Chromosoma* (Berlin), Vol. 21 (1961), pp. 573-84.

Page 177

Therman, E., et al., 'The D Trisomy Syndrome and XO Gonadal Dysgenesis in Two Sisters,' *Am. Jour. Human Genetics*, Vol. 13 (1961), No. 2, pp. 193-204.

CHAPTER 14: ONE IN EVERY FOUR

Page 178

Hueper, W. C., 'Newer Developments in Occupational and En vironmental Cancer,' *A. M. A. Archives Inter. Med.,* Vol. 100 (Sept. 1957), pp. 487-503.

Page 179

——, *Occupational Tumors and Allied Diseases*. Springfield, Ill.:Thomas, 1942.

Page 180

——, 'Environmental Cancer Hazards: A Problem of Community Health,' *Southern Med. Jour.*, Vol. 50 (1957), No. 7, pp. 923-33.

Page 180

'Estimated Numbers of Deaths and Death Rates for Selected Causes: United

States。' Annual Summary for 1959, Pt. 2, *Monthly Vital Statistics Report*, Vol. 7, No. 13 (July 22, 1959), p. 14. Natl. Office of Vital Statistics, PubliC Health Service.

Page 180

1962 *Cancer Facts and Figures*. American Cancer Society.

Page 180

Vital Statistics of the United States, 1959. Natl. Office of Vital Statistics, Public Health Service. Vol. I, Sec. 6, Mortality Statistics. Table 6-K.

Page 180

Hueper, W. C., *Environmental and Occupational Cancer*. Public Health Reports, Supplement 209 (1948).

Page 180

'Food Additives,' *Hearings*, 85th Congress, Subcom. of Com. on Interstate and Foreign Commerce, July 19, 1957. Testimony of Dr. Francis E. Ray, p. 200.

Page 182

Hueper, *Occupational Tumors and Allied Diseases*.

Page 182

——. 'Potential Role of Non-Nutritive Food Additives and Contaminants as Enviromnenta Carcinogens?' *A. M. A. Archives Path.*, Vol. 62 (Sept. 1956), pp. 218-49.

Page 183

'Tolerances for Residues of Aramite,' *Federal Register*, Sept. 30, 1955. Food and Drug Administration, U. S. Dept. of Health, Education, and Welfare.

Page 183

'Notice of Proposal to Establish Zero Tolerances for Aramite,' *Federal Register*, April 26, 1958. Food and Drug Administration.

Page 183

'Aramite—Revocation of Tolerances: Establishment of Zero Tolerances,' *Federal Register*, Dec. 24, 1958. Food and Drug Administration.

Page 183

Van Oettingen, W. F., *The Halogenated Aliphatic, Olefinic, Cyclic, Aromatic, and Aliphatic-Aromatic Hydrocarbons: Including the Halogenated Insecticides, Their Toxicity and Potential Dangers*. U. S. Dept. of Health, Education, and Welfare. Public Health Service Publ. No. 414 (1955).

Page 183

Hueper, W. C., and W. W. Payne, 'Observations On the Occurrence of Hepatomas in Rainbow Trout,' *Jour. Natl. Cancer Inst.*, Vol. 27 (1961), pp. 1123-43.

Page 183

VanEsch, G. J., et al., 'The Production of Skin Tumours in Mice by Oral Treatment with Urethane-Isopropyl-N-Phenyl Carbamate or Isopropyl-N-Chlorophenyl Carbamate in Combination with Skin Painting with Croton Oil and Tween 60,' Brit. Jour. Cancer, Vol. 12 (1958), pp. 355-62.

Pages 183-4

'Scientific Background for FOod and Drug Administration Action against Aminotriazole in Cranberries. ' Food and Drug Administration, U. S. Dept. of Health, Education, and Welfare, Nov. 17, 1959. Mimeo.

Page 184

Rutstein, David, Letter to *New York Times*, Nov. 16, 1959.

Page 184

Hueper, W. C., 'Causal and Preventive Aspects of Environmental Cancer,' *Minnesota Med.,* Vol. 39 (Jan. 1956), pp. 5-11, 22.

Page 185

'Estimated Numbers of Deaths and Death Rates for Selected Causes: United States,' Annual Summary for 1960, Pt. 2, *Monthly Vital Statistics Report*, Vol. 9, No. 13 (July 28, 1961), Table 3.

Page 185

Robert Cushman Murphy et al. v. *Ezra Taft Benson et al.* U. S. District Court, Eastern District of New York, Oct. 1959, Civ. No. 17610. Testimony of Dr.

Malcolm M. Hargraves.

Pages 185-6

Hargraves, Malcolm, M., 'Chemical Pesticides and Conservation Problems,' address 'to 23rd Annual Conv. Natl. Wildlife Fed. (Feb. 27, 1959). Mimeo.

Page 187

——, and D. G. Hanlon, 'Leukemia and Lymphoma—Environmental Diseases?' paper presented at Internatl. Congress of Hematology, Japan, Sept. 1960. Mimeo.

Page 187

Wright, C., et al., 'Agranulocytosis Occurring after Exposure to a DDT Pyrethrum Aerosol Bomb,' *Am. Jour. Med.*, Vol. 1 (1940), pp. 562-67.

Page 187

Jedlicka, V., 'Paramyeloblastic Leukemia Appearing Simultaneously in Two Blood Cousins after Simultaneous Contact with Gammexane (Hexachlorcyclohexane),' *Acta Med. Scand.*, Vol. 161 (1958), pp. 447-51.

Page 187

Friberg, L., and J. Martensson, 'Case of Panmyelopthisis after Exposure to Chlorophenothane and Benzene Hexachloride,' (A. M. A.) *Archives Indus. Hygiene and Occupat. Med.*, Vol. 8 (1953), No. 2. pp. 166-69.

Pages 188-90

Warburg, Otto, 'On the Origin of Cancer Cells,' *Science*, Vol. 123, No. 3191 (Feb. 24, 1956), pp. 309-14.

Page 191

Sloan-Kettering Inst. for Cancer Research, *Biennial Report*, July 1, 1957-June 30, 1959, p. 72.

Page 191

Levan, Albert, and John J. Biesele, 'Role of Chromosomes in Cancerogenesis, As Studied in Serial Tissue Culture of Mammalian Cells,' *Annals New York Acad. Sci.*, Vol. 71 (1958), No. 6, pp. 1022-53.

Page 191

Hunter, F. T., 'Chronic Exposure to Benzene (Benzol). II. The Clinical Effects,' *Jour. Indus. Hygiene and Toxicol.*, Vol. 21 (1939), pp. 331-54.

Page 191

Mallory, T. B., et al., 'Chronic Exposure to Benzene (Benzol). III. The Pathologic Results,' *Jour. Indus. Hygiene and Toxicol.*, Vol. 21 (1939), pp. 355-93.

Page 191

Hueper, *Environmental and Occupational Cancer*, pp. 1-69.

Page 191

——, 'Recent Developments in Environmental Cancer,' *A. M. A. Archives Path.*, Vol. 58 (1954), pp. 475-523.

Page 192

Burnet, F. Macfarlane, 'Leukemia As a Problem in Preventive Medicine,' *New Eng. Jour. Med.,* Vol. 259 (1958), No. 9, pp. 423-31.

Page 192

Klein, Michael, 'The Transplacental Effect of Urethan on Lung Tumorigenesis in Mice,' *Jour. Natl. Cancer Inst.,* Vol. 12 (1952), pp. 1003-10.

Pages 192-4

Biskind, M. S., and G. R. Biskind, 'Diminution in Ability of the Liver to Inactivate Estrone in Vitamin B Complex Deficiency,' *Science*, Vol. 94, No. 2446 (Nov. 1941), p. 462.

Pages 192-4

Biskind, G. R., and M. S. Biskind, 'The Nutritional Aspects of Certain Endocrine Disturbances,' *Am. dour. Clin. Path.*, Vol. 16 (1946), No. 12, pp. 737-45.

Pages 192-4

Biskind, M. S., and G. R. Biskind, 'Efiect of Vitamin B Complex Deficiency on Inactivation of Estrone in the Liver,' *Endocrinology*, Vol. 31 (1942), No. 1, pp. 109-14.

Pages 192-4

Biskind, M. S., and M. C. Shelesnyak, 'Effect of Vitamin B Complex Deficiency on Inactivation of Ovarian Estrogen in the Liver,' *Endocrinology*, Vol. 30 (1942), No. 5, pp. 819-20.

Pages 192-4

Biskind, M. S., and G. R. Biskind, 'Inactivation of Testosterone Propionate in the Liver During Vitamin B Complex Deficiency. Alteration of the Estrogen-Androgen Equilibrium,' *Endocrinology*, Vol. 32 (1943), No. 1, pp. 97-102.

Page 193

Greene, H. S. N., 'Uterine Adenomata in the Rabbit. III. Susceptibility As a Function of Constitutional Factors,' *Jour. Exper. Med.,* Vol. 73 (1941), No. 2, pp. 273-92.

Page 193

Horning, E. S., and J. W. Whittick, 'The Histogenesis of Stilboestrol-Induced Renal Tumours in the Male Golden Hamster.' *Brit. Jour. Cancer*, Vol. 8 (1954), pp. 451-57.

Page 193

Kirkman, Hadley, *Estrogen-Induced Tumors of the Kidney in the Syrian Hamster.* U. S. Public Health Service, Natl. Cancer Inst. Monograph No. 1 (Dec. 1959).

Page 193

Ayre, J. E., and W. A. G. Bauld, 'Thiamine Deficiency and High Estrogen Findings in Uterine Cancer and in Menorrhagia,' *Science*, Vol. 103, No. 2676 (April 12, 1946), pp. 441-45.

Pages 193-4

Rhoads, C. P., 'Physiological Aspects of Vitamin Deficiency,' *Proc, Inst. Med. Chicago*, Vol. 13 (1940), p. 198.

Page 194

Sugiura, K., and C. P. Rhoads, 'Experimental Liver Cancer in Rats and Its

Inhibition by Rice-Bran Extract, Yeast, and Yeast Extract,' *Cancer Research*, Vol. 1 (1941), pp. 3-16.

Page 194

Martin, H., 'The Precancerous Mouth Lesions of Avitaminosis B. Their Etiology, Response to Therapy and Relationship to Intraoral Cancer,' *Am. Jour. Surgery*, Vol. 57 (1942), pp. 195-225.

Page 194

Tannenbaum, A., 'Nutrition and Cancer,' in Freddy Homburger, ed., *Physiopathology of Cancer*. New York: Harper, 1959. 2nd ed. A Paul B. Hoeber Book. P. 552. London: Cassell. 1959.

Page 194

Symeonidis, A., 'Post-starvation Gynecomastia and Its Relationship to Breast Cancer in Man,' *Jour. Natl. Cancer Inst.*, Vol. 11 (1950), p. 656.

Page 194

Davies, J. N. P., 'Sex Hormone Upset in Africans.' *Brit. Med. Jour.*, Vol. 2 (1949), pp. 676-79.

Page 194

Hueper, 'Potential Role of Non-Nutritive Food Additives.'

Page 195

VanEsch et al., 'Production of Skin Tumours in Mice by Carbamates.'

Page 195

Berenblum, I., and N. Trainin, 'Possible Two-Stage Mechanism in Experimental Leukemogenesis,' *Science*, Vol. 132 (July 1, 1960), pp. 40-41.

Page 195

Hueper, W. C., 'Cancer Hazards from Natural and Artificial Water Pollutants,' *Proc.*, Conf. on Physiol. Aspects of Water Quality, Washington, D. C., Sept. 8-9, 1960, pp. 181-93. U. S. Public Health Service.

Page 195

Hueper and Payne, 'Observations on Occurrence of Hepatomas in Rainbow Trout.'

Page 197

Sloan-Kettering Inst. for Cancer Research, *Biennial Report*, 1957-1959.

Pages 196-9

Hueper, W. C., To author.

CHAPTER 15: NATURE FIGHTS BACK

Page 200

Briejèr, C. J., 'The Growing Resistance of Insects to Insecticides,' *Atlantic Naturalist*, Vol. 13 (1958), No. 3, pp. 149-55.

Page 201

Metcalf, Robert L., 'The Impact of the Development of Organophosphorus Insecticides upon Basic and Applied Science,' *Bull. Entomol. Soc. Am.*, Vol. 5 (March 1959), pp. 3-15.

Page 202

Ripper, W. E., 'Effect of Pesticides on Balance of Arthropod Populations,' *Annual Rev. Entomol.*, Vol. 1 (1956), pp. 403-38.

Page 202

Allen, Durward L., *Our Wildlife Legacy*. New York: Funk & Wagnalls, 1954. Pp. 234-36. London: Mayflower Pub. Comp., 1954.

Page 203

Sabrosky, Curtis W., 'How Many Insects Are there?' *Yearbook of Agric.*, U. S. Dept. of Agric., 1952, pp. 1-7.

Page 203

Bishopp, F. C., 'Insect Friends of Man,' *Yearbook of Agric.*, U. S. Dept. of Agric., 1952, pp. 79-87.

Page 203

Klots, Alexander B., and Elsie B. Klots, 'Beneficial Bees, Wasps, and Ants,' *Handbook on Biological Control of Plant Pests*, pp. 44-46. Brooklyn Botanic Garden. Reprinted from *Plants and Gardens*, Vol. 16 (1960), No. 3.

Page 204

Hagen, Kenneth S., 'Biological Control with Lady Beetles,' *Handbook on*

Biological Control of Plant Pests, pp. 28-35.

Page 204

Schlinger, Evert I., 'Natural Enemies of Aphids,' *Handbook on Biological Control of Plant Pests*, pp. 36-42.

Page 205

Bishopp, 'Insect Friends of Man.'

Page 206

Ripper, 'Effect of Pesticides on Arthropod Populations.'

Page 206

Davies, D. M., 'A Study of the Black-fly Population of a Stream in Algonquin Park, Ontario,' *Transactions*, Royal Canadian Inst., Vol. 59 (1950), pp. 121-59.

Page 206

Ripper, 'Effect of Pesticides on Arthropod Populations.'

Page 206

Johnson, Philip C., *Spruce Spider Mite Infestations in Northern Rocky Mountain Douglas-Fir Forests*. Research Paper 55, Intermountain Forest and Range Exper. Station, U. S. Forest Service, Ogden, Utah, 1958.

Page 207

David, Donald W., 'Some Effects of DDT on Spider Mites,' *Jour. Econ. Entomol.*, Vol. 45 (1952), No. 6, pp. 1011-19.

Page 207

Gould, E., and E. O. Hamstead, 'Control of the Red-banded Leaf Roller,' *Jour. Econ. Entomol.*, Vol. 41 (1948), pp. 887-90.

Page 208

Pickett, A. D., 'A Critique on Insect Chemical Control Methods,' *Canadian Entomologist*, Vol. 81 (1949), No. 3, pp. 1-10.

Page 208

Joyce, R. J. V., 'Large-Scale Spraying of Cotton in the Gash Delta in Eastern Sudan,' *Bull. Entomol. Research*, Vol. 47 (1956), pp. 390-413.

Page 209

Long, W. H., et al., 'Fire Ant Eradication Program Increases Damage by the Sugarcane Borer,' *Sugar Bull.*, Vol. 37 (1958), No. 5, pp. 62-63.

Page 209

Luckmann, William H., 'Increase of European Corn Borers Following Soil Application of Large Amounts of Dieldrin,' *Jour. Econ. Entomol.*, Vol. 53 (1960), No. 4, pp. 582-84.

Page 209

Haeussler, G. J., 'Losses Caused by Insects,' *Yearbook of Agric.*, U. S. Dept. of Agric., 1952, pp. 141-46.

Page 209

Clausen, C. P., 'Parasites and Predators,' *Yearbook of Agric.*, U. S. Dept. of Agric., 1952, pp. 380-88.

Page 209

——, *Biological Control of Insect Pests in the Continental United States*. U. S. Dept. of Agric. Technical Bulletin No. 1139 (June 1956), pp. 1-151.

Page 210

DeBach, Paul, 'Application of Ecological Information to Control of Citrus Pests in California,' *Proc.*, 10th Internatl. Congress of Entomologists (1956), Vol. 3 (1958), pp. 187-94.

Page 210

Laird, Marshall, 'Biological Solutions to Problems Arising from the Use of Modern Insecticides in the Field of Public Health,' *Acta Tropica*, Vol. 16 (1959), No. 4, pp. 331-55.

Page 210

Harrington, R. W., and W. L. Bidlingmayer, 'Effects of Dieldrin on Fishes and Invertebrates of a Salt Marsh,' *Jour. Wildlife Management*, Vol. 22 (1958), No. 1, pp. 76-82.

Page 211

Liver Flukes in Cattle. U. S. Dept. of Agric. Leaflet No. 493 (1961).

Page 211

Fisher, Theodore W., 'What Is Biological Control?' *Handbook On Biological Control of Plant Pests*, pp. 6-18. Brooklyn Botanic Garden. Reprinted from *Plants and Gardens*, Vol. 16 (1960), No. 3.

Page 212

Jacob, F. H., 'Some Modern Problems in Pest Control,' *Science Progress*, No. 181 (1958), pp. 30-45.

Page 212

Pickett, A. D., and N. A. Patterson, 'The Influence of Spray Programs on the Fauna of Apple Orchards in Nova Scotia. IV. A Review,' *Canadian Entomologist*, Vol. 85 (1953), No. 12, pp. 472-78.

Page 212

Pickett, A. D., 'Controlling Orchard Insects,' *Agric. Inst. Rev.*, March-April 1953.

Page 212

——, 'The Philosophy of Orchard Insect Control,' 79th *Annual Report*, Entomol. Soc. of Ontario (1948), pp. 1-5.

Page 213

——, 'The Control of Apple Insects in Nova Scotia.' Mimeo.

Page 214

Ullyett, G. C., 'Insects, Man and the Environment,' *Jour. Econ. Entomol.*, Vol. 44 (1951), No. 4, pp. 459-64.

CHAPTER 16: THE RUMBLINGS OF AN AVALANCHE

Page 215

Babers, Frank H., *Development of Insect Resistance to Insecticides*. U. S. Dept. of Agric., E 776 (May 1949).

Page 215

——, and J. J. Pratt, *Development of Insect Resistance to Insecticides. II. A Critical Review of the Literature up to 1951*. U. S. Dept. of Agric., E 818

(May 1951).

Page 216

Brown, A. W. A., 'The Challenge of Insecticide Resistance,' *Bull. Entomol. Soc. Am.*, Vol. 7 (1961), No. 1, pp. 6-19.

Page 216

——, 'Development and Mechanism of Insect Resistance to Available Toxicants,' *Soap and Chem. Specialties*, Jan. 1960.

Page 216

Insect Resistance and Vectot Control. World Health Organ. Technical Report Ser. No. 153 (Geneva, 1958), p. 5.

Page 216

Elton, Charles S., *The Ecology of Invasions by Animals and Plants*. New York: Wiley, 1958. p. 181.

Page 216

Babers and Pratt, *Development of Insect Resistance to Insecticides*, II.

Page 217

Brown, A. W. A., *Insecticide Resistance in Arthropods*. World Health Organ. Monograph Ser. No. 38 (1958), pp. 13, 11.

Page 218

Quarterman, K. D., and H. F. School 'The Status of Insecticide Resistance in Arthropods of Public Health Importance in 1956,' *Am. Jour. Trop. Med. and Hygiene*, Vol. 7 (1958), No. 1, pp. 74-83.

Page 218

Brown, *Insecticide Resistance in Arthropods*.

Page 218

Hess, Archie D., 'The Significance of Insecticide Resistance in Vector Control Programs,' *Am. Jour. Trop. Med. and Hygiene*, Vol. 1 (1952), No. 3, pp. 371-88.

Page 219

Lindsay, Dale R., and H. I. Scudder, 'Nonbiting Flies and Disease,' *Annual Rev. Entomol.*, Vol. 1 (1956), pp. 323-46.

Page 219

Schoof, H. F., and J. W. Kilpatrick, 'House Fly Resistance to Organo-phosphorus Compounds in Arizona and Georgia,' *Jour. Econ. Entomol.*, Vol. 51 (1958), No. 4, 546.

Page 219

Brown, 'Development and Mechanism of Insect Resistance.'

Page 219

——, *Insecticicle Resistance in Arthropods*.

Page 220

——, 'Challenge of Insecticide Resistance.'

Page 220

——, *Insecticide Resistance in Arthropods*.

Page 221

——, 'Development and Mechanism of Insect Resistance.'

Page 221

——, *Insecticide Resistance in Arthropods*.

Page 221

——, 'Chanenge of Insecticide Resistance.'

Page 221

Anon., 'Brown Dog Tick Develops Resistance to Chlordane,' *New Jersey Agric.*, Vol. 37 (1955), No. 6, pp. 15-16.

Page 221

New York Herald Tribune, June 22, 1959; also J. C. Pallister, To author, Nov. 6, 1959.

Page 222

Brown, 'Challenge of Insecticide Resistance.'

Page 222

Hoffmann, C. H., 'Insect Resistance,' *Soap*, Vol. 32 (1956), No. 8, pp. 129-32.

Page 223

Brown, A. W. A., *Inset Control by Chemicals*. New York: Wiley, 1951. London: Chapman & Hall, 1951.

Page 223

Briejèr, C. J., 'The Growing Resistance of Insects to Insecticides,' *Atlantic Naturalist*, Vol. 13 (1958), No. 3, pp. 149-55.

Page 223

Laird, Marshall, 'Biological Solutions to Problems Arising from the Use of Modern Insecticides in the Field of Public Health,' *Acta Tropica*, Vol. 16 (1959), No. 4, pp. 331-55.

Page 223

Brown, *Insecticide Resistance in Arthropods*.

Page 224

——, 'Development and Mechanism of Insect Resistance.'

Page 225

Briejèr, 'Growing Resistance of Insects to Insecticides.'

Page 225

'Pesticides—1959,' *Jour. Agric. and Food Chem.*, Vol. 7 (1959), No. 10, p. 680.

Page 225

Briejèr, 'Growing Resistance of Insects to Insecticides.'

CHAPTER 17: THE OTHER ROAD

Page 226

Swanson, Carl P., *Cytology and Cytogenetics*. Englewood Cliffs, N. J.: Prentice-Hall, 1957.

Page 227

Knipling, E. F., 'Control of Screw-Worm Fly by Atomic Radiation,' *Sci. Monthly*, Vol. 85 (1957), No. 4, pp. 195-202.

Page 227

——, *Screwworm Eradication: Concepts and Research Leading to the Sterile-Male Method*. Smithsonian Inst. Annual Report, Publ. 4365 (1959).

Page 227

Bushland, R. C., et al., 'Eradication of the Screw-Worm Fly by Releasing Gamma-Ray-Sterilized Males among the Natural Population,' Proc., Internatl. Conf. on Peaceful Uses of Atomic Energy, Geneva, Aug. 1955, Vol. 12, pp. 216–20.

Page 228

Lindquist, Arthur W., 'The Use of Gamma Radiation for Control or Eradication of the Screwworm,' *Jour. Econ. Entomol.,* Vol. 48 (1955), No. 4, pp. 467–69.

Page 228

——, 'Research on the Use of Sexually Sterile Males for Eradication of Screw-Worms,' *Proc.,* Inter-Am. Symposium on Peaceful Applications of Nuclear Energy, Buenos Aires, June 1959, pp. 229–39.

Page 229

'Screwworm VS. Screwworm,' *Agric. Research,* July 1958, p. 8. U. S. Dept. of Agric.

Page 229

'Traps Indicate Screwworm May Still Exist in South-east.' U. S. Dept. of Agric. Release No. 1502–59 (June 3, 1959). Mimeo.

Page 230

Potts, W. H., 'Irradiation and the Control of Insect Pests,' *Times* (London) Sci. Rev., Summer 1958, pp. 13–14.

Page 230

Knipling, *Screwworm Eradication: Sterile-Male Method.*

Page 230

Lindquist, Arthur W., 'Entomological Uses of Radioisotopes,' in *Radiation Biology and Medicine.* U. S. Atomic Energy Commission, 1958. Chap. 27, Pt. 8, pp. 688–710.

Page 230

——, 'Research on the Use of Sexually Sterile Males.'

Page 230

'USDA May Have New Way to Control Insect Pests with Chemical Sterilants.' U. S. Dept. of Agric. Release No. 3587-61 (Nov. 1, 1961). Mimeo.

Page 231

Lindquist, Arthur W., 'Chemicals to Sterilize Insects,' *Jour. Washington Acad. Sci*, Nov. 1961, pp. 109-14.

Page 231

——, 'New Ways to Control Insects,' *Pest Control Mag., June* 1961.

Page 231

LaBrecque, G. C., 'Studies with Three Alkylating Agents As House Fly Sterilants,' *Jour. Econ. Entomol.*, Vol. 54 (1961) No. 4, pp. 684-89.

Page 231

Knipling, E. F., 'Potentialities and Progress in the Development of Chemosterilants for Insect Control,' paper presented at Annual Meeting Entomol. Soc. of Am., Miami, 1961.

Page 231

'Use of Insects for Their Own Destruction,' *Jour. Econ. Entomol.*, Vol. 53 (1960), No. 3, pp. 415-20.

Page 232

Mitlin, Norman, 'Chemical Sterility and the Nucleic Acids,' paper presented Nov. 27, 1961, Symposium on Chemical Sterility, Entomol. Soc. of Am., Miami.

Page 232

Alexander, Peter, To author, Feb. 19, 1962.

Page 285

Eisner, T., 'The Effectiveness of Arthropod Defensive Secretions,' in Symposium 4 on 'Chemical Defensive Mechanisms,' 11 th Internatl. Congress of Entomologists, Vienna (1960), pp. 264-67. Offprint.

Page 232

——, 'The Protective Role of the Spray Mechanisms of the Bombardier Beetle, *Brachynus ballistarius Lec.*,' *Jour. Insect Physiol.*, Vol. 2 (1958), No. 3, pp. 215-20.

Page 232

——, 'Spray Mechanism of the Cockroach *Diploptera punctata*,' *Science*, Vol. 128, No. 3316 (July 18, 1958), pp. 148-49.

Page 233

Williams, Carroll M., 'The Juvenile Hormone,' *Sci. American*, Vol. 198, No. 2 (Feb. 1958), p. 67.

Page 233

'1957 Gypsy-Moth Eradication Program.' U. S. Dept. of Agric. Release 858-57-3. Mimeo.

Page 234

Brown, William L., Jr., 'Mass Insect Control Programs: Four Case Histories,' *Psyche*, Vol. 68 (1961), Nos. 2-3, pp. 75-111.

Page 234

Jacobson, Martin, et al., 'Isolation, Identification, and Synthesis of the Sex Attractant of Gypsy Moth,' *Science*, Vol. 132, No. 3433 (Oct. 14, 1960), p. 1011.

Page 234

Christenson, L. D., 'Recent Progress in the Development of Procedures for Eradicating or Controlling Tropical Fruit Flies.' *Proc.*, 10th Internatl. Congress of Entomologists (1956), Vol. 3 (1958), pp. 11-16.

Page 234

Hoffmann, C. H., 'New Concepts in Controlling Farm Insects,' address to Internatl. Assn. Ice Cream Manuf. Conv., Oct. 27, 1961. Mimeo.

Page 235

Frings, Hubert, and Mable Frings, 'Uses of Sounds by Insects,' *Annual Rev. Entomol.*, Vol. 3 (1958), pp. 87-106.

Page 235

Research Report, 1956-1959. Entomol. Research Inst. for Biol. Control, Belleville, Ontario. pp. 9-45.

Page 235

Kahn, M. C., and W. Offenhauser, Jr., 'The First Field Tests of Recorded Mosquito Sounds Used for Mosquito Destruction,' *Am. Jour. Trop. Med.*, Vol. 29 (1949), pp. 800-27.

Page 235

Wishart, George, To author, Aug. 10, 1961.

Page 235

Beirne, Bryan, To author, Feb. 7, 1962.

Page 235

Frings, Hubert, To author, Feb. 12, 1962.

Page 235

Wishart, George, To author, Aug. 10, 1961.

Page 235

Frings, Hubert, et al., 'The Physical Effects of High Intensity Air-Borne Ultrasonic Waves on Animals,' *Jour. Cellular and Compar. Physiol.*, Vol. 31 (1948), No. 3, pp. 339-58.

Pages 235-6

Steinhaus, Edward A., 'Microbial Control—The Emergence of an Idea,' *Hilgardia*, Vol. 26, No. 2 (Oct. 1956), pp. 107-60.

Page 236

——, 'Concerning the Harmlessness of Insect Pathogens and the Standardization of Microbial Control Products,' *Jour. Econ. Entomol.*, Vol. 50, No. 6 (Dec. 1957), pp. 715-20.

Page 236

——, 'Living Insecticides,' *Sci. American*, Vol. 195, No. 2 (Aug. 1956), pp. 96-104.

Page 236

Angus, T. A., and A. E. Heimpel, 'Microbial Insecticides,' *Research for Farmers,* Spring 1959, pp. 12-13. Canada Dept. of Agric.

Page 236

Heimpel, A. M., and T. A. Angus, 'Bacterial Insecticides,' *Bacteriol. Rev.*, Vol. 24 (1960), No. 3, pp. 266-88.

Page 237

Briggs, John D., 'Pathogens for the Control of Pests,' *Biol. and Chem. Control of Plant and Animal Pests*. Washington, D. C., Am. Assn. Advancement Sci., 1960. pp. 137-48.

Page 237

'Tests of a Microbial Insecticide against Forest Defoliators,' *Bi-Monthly Progress Report*, Canada Dept. of Forestry, Vol. 17, No. 3 (May-June 1961).

Page 237

Steinhans, 'Living Insecticides.'

Page 238

Tanada, Y., 'Microbial Control of Insect Pests,' *Annual Rev. Entomol.*, Vol. 4 (1959), pp. 277-302.

Page 238

Steinhaus, 'Concerning the Harmlessness of Insect Pathogens.'

Page 238

Clausen, C. P., *Biological Control of Insect Pests in the Continental United States*. U. S. Dept. of Agric. Technical Bulletin No. 1139 (June 1956), pp. 1-151.

Page 238

Hoffmann, C. H., 'Biological Control of Noxious Insects, Weeds,' *Agric. Chemicals*, March-April 1959.

Page 239

DeBach, Paul, 'Biological Control of Insect Pests and Weeds,' *Jour. Applied Nutrition*, Vol. 12 (1959), No. 8, pp. 120-34.

Page 240

Ruppertshofen, Heinz, 'Forest-Hygiene,' address to 5th World Forestry Congress, Seattle, Wash. (Aug. 29-Sept. 10, 1960).

Page 240

——, To author, Feb. 25, 1962.

Page 240

Gösswald, Karl, *Die Rote Waldameise im Dienste der Waldhygiene.* Lüneburg: Metta Kinau Verlag, n. d.

Page 240

——, To author, Feb. 27, 1962.

Page 241

Balch, R. E., 'Control of Forest Insects,' *Annual Rev. Entomol.*, Vol. 3 (1958), pp. 449-68.

Page 241

Buckner, C. H., 'Mammalian Predators of the Larch Sawfly in Eastern Manitoba,' *Proc.*, 10th Internatl. Congress of Entomologists (1956), Vol. 4 (1958), pp. 353-61.

Page 241

Morris, R. F., 'Differentiation by Small Mammal Predators between Sound and Empty Cocoons of the European Spruce Sawfly,' *Canadian Entomologist*, Vol. 81 (1949), No. 5.

Page 242

MacLeod, C. F., 'The Introduction of the Masked Shrew into Newfoundland,' *Bi-Monthly Progress Report*, Canada Dept. of Agric., Vol. 16, No. 2 (March-April 1960).

Page 242

——, To author, Feb. 12, 1962.

Page 242

Carroll, W. J., To author, March 8, 1962.

索　引

（页码为原书页码，即中译本边码）

Acetylocholine, 乙酰胆碱, 24—25

Adipose tissue, storage of chemicals in, 化学物质储存在脂肪组织中, 155—156

ADP（adenosine diphosphate）, 二磷酸腺苷, 165, 166

Africa, cancer in tribes of, 非洲部落的癌症, 194; results of DDT spraying in, 喷施DDT的后果, 208

Agriculture Department, 见U. S. Department of Agriculture

Alabama, fire ants in, 亚拉巴马州的火蚁, 85, 134, 135, 141

Alabama Co-operative Wildlife Research Unit, 亚拉巴马州野生生物联合研究小组, 135, 137

Aldrin, 艾氏剂, 21, 22; nitrification affected by, 艾氏剂对硝化作用的影响, 48; persistence in soil, 滞留在土壤中, 48; used against Japanese beetle in Michigan, 在密歇根州用于防治日本丽金龟, 72, 73—74; birds killed by, 毒杀鸟类, 74, 75; toxicity, 毒性, 78; as seed coating, 用作种子包衣剂, 104

Alexander, Dr. Peter, 彼得·亚历山大博士, 173, 252

Alfalfa caterpillar, virus used against, 用病毒来防治苜蓿粉蝶, 237

American Cancer Society, 美国癌症协会, 180

American Medical Association, 美国医学协会, 144, 155

American Society of Ichthyologist and Herpetologists, 美国鱼类学家和爬行类学家协会, 116

Aminotriazole, 氨基三唑, 151; carcinogenic nature of, 氨基三唑的致癌性, 31, 183—4

Amitrol, 见Aminotriazole

Anaemia, aplastic, 再生障碍性贫血, 185, 186

Anopheles: mosquitoes, malaria carried by, 按蚊属：携带疟疾病菌的蚊子, 210, 217; resistant to DDT, 对DDT的抗性, 220

Anoxia, Caused by nitrates, 硝酸盐引起的缺氧, 64; 导致的后果, consequences of, 167

Ant, fire, 红火蚁, 132—9, 141—2, 208; forest red, as insect predators, 用森林红蚂蚁作为富于攻击性的昆虫捕食者, 240

Antelope, pronghorn, 叉角羚, 53, 55

Apple worm, 参见 Codling moth

Arant, Dr.F.S., 阿兰特博士, 134

Army Chemical Corps, Rocky Mountain Arsenal of, 落基山化学军工厂, 36

Arsenic, 砷, 14—15; in herbicides, 除草剂中的砷, 30; as carcinogen, 砷作为致癌物质, 43, 181—182; soil poisoned by, 土壤污染, 49; cows killed by, 毒死牛群, 58; in crabgrass killers, 马唐除草剂中的砷, 67; human exposure to, 人类接触砷, 194

ATP(adenosine triphosplate), 三磷三腺苷, 165—167, 168—169, 170, 189

Attractants, insect sex, 昆虫性引诱剂, 233—234

Audubon Society, Detroit, 底特律奥杜邦学会, 74; Michigan, 密歇根州奥杜邦学会 74; National, 美国奥杜邦学会, 85,122; Florida, 佛罗里达州奥杜邦学会, 98

Auerbach, Charlotte, 夏洛特·奥尔巴赫, 171

Austin, Texas, fish killed by chemicals near, 得克萨斯州奥斯丁, 鱼类被化学物质毒死, 119—120

B vitamins, 维生素B, 193—194

Bacillus thuringiensis, 苏云金杆菌, 236

Bacterial insecticides, 细菌杀虫剂, 235—238。又见 Milky disease。

Baker, Dr. Maurice F., 莫里斯·贝克博士, 135

Balance of Nature, 大自然的平衡, 201—202

Bantu tribes, Cancer in, 非洲班图部落的癌症, 194

Baker, Dr. Roy, 罗伊·贝克

Baton Rouge,birds killed by insecticides in, 巴吞鲁日, 鸟类被除草剂毒死, 85

Beaver, 河狸, 55,56

Beck, Professor Herbert H., 赫尔伯特·贝克教授

Bedbugs, 臭虫, 224

Beekeeping, 养蜂, 15, 131

Bees, effect of parathion on, 对硫磷对蜜蜂的影响, 25; dependence on 'weeds', 蜜蜂对"杂草"的依赖, 60; killed by insecticides, 蜜蜂被杀虫剂毒死, 131; deaths from sting of, 蜜蜂蜇刺致死, 134

Beetle, used in weed control, 昆虫用于防治杂草, 68; Japanese, 日本丽金龟, 73—79, 209, 238; white-fringed, 白缘象甲, 135; vedalia, 澳洲瓢虫, 209—210, 238

Benson, Ezra, 埃兹拉·本森, 136

Bent, Arthur C., Life Histories, 阿瑟·本特《生命史》, 92

Benzene, Leukaemia caused by, 苯导致白血病, 191

BHC (benzene Hexachloride), effect on nitrification, 六氯苯对硝化作用的影响, 48; sweet potatoes and peanuts contaminated by, 甘薯和花生受到污染, 50; as its isomer, Lindane, 六氯苯的异构体氯丹, 160; plant mutations caused by, 诱发植物突变, 174; and blood disorders, 血液疾病, 186, 187, 191; arthropods resistant to, 节肢动物产生抗药性, 216, 218

Bernard, Richard F., 理查德·伯纳德, 100

Bidlingmayer, W. L., 比德林格迈耶, 121

Biesele, John J., 约翰·比塞尔, 191

Bingham, Millicent Todd, 米利森特·托德·宾汉姆, 57

Biocides, 杀生物剂, 7

Biological control of insects, 生物防治害虫, 210, 211—214, 226—243

Birds, fish-eating, killed by insecticides, 捕食鱼类的鸟类被杀虫剂毒死, 33—41; reproduction affected adversely by herbicides, 除草剂给鸟类繁殖造成不良影响, 63; killed by herbicides, 鸟类被除草剂毒死, 67; killed by aldrin, 鸟类被艾氏剂毒死, 74, 75, 82, 104; killed by dieldrin, 鸟类被狄氏剂毒死, 77; killed by elm spraying, 榆树上喷药毒死鸟类, 84—94; apparent sterility in (eagles), (白头鹰)明显不育, 97; killed by seed treatment in England, United States, 英国和美国对种子的处理造成鸟类死亡, 101—104; killed by fire ant spraying programme, 红火蚁喷药计划造成鸟类死亡, 136—138; encouragement of, in modern forests, 现代森林中促进鸟类增长, 240。又见 Sterility 以及鸟类名称, 如 Eagles、Grebes、Grouse、Gulls、Robins、

Warblers

Blindness, in fish, caused by DDT, DDT 导致鱼类失明, 111

Blood disorders, insecticides and, 杀虫剂与血液疾病, 184—188

Blue Island, Illinois, 伊利诺伊州的蓝岛, 75

Bobwhite quail, 山齿鹑, 137

Bollworm, 棉铃虫, 208

Bone marrow, chemicals with affinity for, 化学物质对骨髓的亲和性, 191

Bonin Islands, 博宁群岛, 234

Boyes, Mrs. Ann, 安·博伊斯夫人, 74

Brie er National Forest, 彩虹桥国家森林, 55—56

Briejèr, C.J. 布列吉, 65, 200, 223, 225

British Columbia, forest spraying injure salmon in, 英属哥伦比亚林地喷药毒死鲑鱼, 113

British Trust for Ornithology, 英国鸟类学基金会, 101

Broley, Charles, 查尔斯·布罗利, 97—98, 100

Brooks, Professor Maurice, 毛里斯·布鲁克斯教授, 85

Broun, Maurice, 毛里斯·布朗, 98

Brown, Dr. A. W. A, 布朗博士, 217, 222

'Brush control' spraying, "灌木防治"喷药, 56—59; selective, 选择性喷药, 61—62

Budworm, black-headed, DDT spraying for in British Columbia, 英属哥伦比亚喷施 DDT 防治黑头卷叶蛾, 113

Budworm, spruce, DDT spraying for in eastern Canada, 加拿大东部喷施 DDT 防治云杉卷叶蛾, 107—110; in Maine, 缅因州喷施 DDT 防治卷叶蛾, 111; in Montana, 蒙大拿州喷施 DDT, 112; use of microbial disease against, 微生物疾病防治害虫, 237

Burnet, Sir F. Macfarlane, 麦克法兰·伯内特先生, 173, 192

Butler, Dr. Philip, 菲利普·巴特勒博士, 125

Cactus, insect enemy used to control, 利用昆虫天敌控制仙人掌, 69

California Citrus Experiment Station, 加利福尼亚州柑橘实验站, 215

California Department of Public Health, 加利福尼亚州公共卫生部, 42

Canada, spraying programmes in, 加拿大喷施计划, 113; 'forest hygiene' programmes in, 加拿大森

林健康计划, 241

Cancer: hazards from polluted water, 水污染灾难引起的癌症, 43; and cellular oxidation, 癌症和细胞氧化作用, 167; natural causative agents, 自然界中的致癌因子, 178; and man-made carcinogens, 人为致癌因子, 178—179; and industrial carcinogens, 工业致癌物, 179; increase in, 癌症发病率增加, 180; in children, 儿童癌症, 180; and pesticides as carcinogens, 除草剂的致癌作用, 181—188, 194; Warburg theory of origin, 沃伯格关于癌症起因的理论, 188—190; and chromosome abnormality, 染色体异常, 190—191; urethane as cause of, 聚氨酯致癌作用, 192; possible indirect causes, 潜在的间接原因, 192—194; and imbalance of sex hormones, 性激素平衡失调, 192—194; protective role of vitamins against, 维生素的保护作用, 193—194; multiple exposure to causative agents of, 接触多种致癌物, 194—197; search for cause vs. search for cure, 寻找原因, 抑或寻求治愈, 197—199。又见 Leukaemia

Carbamates, 氨基甲酸酯, 174, 192

Carbon tetrachloride, molecular structure, 四氯化碳分子结构, 17

Carcinogens, 致癌物, 178—179; industrial, 工业致癌物, 179—180, 184; pesticides as, 杀虫剂作为致癌物, 181—183, 184—188; herbicides as, 除草剂作为致癌物, 183—184

Carroll, Lewis, 刘易斯·卡罗尔, 152

Carrots, insecticides absorbed by, 杀虫剂积聚在胡萝卜中, 49

Cats, affected by aldrin, 艾氏剂对猫的影响, 74; dieldrin fatal to, 狄氏剂对猫的致命性, 77

Cattle: killed by arsenical insecticides, 含砷杀虫剂毒死牛群, 58; attracted to and killed by plants sprayed with 2,4-D, 牛群被喷施过 2,4-D 的植物吸引并毒死, 63—64; killed by fire ant programme, 红火蚁计划毒杀牛群, 138

Cell division, 细胞分裂, 172; and cancer, 癌细胞分裂, 188—190

Cellular oxidation, 细胞氧化作用, 163—166; effect of insecticides upon, 杀虫剂对细胞氧化作用的影响, 166—170

Chaoborus astictopus, gnat, 幽蚊, 39

Chemicals, general, new to human

environment，人类环境中大量的新型化学物质，6；insect-killing, new，新型杀虫剂，7；insecticidal, growth of production of，杀虫剂产量增长，14；biological potency of，对生物的巨大杀伤力，14；dangerous interaction of，相互作用带来的危险，27，194；recurrent exposure to，反复接触，148；less toxic，低毒化学物质，152；stored in human body，储存在人体中，155；parallel between radiation and，与辐射之间的相似性，170。又见Herbicides、Insecticides、Pesticides和各种化学物质名称

Chester Beatty Research Institute (London)，伦敦切斯特·贝蒂研究所，282

Chickadees，山雀，84，92

Chlordane，氯丹，18，20—21；persistence in soil，在土壤中的残留期，48；in crabgrass killers，马唐草除草剂，67；toxic to fiish，对鱼类具有毒性，114，119；household use questionable，危害较大的家用杀虫剂，144；and blood disorders，氯丹和血液疾病，186，187；arthropods resistant to，节肢动物对氯丹产生抗性，218；roaches and ticks resistant to，蟑螂和蜱虫对氯丹产生抗性，221

Chloroform. molecular structure，氯仿分子结构，16

Cholera epidemic, London，伦敦霍乱流行，197

Cholinesterase，胆碱酯酶，25，169

Chromosomes: and mitosis，染色体以及有丝分裂，172；effect of environmental factors on，环境因素的影响，173；effect of pesticides on，农药的影响，174—176；abnormality of, in chronic leukaemia，慢性白血病中的染色体异常，176

Chromosomes-cont.，染色体（续），175—77；abnormality of, and birth defects，染色体异常和新生儿疾病，177；abnormality of, and cancer，染色体异常和癌症，190—191

Cigarettes, arsenic content of，香烟中的砷含量，49

CIPC，氯苯胺灵，183，192，195

Cirrhosis, increase of，肝硬化发病率增加，157

Citrus industry, scale insect a threat to，蚧壳虫对柑橘产业的危害，209—210，238

Clams，蛤蜊，124—125

Clear Lake, California，加利福尼亚州明湖，39—42

Cockroaches，蟑螂，221

Codling moth, in Nova Scotia, 新斯科舍省的红带卷蛾（苹果蠹蛾），208; resistant to sprays, 对各种喷雾剂产生抗性，216, resistant to DDT, 对DDT产生抗性，222

Colorado River, fish destruction in, 科罗拉多河的鱼类灭亡，119—120

Commercial Fisheries, Bureau of, 商业渔业局，124, 125

Congenital defects, due to anoxia, 缺氧导致的先天性缺陷，167; due to chromosome damage, 染色体损坏导致的先天性缺陷，176—177

Connecticut Arboretum, 康涅狄格州植物园，58

Córdoba Province, Argentina, arsenic poinsoning and arsenical skin cancer in, 阿根廷科尔多瓦省，慢性砷中毒以及并发的砷性皮肤癌，18

Corn borer, 玉米螟虫，209, 238

Cornell University, 康奈尔大学，232; Agricultural Experiment Station, 农业实验站，131

Cottam, Dr. Clarence, 克拉伦斯·科塔姆博士，137—138

Coyotes, 郊狼，203

Crabgrass, 马唐草，66—67, 146—7

Crabs, dieldrin fatal to, 狄氏剂对螃蟹的致命影响，122—123

Cranberry-weed killer, 蔓越莓专用除草剂，31, 151, 183—184

Cranbrook Institute of Science, 克兰布鲁克科学研究所，89, 93

Culex mosquitoes, 库蚊属蚊子，218

Curaçao, eradication of screw-worm on, 库拉索，根除螺旋锥蝇，228—229

Czechoslovakia, biological warfare experiments in, 捷克斯洛伐克，生物武器实验，297—298

Darwin, Charles, *The Formation of Vegetable Moul*, 查尔斯·达尔文《蔬菜的霉变》，46

Darwin, Erasmus, 伊拉斯谟·达尔文，238

Davis, Professor David E, 大卫·戴维斯教授，175

DDD, DDD（滴滴滴），38; used against gnats at Clear Lake, 明湖地区用DDD防治蚊蚋，39—42; physiological effect of, DDD的生理学效应，42

DDT (dichloro-diphenyl-trichloroethane), discovery, DDT（双对氯苯基三氯乙烷）的发明，17; stored in human body, 储存在人体内，18, 146, 147, 148; passed from one organism to another, 由一种生物传

递给另一种生物, 19; used against spruce budworm, 用来防治云杉蚜虫, 35, 107—110; persistence in soil, 在土壤中的持久性, 48; birds poisoned by, 鸟类中毒, 84, 88, 90, 92, 100, 103—104; used for Dutch elm disease, 用来防治"荷兰榆树病", 88—89; effect on reproduction of birds, 对鸟类繁殖的影响, 89, 99—101, 169, 170; stored in tissues of fish, 储存在鱼类身体组织内, 112; toxic to fish, 对鱼类的毒性, 118, 119; aerial spraying of, 空中喷洒, 129—131; in milk, 在牛奶中, 130; in leaf crops, 在叶类作物中, 131; effect on nervous system, 对神经系统的作用, 157—158; as uncoupler, 作为解耦联剂, 174; genetic effects on mosquitoes, 对蚊子的遗传影响, 174; as carcinogen, 作为致癌物质, 183; and blood disorders, 血液疾病, 184, 185, 186; human exposure to, 人类接触, 194; certain insects increase under spraying, 喷药区某些昆虫增加, 206, 207—208, 213; effect on spider mite, 对叶螨的影响, 207; used against typhus, 用于防治斑疹伤寒, 218; flies develop resistance to, 蝇类产生抗性, 219; mosquitoes resistant to, 蚊子产生抗性, 220—221, 223; agricultural insects resistant to, 农业昆虫产生抗性, 222

DeBach, Dr. Paul, 德巴赫博士, 210, 289

Deer, mule, 骡鹿, 54, 55; Kaibab, 凯巴布的鹿群, 202—203

Defects, congenital, 先天性缺陷。见 Congenital defects

Denmark, flies become resistant in, 丹麦, 蝇类产生抗性, 218

Detergents, indirect role in carcinogenesis, 洗涤剂间接促发癌症, 195—196

Detroit, spraying for Japanese beetle in, 底特律喷药防治日本丽金龟, 71, 73—74

Detroit Audubon Society, 底特律奥杜邦学会, 74

Detroit News, 底特律《新闻》, 74

DeWitt, Dr. James, 詹姆斯·德威特博士, 99—100

Dieldrin, 狄氏剂, 18, 21—22; aldrin converted to, in soil, 艾氏剂在土壤中转化为狄氏剂, 48; effects of spraying with, in Sheldon, 谢尔顿喷药的后果, III, 76—78; toxicity, 毒性, 76; cats killed by, 毒死

家猫, 77; toxic to fish, 对鱼类的毒性, 114, 115; toxic to shrimp, 对虾的毒性, 124; used against fire ants, 用于防治红火蚁, 135; ruled unsuitable in forage, 规定不适合用于草料, 139; delayed effects on nervous system, 对神经系统造成长期损害, 160; flies resistant to, 蝇类产生抗性, 219; banana root borer resistant to, 香蕉象甲产生抗性, 237

Diels, Otto, 狄尔斯, 21

'Dinitro' herbicides, "二硝基"除草剂, 31

Dinitrophenol, 二硝基苯酚, 31, 167, 170

Disease, environmental, 环境疾病, 158—162; Insect-borne, 昆虫传播的疾病, 217; as weapon against Insects, 以疾病作为武器来防治昆虫, 235—238

Douglas, Justice William O, 威廉·道格拉斯 55, 56, 59, 130

Dragonflies, 蜻蜓, 204

Dubos, Dr. Rene, 勒内·杜博斯, 154

Dutch elm disease, "荷兰榆树病", 86; spraying for, 喷药治理, 86, 94; controlled by sanitation, 通过清理控制, 95—96

Dutch Plant Protection Service, 荷兰植物保护署, 65

Eagles, insecticides a threat to, 杀虫剂对白头鹰造成威胁, 97—99, 100—101

Earthworms, Darwin on, 达尔文论蚯蚓, 46; poisoned by spraying, 喷药毒死蚯蚓, 88, 90, 125

East Lansing, Mich., robin population affected by spraying at, 密歇根州东兰辛市, 知更鸟种群受到喷药影响, 86—89

Ecology, 生态学, 154

Ecology of Invasions, The (Elton), 《入侵的生态学》(埃尔顿), 9

Egler, Dr. Frank, 弗兰克·艾格勒, 61

Egypt, flies develop resistance in, 埃及, 蝇类产生抗药性, 219

Eliassen, Professor Rolf, 罗尔夫·伊莱亚森教授, 34

Elm: American, and Dutch elm disease, 美洲榆和"荷兰榆树病", 9, 86, 94; European, 欧洲榆, 97

Elton, Dr. Charles, 查尔斯·埃尔顿, 9, 10, 97, 216

Endrin, 异狄氏剂, 21, 23; toxic to fish, 对鱼类有毒, 114, 115; toxic to shrimp, 对虾类有毒, 124

England, use of arsenical weed killers

in, 英格兰使用含砷的除草剂, 30; birds affected by seed treatment, in, 种子药物处理对鸟类造成影响, 101—103

Entomologists, chemical control favoured by some, 一些昆虫学家赞成的化学防治法, 212

Environment, adjustment of life to, 生物对环境的适应, 6; man's contamination of, 人类对环境的污染, 8—12

Enzymes, function, 酶的作用, 14, 167; affected by organic phosphates, 有机磷类对酶的影响, 24—25; cholinesterase, 胆碱酯酶, 25, 159, 161; liver, 肝脏, 27, 156; role in oxidation, 酶在氧化作用中的功能, 164, 165, 167; in flies, 蝇类体内的酶, 224

Eskimos, DDT in fat of, 因纽特人脂肪中的DDT, 148

Farm surpluses and insect control, 农场过剩和昆虫防治, 8

Fawks, Elton, 艾尔顿·福克斯, 99

Federal Aviation Agency, 联邦航空署, 73

Field Notes, Audubon,《奥杜邦田野笔记》, 85

Fire ant, programme against, 红火蚁防治计划, 132—139, 141—142, 208: effective method of control, 有效的控制手段, 142

'Fire damp', "爆炸性瓦斯", 16

Fish, killed by insecticides, 杀虫剂毒死的鱼类, 34—35, 100, 106—122; 123—124; affected by herbicides, 除草剂对鱼类的影响, 55, 56; blinded by DDT, 因DDT而失明, 111

Fish and Wildlife Service, 鱼类和野生动植物管理局。见 U. S. Fish and Wildlife Service

Fisheries Research Board of Canada, 加拿大渔业研究委员会, 108

'Flareback, insects', after spraying, 喷药后昆虫的反攻, 7, 206—210

Flint Creek, Alabama, 亚拉巴马州弗林特河, 117

Florida, fish destruction in, 佛罗里达州鱼类灭亡, 116; pesticide pollution in salt marshes in, 盐沼地带农药污染, 121—123; abandons broad fire ant control programme, 摒弃普遍根除红火蚁的项目, 141, mosquitoes become resistant in, 蚊子产生抗药性, 221

Flukes, blood and liver, 肝脏血吸虫, 211

Fly, fruit, 果蝇, 171, 234; screwworm, 螺旋锥蝇, 228—229; Hessian, 黑森瘿蚊, 234; melon, 瓜实蝇, 234。又见 Housefly

Food, chemical residues in, 食品中的化学物质残留物, 147—152; contamination in warehouses, 149; 又见 milk

Food and Drug Administration, 食品药品监督管理局。又见 U.S. Food and Drug Administration

'Forest hygiene', "森林卫生", 240

Forest Service, 美国林务局。见 U.S. Forest Service

France, birds affected by insecticides in, 法国使用杀虫剂对鸟类造成的影响, 101

Freiberg, Germany, arsenic-contamination affects animals at, 德国弗莱堡的砷污染给动物造成影响, 182

Frings, Hubert and Mable, 休伯特·弗林斯和马布尔·弗林斯, 235

Game Birds Association (British), (英国)猎鸟协会, 101

Gardening, poisons used in, 园艺中使用的毒药, 145—147

Genelly, Dr. Richard, 理查德·杰内利, 100

Genes, 基因, 170—172

Genetic effect, of chemicals, 化学物质造成的遗传影响, 7, 170, 171; of radiation, 辐射造成的遗传影响, 171

'Ginger paralysis', "姜酒中毒性麻痹", 161

Gnat, *Chaoborus asticopus*, 幽蚊, 99

Goatweed, 山羊草。见 Klamath weed

Gösswald, Professor Karl, 卡尔·格斯瓦尔德教授, 240

Grebes, western, 北美鸊鷉, 38, 40—41

Grome. Owen J., 欧文·格罗梅, 93

Groundwater, contamination of, 地下水污染, 35—36, 42—43

Grouse, sage, 艾草松鸡, 53, 55

Gulls, 海鸥, 38; California, DDD residues in, 加利福尼亚鸥体内的 DDD 残留物, 41; laughing, affected by spraying of marshes, 盐沼地上喷药对笑鸥的影响, 122

Gynandromorphs, 雌雄嵌体, 174

'Gyplure', "诱蛾剂", 233

Gypsy moth, 舞毒蛾, 128; importation of natural enemies of, 自然界天敌的重要作用, 128; aerial spraying for, 空中喷药, 129—152; secretion as weapon against, 分泌物作为防治武器, 233—234; synthetic lure isolated, 分离出合成引诱剂,

233

Hargraves, Dr. Malcolm, 马尔科姆·哈格雷夫斯医生, 185, 186, 187

Harrington, R.W.,Jr., 小哈林顿, 121

Hawk Mountain Sanctuary, 鹰山保护站, 98—99

Hayes, Dr. Wayland, Jr., 韦兰·海斯医生, 19

Health problems, new environmental, 新的环境健康问题, 153—162

Hepatitis, 肝炎, 21; increase of, 发病率增加, 157

Heptachlor, 七氯, 21; effect on nitrification, 对硝化作用的影响, 48; persistence in soil, 在土壤中的持久性, 48; effect on hops sprayed with, 喷施七氯对啤酒花的影响, 50—51; eftect on wildlife, Joliet, Illinois, 伊利诺伊州乔利埃特野生动植物受到的影响, 75; toxic to fish, 对鱼类的毒性, 114, 115; used against fire ants, 用来防治红火蚁, 135, 136, 137, 138—139, 141; ruled unsuitable on forage, 不适合用于牧草, 139; peculiar nature of, 特殊的属性, 140; use results in increase of sugarcane borer, 施用导致甘蔗螟虫数量增多,

208

Herbicides, toxic effects of, 除草剂的毒性, 30—32, 63; used against sagebrush, 用来清除艾草, 52—55; used for roadside 'brush control', 用于清除路边"灌丛", 57—62; animals attracted to plants sprayed with, 动物被喷过药的植物吸引, 63; possible effects on reproduction in birds, 对鸟类繁殖能力的潜在影响, 63; toxic to plankton, 对浮游生物的毒性, 124—125; as agents of chromos damage, 损害染色体的诱因, 175; as carcinogens, 除草剂作为致癌物, 183

Hessian fly, 黑森瘿蚊, 294

Hickey, Professor Joseph, 约瑟夫·希基教授, 89

Hinsdale, Illinois, birds killed by DDT in, 伊利诺伊州欣斯代尔镇鸟类被DDT毒死, 84

Hiroshima, leukaemia among survivors of, 广岛幸存者中出现白血病患者, 184

Hops, destroyed by heptachlor, 七氯损害啤酒花, 50—51

Hormones, sex, imbalance of, and cancer development, 性激素水平失衡与癌症的形成, 192—194

Housefly, disease carried by, 苍蝇传播疾病, 217; resistant to DDT and other chemicals, 苍蝇对 DDT 等化学物质产生抗性, 218—219, 224; pilot projects in sterilization of, 对苍蝇进行绝育的试点项目, 230

Hueper, Dr. W. C., on arsenicals, 威廉·休珀博士, 论含砷杀虫剂, 15; on contaminated drinking water, 论污染的饮用水, 43; on congenital and infant cancer, 论先天性癌症和婴幼儿癌症, 180—181, 192; Occupational Tumours, 《职业性肿瘤》, 181, 182; on DDT as carcinogen, 论 DDT 的致癌作用, 183; on epidemic of cancer in trout, 论鳟鱼肝癌流行病, 196; on eliminating causative agents of cancer, 论消除癌症诱因, 197—199

Hurricane: Edna (1954), 埃德娜飓风, 109; of 1938, 1938 年的飓风, 128

Huxley, Thomas, 托马斯·赫胥黎, 202

Hydrocarbons, chlorinated, 氯化烃, 15—23; storage of, 氯化烃的储存, 18, 21, 22, 156; persistance in soil, 在土壤中的持久性, 48; sensitivity of fish to, 鱼对氯化烃的敏感性, 114; in food crops, 残留在粮食作物中, 148—152; effect on liver, 对肝脏的作用, 156—157; 159,193; effect on nervous system, 对神经系统的作用, 157—162; genetic effects of, 氯化烃的遗传影响, 175—176

linois Agriculture Departme, 伊利诺伊州农业部, 75

Illiinos Natural History Survey, 伊利诺伊州自然调查署 76, 77, 88; report quoted, 引用的报告, 78

Industry, malignancies traceable to, 源于工业的癌症, 179—180, 184

Insecticides: abuses in use, general, 杀虫剂的普遍滥用, 11; botanical, 植物中提取的杀虫剂, 14, 152; synthetic, biological potency of, 合成杀虫剂对生物的巨大杀伤力, 14; arsenical, 含砷的杀虫剂, 14; chlorinated Hydrocarbon 氯化烃, 15—23, 48, 114, 148—152; organic phosphorus, 有机磷杀虫剂, 15—17, 23—28, 157,159—162,; systemic, 内吸杀虫剂, 28—29; absorbed in plant tissues, 植物组织吸收杀虫剂, 49—51; fatal to birds, 对鸟类具的致命危害; 84—89, 97—104; in household use, 家用杀虫剂, 143—145; available to home gardeners, 可供家庭园艺师使

用的杀虫剂, 145—147; storage in adipose tissue, 储存在脂肪组织中, 153—156; interaction between, 杀虫剂的相互作用, 159—160; linked with mental disease, 与精神疾病相关, 161; research on, 关于杀虫剂的研究, 211—212; modern, first medical use of, 现代第一批医用杀虫剂, 218; bacteria, 细菌杀虫剂, 235—238。又见 Chemicals, Pesticides 以及各种化学物质名称

Insects, 'flareback' after spraying, 喷药后昆虫反攻, 7, 206—210; disease-carrying, 传播疾病的昆虫, 8, 210; incidence of, under single-crop farming, 单作农场中昆虫的爆发, 9; strains resitant to chemicals, 对化学物质具有抗性的昆虫品系, 201; control of, 昆虫防治, 201; fecundity of, 昆虫的巨大繁殖力, 201; held in check by natural forces, 受到自然力量的约束, 203—205; parasitic, 寄生性昆虫, 204; population upsets caused by chemicals, 化学物质扰乱昆虫种群平衡, 206—10; biological control of, 生物防治昆虫, 209, 212—14, 226—43; resistant to spraying, 对农药产生抗性, 215—223; agricultural, developing resistance of, 农业昆虫产生抗药性, 222; mechanism of resistance, 产生抗药性的机制, 223—225; experiments with secretions of, as weapons, 尝试将昆虫分泌物作为武器, 233—234; male annihilation programmes, 雄蝇根除计划, 234; ultrasonic sound as weapon against, 超声波作为防治昆虫的武器, 234—235; diseases of, as weapons against, 昆虫疾病作为防治武器, 235—237; natural enemies as aid in control of, 在昆虫防治中将自然天敌作为辅助手段, 238—243。又见各种昆虫名称

IPC, O-异丙基-N-氨基甲酸, 183, 192, 195

Iroquois County, Illinois, Japanese eradication programme in, 伊利诺伊州易洛魁县根除日本丽金龟的计划, 75—79

Irrigation waters, contamination of, 灌溉用水污染, 38—39

Jacob, F. H., 雅各布, 212

Japanese beetle, adverse side-effects of spraying, in Midwest, 日本丽金龟, 美国中西部喷药造成的副作用, 73—79, 209; control of, in the eastern states, 东部各州防控日

本丽金龟, 79—80; milky disease of, 乳状病, 80—82, 236; total annual damage by, 每年总计造成的损失, 209

Joachimsthal, lung cancer among workers at, 约阿希姆斯塔尔工人患肺癌, 179

Joliet, Illinois, disastrous effects of heptachlor in, 伊利诺伊州乔利埃特, 七氯造成的悲剧后果, 75

Journal of Agricultural and Food Chemistry,《农业和食品化学期刊》, 225

Kafue bream, 鲷鱼, 118

Klamath Lake, Lower and Upper, 克拉马斯湖下游和上游, 38

Klamath weed, 克拉马斯草, 67—68

Klinefelter's syndrome, 克氏综合征, 176

Knipling, Dr. Edward, 爱德华·尼普林博士, 227, 228, 231

Koebele, Albert, 艾伯特·柯贝利, 238; Korea, lice develop resistance to DDT in, 韩国, 体虱对 DDT 产生抗药性, 219

Kuala Lumpur, Malaya, resistant mosquitoes at, 马来西亚的吉隆坡, 蚊子产生抗药性, 223

Kuboyama, 久保山, 187

Lacewings, 草蛉, 204

Ladybugs, 瓢虫, 204

Laird, Marshall, 莱尔德, 210

Lawns, treated for crabgrass, 草坪治理马唐草, 66—67

Lead, arsenate of, 铅的砷酸盐, 49, 207, 213

Leaf roller, red-banded, 红带卷蛾, 207

Leather Trades Review,《皮革贸易评论》, 217

Lehman, Dr. Arnold, 阿诺德·雷曼博士, 18, 20

Leukaemia, 白血病, 191; chromosome abnormality in, 染色体异常, 176; and pesticides as causative agents, 农药诱发白血病, 181, 184—188; rapid development of, 快速发展, 184; rising incidence of, 发病率增长, 185, 192; DDT and case histones of, DDT 和白血病病例, 185—186; in children, 儿童白血病, 192; as possible two-step process, 可能分两步发生, 195

Levan, Albert, 阿尔伯特·勒范, 191

Lice, body, as disease carriers, 体虱携带病菌, 217; resistance among, 产生抗药性, 218, 219—220

Life (Simpson, Pittendrigh, Tiffany),

《生命》(辛普森,皮特登德里,蒂凡尼),172

Lime sulphur, resistance to, 昆虫对石硫合剂产生抗性, 215

Lindane, nitrification affected by, 林丹对硝化作用的影响, 48; household use of, 家用, 144; effects on nervous system, 对神经系统的影响, 160; plant mutations caused by, 导致植物变异, 174; and blood disorders, 林丹和血液疾病, 186, 187, 191

Liver, cellular damage caused by DDT, DDT导致肝脏细胞受损, 18, 20; diseases of, caused by chlorinated naphthalenes, 氯化萘导致肝病, 21; function of, 肝脏的功能, 156; effect of chlorinated hydrocarbons on, 氯化烃类对肝脏的影响, 156—157, 159, 193; role in sex hormone inactivation, 肝脏调节性激素平衡的作用, 192—193; damage, and cancer development, 肝脏损伤和癌症的形成, 193—194

Long Island, effect of spraying for gypsy moth on, 长岛舞喷药防治毒蛾造成的影响, 129

Louisiana, fish mortality in, 路易斯安那州鱼类死亡, 116; reluctance to sign up for fire ant programme in, 不情愿在喷施项目同意书上签名, 141; sugarcane borer increased by fire ant chemicals, 灭除红火蚁的化学物质造成甘蔗螟虫数量增长, 208

Lower Klamath Lake, California, 加利福尼亚州卡拉马斯湖下游, 38

Lucky Dragon, tuna vessel, "福龙号", 187

'McGill University, cancer research at, 麦克尔大学关于癌症的研究, 193

Maine, brush spraying in, 缅因州给灌木喷药, 57—58; forest spraying affects fish in, 森林喷药殃及鱼类, 111

Maine Department of Inland Fisheries and Game, 缅因州内陆渔猎部门, 111

Malaria, flare-ups of, 疟疾一再爆发, 220。又见 Mosquitoes

Malathion, 马拉硫磷, 26—27, 28, 156; symptoms of poisoning by, 马拉硫磷中毒症状, 146; effect on nervous system, 马拉硫磷对神经系统的影响, 162

Malaya, resistance of mosquitoes in, 马来西亚蚊子产生抗药性, 223

Male annihilation programmes, 雄蝇

根除计划, 235

Male sterilization technique, 雄虫绝育技术, 227—231

Maleic hydrazide, 马来酰肼, 174

Malformations, 畸形。见 Defects, congenital

Mammals: killed by weeds sprayed with 2,4-D, 喷施 2,4-D 除杂草毒死哺乳动物, 64; killed by aldrin, 艾氏剂毒杀哺乳动物, 74—75, 78; killed by dieldrin, 狄氏剂毒死哺乳动物, 77; killed by insecticides in England, 英格兰喷施杀虫剂毒死哺乳动物, 103; killed by fire ant programme, 死于红火蚁项目的哺乳动物, 136—139; insecticides found in testes of, 哺乳动物睾丸中发现杀虫剂, 169—170; effect of arsenic ingestion on, 哺乳动物摄入砷造成的后果, 181; cancer research on, 哺乳动物癌症研究, 194。又见 Antelope, Beaver, Cats, Coyotes, Deer, Moose

Mantis, praying, 螳螂, 203, 205

Marigolds, used for combating neniatodes, 金盏花用于杀死线虫, 65

Marsh gas, 沼气, 16

Matagorda Bay, insecticides threaten waters of, 马塔戈达湾, 杀虫剂危害水体, 121

Matthysse, J. G., 马蒂瑟, 96

Max Planck Institute of Cell Physiology, 德国马克斯–普朗克学会细胞生理学研究所, 188

Mayo Clinic, lymph and blood diseases treated at, 梅奥诊所诊疗淋巴疾病和血液疾病, 185

Mealy bugs, 粉蚧, 239

Mehner, John, 约翰·梅恩纳, 86, 88—89

Melander, A. L., 梅兰德, 215

Melbourne, University of, 墨尔本大学, 162

Melon fly, 瓜实蝇, 230, 234

Mental disease, insecticides linked with, 与杀虫剂相关的精神疾病, 161—162

Mental retardation, 智力发育迟缓, 177

Mesenteries, protective, 起保护作用的肠系膜, 18

Metcalf, Robert, 梅特卡夫, 201

Metchnikoff, Elie, 梅契尼科夫, 236

Methane, 甲烷, 16

Methoxychlor, 甲氧滴滴涕, 156, 160, 218

Methyl chloride, molecular structure, 一氯甲烷分子结构, 16

Methyl-eugenol, 甲基丁香酚, 234

Michigan Audubon Society, 密歇根州奥杜邦学会, 74

Michigan State University, robin population reduced by spraying at, 密歇根州立大学, 喷药导致知更鸟种群数量减少, 86—89

Microbial insecticides, 微生物杀虫剂。见 Bacterial insecticides

Migration, world-wide, of organisms, 生物在世界范围内的迁徙, 9—10

Milk: human, insecticidal residues in, 人体内乳汁中残留的杀虫剂, 19; pesticide residues in, 牛奶中残留的农药, 130—131, 139, 148

Milkfish, destroyed by spraying, 喷药给遮目鱼造成损失, 118—119

Milky disease, Japanese beetle, 日本丽金龟乳状病, 80—82, 236

Miller, Howard C., 霍华德·米勒, 96

Mills, Dr. Herbert R., 米尔斯博士, 122

Minnesota, University of, 明尼苏达大学, 65

Miramichi River, 米拉米希河, 106; salmon affected by DDT spraying, 喷施 DDT 给鲑鱼造成影响, 107—110

Mississippi Agricultural and Experiment Station, 密西西比州农业实验站, 142

Mites, soil, 土壤中的螨虫, 45; spider, 叶螨, 206, 207; DDT spraying leads to increase of, in western forests, 西部林地中喷洒 DDT 促使叶螨增多, 207; in Nova Scotia, 新斯科舍省, 212

Mitochondria, 线粒体, 164—165

Mitosis, 有丝分裂, 172

Mölln, Germany, forest programme in, 德国莫尔恩市森林项目, 240

Mongolism, 先天愚型, 176, 177

Montana, forest spraying in, 蒙大拿州森林喷药, 112

Montana Fish and Game Department, 蒙大拿州渔猎部, 112, 113

Moose, 驼鹿, 55, 56

Mosquitoes, control of, and problem of fish conservation, 蚊子的治理与鱼类保护问题, 119; genetic effect of DDT on, DDT 对蚊子的遗传影响, 174; malaria-carrying, 携带疟疾病毒, 210; as disease transmitters, 蚊子传播疾病, 217; *Culex*, 库蚊属, 218; resistant to DDT, 对 DDT 的抗性, 218, 220—221, 223; ultrasonic sound as weapon against, 用超声波作为对付蚊子的武器, 234—235。又见 Anopheles

Moth, Argentine, used in weed con-

trol, 阿根廷蛾用于防治杂草, 69
Mothproofing, 防蛀, 145
Mount Johnson Island, 约翰逊山岛, 99
Mule deer, 骡鹿, 54, 55
Muller, Dr. Hermann J., 穆勒, 171, 173, 228
Müller, Paul, 保罗·穆勒, 17
Murphy, Robert Cushman, 罗伯特·库什曼·墨菲, 84, 130
Mustard gas, 芥子气, 171
Mutagens, 诱变剂, 32; chemical, 化学诱变剂, 171, 174—177
Mutations, genetic, 基因突变, 170; caused by various chemicals, 各种化学物质所致的突变, 174; caused by X-rays, X 光照射所致的突变, 227。又见 Genetic effect
My Wilderness: East to Katahdin (Douglas), 《我的荒野: 东游卡塔丁》(威廉·道格拉斯), 55

Naphthalenes, 萘, 21, 186
National Audubon Society, 美国国家奥杜邦学会, 85, 122
National Cancer Institute, 美国国家癌症研究所, 196。又见 Hueper, Dr. W. C.
Natural History Survey, 自然调查署。见 Illinois Natural History Survey

Nature, checks and balances of, 大自然的约束和平衡, 201—202
Nematode worms, marigolds used against, 用金盏花来消灭线虫, 65
Nervous system, effect of insecticides on, 杀虫剂对神经系统的影响, 157—162
New York State, Dutch elm disease control in, 纽约州防治荷兰榆树病, 95—96
New Tork Times, 《纽约时报》, 145
Newsom, Dr. L. D., 纽瑟姆博士, 141
Nickell, Walter P., 沃尔特·尼克尔, 72
Nicotine sulphate, 硫酸烟精, 14, 213
Nissan Island, 尼桑岛, 210
Nitrification, effect of herbicides on, 除草剂对硝化作用的影响, 47—48
Nitrophenols, 硝基酚, 186
Nova Scotia, biological control of orchard pests in, 新斯科舍果园害虫的生物防治, 212—214
Nuclear division 核裂变。见 Mitosis

Occupational Tumours (Hueper), 《职业性肿瘤》(休珀), 181
Oestrogens and cancer, 雌激素和癌症, 193, 194
Office of Vital Statistics, National 美国人口统计办公室, 134, 168,

180, 185

Oklahoma Wildlife Conservation Department, 俄克拉荷马州野生动物保护部, 118

Oligospermia, crop dusters subject to, 喷药机驾驶员罹患精子不足症, 170

Organic phosphates, 有机磷类, 23—28; effects on nervous system, 有机磷类对神经系统的影响, 157—162

Organisms, world-wide migration of, 生物在世界范围内的迁徙, 9—10

Oxidation, cellular, 细胞氧化作用, 163—166; effect of insecticides upon, 杀虫剂对氧化作用的影响, 166—170, and cancer research, 氧化作用与癌症研究, 188—190

Oysters, 牡蛎, 124—5

Pacific Flyway, 太平洋鸟类迁徙路线, 39

Pacific Science Congress, 太平洋科学大会, 119

Pallister, John C., 帕利斯特, 221

Paradichlorobenzene, 对二氯苯, 186

Paralysis, 'ginger', 姜酒中毒性麻痹, 161

Parathion, 对硫磷, 24, 25—26, 27, 104—105, 145, 161

Pasteur, Louis, 巴斯德, 179, 236

Patau, Dr. Klaus, 克劳斯·帕陶博士, 177

Peanuts, insecticide-contaminated, 杀虫剂污染花生, 50

Pennsylvania, fish mortality in, 宾夕法尼亚州鱼类死亡, 115

Penta (pentachlorophenoi), 五氯苯酚, 31, 167

Pest Control Institute, Springforbi, Denmark, 丹麦斯普林福比害虫防治所, 223

Pesticides, world-wide distribution of, 农药在世界范围内的普遍使用, 13—14; and blocking of process of oxidation, 对氧化作用过程的阻碍, 167; as mutagens, 作为诱变剂, 171, 174—177; as carcinogens, 作为致癌物, 181—188; indirect role in cancer, 间接促成癌症, 194; and upset of insect populations, 扰乱昆虫种群, 206—210。又见 Chemicals, Insecticides 以及各种化学物质名称。

'Pheasant sickness', "雉鸡病", 103

Phenols: effect on metabolism, 酚类: 对新陈代谢的影响, 166; genetic effects of, 对遗传的影响, 174

Phillip, Captain Arthur, 亚瑟·菲利普船长, 69

Philippines, fish killed by spraying in, 菲律宾, 喷药毒死鱼类, 119

Phosphates, 磷酸盐。见 Organic phosphates

Phosphorylation, coupled, 耦合磷酸化, 166

Pickett, A. D., 皮克特博士, 212—213

Pittendrigh, Colin S., 皮特登德里, 172

Plankton, DDD accumulated by, 浮游生物, DDD累积, 41; herbicides toxic to, 除草剂对浮游生物的毒性, 124—125

Plant killers, 植物灭杀剂, 见 Herbicides and Weed killers

Plants, importation of, 进口植物, 10

Pneumonia, chemical, 化学性肺炎, 65

Poisoning, pesticide, 农药中毒。见 Disease, environmental

Poisons, availability of, to homeowners, 普通家庭接触的毒素, 143—147

Poitevint, Dr. Otis L., 波特文医生, 138—139

Polistes wasp, 长脚马蜂, 205

Pott, Sir Percival, 珀西瓦尔·波特先生, 179

Price, Dr David, 戴维·普赖斯博士, 153

Prickly pears, insect enemy used to control, 利用昆虫天敌来治理仙人掌, 69

Prince Henry's Hospital, Melbourne, 墨尔本的普林斯·亨利医院, 162

Pyrethrins, 除虫菊酯, 152

Pyrethrum, 除虫菊, 14

Quail, 鹌鹑, 99, 137

Rabinowitch, Eugene, 尤金·拉比诺维奇, 164

Radiation, 辐射, 6; as uncoupler, 作为解耦联剂, 166; and congenital deformity, 先天畸形, 168; effect on living cell, 对活体细胞的影响, 170; parallel between chemicals and, 与化学物质的相似性, 170—172; and cancer, 辐射与癌症, 178; sterilization of insects by, 辐射使昆虫不育, 227—231

Ragweed, 豚草, 66

Ragwort, sprayed, attractive to livestock, 千里光, 喷药后对家畜产生吸引力, 63

Rangelands, spraying of, 牧场喷药, 56

Ray, Dr. Francis E., 弗朗西斯·雷博士, 180

'Reichenstein disease', "赖兴斯坦病", 181

Reproduction: of birds, adversely affected by herbicides, 除草剂对鸟类繁殖造成的不利影响, 63; of birds, affected by DDT and related insecticides, 鸟类繁殖受到DDT及近缘杀虫剂的影响, 89, 99—101, 169—170; diminished, linked with interference with biological oxidation, 繁殖力下降与生物氧化作用受到干扰有关, 168

Reservoirs, insecticides in, 水库中的杀虫剂, 42

Residues, chemical, on food, 食品中残留的化学物质, 147—152

Resistance: of scale insects to lime sulphur, 抗性：疥壳虫对石硫合剂产生抗性, 215; of blue ticks to BHC, 蓝蜱对六氯苯产生抗性, 216; of disease-carrying insects, 携带病菌昆虫产生抗性, 218; of houseflies to DDT, 苍蝇对DDT产生抗性, 218, 219; of various mosquitoes, 各种蚊子产生抗性, 218, 220—221; of houseflies to BHC, 219; of body lice to DDT, 体虱对DDT产生抗性, 219—220; of malaria mosquitoes, 疟蚊抗药性, 220; of ticks, 蜱虫抗药性, 221; of German cockroaches, 德国小蠊抗药性, 221; of agricultural insects, 农业昆虫抗药性, 222; mechanism of, 产生抗药性的机制, 223—225

Resurgence, insects, 昆虫"回潮", 7, 206—210

Rhoads, C. P., 罗兹, 193

Rhodesia, fish destruction in, 罗德西亚，鱼类的毁灭, 118

Rice fields, 稻田, 103—104

Roadside spraying, 路边喷药, 57—62

Robins: affected by spraying for Dutch elm disease, 知更鸟：喷药防治荷兰榆树病殃及知更鸟, 85—90; reproduction affected by DDT, 繁殖受到DDT影响, 100

Robson, William, 威廉·罗布森, 171

Rocky mountain Arsenal, 落基山化学军工厂, 36

Root borer, banana, 香蕉象甲, 237

Rostand, Jean, quoted, 吉恩·罗斯坦德，引言, 12

Rotenone, 鱼藤酮, 152

Royal Society for the Protection of Birds, 英国皇家鸟类保护协会, 101

Royal Victoria Hospital (McGill), cancer research at, 麦克尔大学皇

家维多利亚医院,癌症研究, 193
Rudd. Dr. Robert., 罗伯特·拉德, 100
Runner, G. A., 朗纳, 2, 28
Ruppertshofen, Dr. Heinz, 海因茨·鲁珀斯霍芬博士, 240, 241, 242
Rutstein. Dr. David, 鲁特斯坦博士, 184
Ryania, 鱼尼丁, 152, 213

Sagebrush, tragic consequences campaign to destroy, 消灭艾草的行动造成的悲剧后果, 52—55, 59
St. Johnswort, 圣约翰草。见 Klamath weed
Salmon, Miramichi, affected by DDT spraying, 鲑鱼: 米拉米希流域喷洒 DDT 殃及鲑鱼, 106—110; in British Columbia, killed by spraying, 英属哥伦比亚喷药殃及鲑鱼, 113
San José scale, 梨圆蚧, 215
Sardinia, insect resistance in, 撒丁岛, 昆虫产生抗药性, 218
Satterlee, Dr. Henry S., 亨利·萨特利博士, 49
Sawflies. shrews as aid to control of, 叶蜂(锯蜂),用鼩鼱来帮助控制叶蜂, 241—242
Scale, San José, 梨圆蚧, 215; cottony cushion, 吹绵蚧, 209—210, 238
Schistosoma, 血吸虫, 211
Schradan, 八甲磷, 29
Schrader, Gerhard, 格哈德·施拉德, 24
Schweitzer, Albert, quoted, 史怀哲, 引言, 6
Screw-worms, eradicated through sterilization, 通过绝育根除螺旋锥蝇, 228—229
Seed treatment, effects of, in England, 英格兰种子药物处理造成的影响, 101—103; in United States, 美国种子药物处理造成的影响, 103—104
Sex hormones, imbalance of, and cancer development, 性激素紊乱与癌症的形成, 192—194
Sheldon, Illinois, effects of Japanese beetle eradication programme In, 伊利诺伊州谢尔顿,根除日本丽金龟项目的影响, 75—79, 82
Shelf paper, insecticide-treated, 橱柜用纸,使用杀虫剂处理, 144
Shellfish, affected by chemicals, 化学物质对贝类的影响, 124—125
Shepard, Paul, 保罗·夏普德, 11
Shrews, as aid in sawfly control, 鼩鼱,用来帮助控制叶蜂, 242

Shrimp, 虾, 123—124

'Silo deaths', "青贮库死亡", 64

Simpson, George Gaylord, 辛普森, 172

Single-crop farming, insect problemsn, 单作农耕的昆虫问题, 9

Sloan-Kettering Institute, 纽约斯隆-凯特琳癌症研究所, 191, 193

Snails, immune to insecticides, 蜗牛对杀虫剂免疫, 210—211

Snow, John, 约翰·斯诺, 197

Soil, creation of, 土壤的形成, 44; organisms, 土壤中的生物, 45—46; impact of pesticides on, 杀虫剂对土壤的影响, 47—48; long persistence of insecticides in, 土壤中杀虫剂的持久性, 47—51

Soot, 煤烟, 15; as containing cancer-producing agent, 煤烟中含有致癌物, 179

Sound, ultrasonic, as weapon against insects, 超声波, 用作防治昆虫的武器, 234—235

South-east Asia, mosquito control programmes threaten fish in, 东南亚喷药防治蚊虫危及鱼类, 119

Sparrow, house, relative immunity to some poisons, 麻雀对某些毒素相对具有免疫性, 136

Spider mites, 叶螨。见 Mites

Spiders, as agents for biological control of insects, 蜘蛛作为昆虫生物防治手段, 241

Spraying, 'brush control', 喷药治理灌丛, 56—59; selective, 选择性喷药, 61—62, 67; disastrous effect on wildlife, 喷药对野生动植物的影响, 70—71; aerial, 空中喷药, 127—128; for gypsy moth, 喷药治理舞毒蛾, 129—132; modified, 改良计划, 213—214

Springforbi, Denmark, Pest Control Institute at, 丹麦斯普林福比害虫防治所, 223

Springtails, 螺旋锥蝇, 45

Steinhaus, Dr. Edward, 爱德华·斯坦豪斯, 238

Sterility: caused by aldrin, 艾氏剂造成不育, 22; grebes, 鹛鹛, 41; caused by insecticide poisoning, 杀虫剂中毒导致不育, 89; of robins, 知更鸟不育, 89; of eagles, 鹰不育, 99; experimentally produced in birds, 实验中致使鸟类不育, 175

Sterilization: of male insects. as method of control, 绝育：雄虫绝育作为防治手段, 227—231; by chemicals, 使用化学物质使之绝育, 231

Strontium, 锶, 90, 5, 191

Sugarcane borer, heptachlor increases damage by, 七氯造成甘蔗螟虫危害增加, 208

Super races, evolution of, 高级种类的演化, 7

Swallows, 燕子, 91

Swanson, Professor Carl P., 斯旺森教授, 226

Sweeney, Joseph A., 斯威尼, 94

Sweet potatoes, BHC-contaminated, 六氯苯污染甘薯, 50

Syracuse, New York, Dutch elm disease in, 纽约锡拉丘兹, 荷兰榆树病, 96

Syrphid fly, 食蚜蝇, 203

Texas Game and Fish Commission, 得克萨斯州渔猎委员会, 119, 120

Ticks, developing resistance to chemicals, 蜱虫产生抗药性, 216, 221

Tiffany, L Hanford, 蒂凡尼, 172

Tiphia vernalis, 春臀钩土蜂, 80, 289

Tobacco, arsenic content of, 烟草中含砷, 49

Tobacco hornworm, 烟草天, 234

Toledo, Ohio, Dutch elm disease in, 俄亥俄州托莱多市荷兰榆树病, 94

'Tolerances', "残留允许量", 150—152

Toxaphene, toxic to fish, 毒杀芬对鱼类的毒性 34, 114, 115, 119; used against boll weevils, 用于防治棉铃象甲, 117; and blood disorders, 毒杀芬与血液疾病, 187

Triorthocresyl phosphate, 三甲苯磷酸酯, 161

Trout, liver cancer in, 鳟鱼患肝癌, 195—196

Trouvelot, Leopold, 利奥波德·特鲁夫洛, 128

Tsetse fly, British experiments to eradicate, 英国人通过实验根除采采蝇(舌蝇), 230

Tule Lake, California, 加利福尼亚州图里湖, 38

Turkeys, wild, reduced by fire ant programme, 红火蚁项目减少野生火鸡数量, 137

Turner, Neely, 尼利·特纳, 11

Turner's syndrome, 特纳综合征, 176

2,4-D, spontaneous formation of, 2,4-D自发形成, 37; nitrification interrupted by, 2,4-D扰乱硝化反应, 47; physiological effects, 2,4-D的生理效应, 63; curious contents of plants increased by, 导致植物中某些奇怪的成分增多, 64; as cause of unplanned changes in vegetation, 给植物带来未曾预料的

变化, 66; as uncoupler, 2,4-D 作为解耦联剂, 167; plant mutations caused by, 导致植物变异, 175

2,4,5-T, 2,4,5-T, 62

Typhus, DDT used against, DDT 用来防治斑疹伤寒, 218; DDT ineffective against, DDT 失效, 219

Ullyett, G. C., 乌里耶特, 214

Uncouping, 解耦联, 166—167

U. S. Department of Agrriculture: rulings on heptachlor, 美国农业部, 关于七氯的规定, 50; Japanese beetle programme, 日本丽金龟项目, 75, 76; research on milky disease, 关于乳状病的研究, 82; campaign against fire ants, 防治红火蚁行动, 132—139, 141—142; on mothproofing, 关于防蛀, 145; estimates of Japanese beetle and corn borer damage, 估算日本丽金龟和玉米螟造成危害, 209; on resistance of insects, 关于昆虫抗药性, 225; and development of male sterilization techniques, 研发雄性绝育技术, 227, 290—291

U. S. Fish and Wildlife Service: study of effects of DDT spraying, 美国鱼类和野生动植物管理局, 研究喷洒 DDT 的后果, 35; reports on aldrin, 关于艾氏剂的报告, 73; *Audubon Field Notes*,《奥杜邦田野笔记》, 85; concern over parathion, 针对对硫磷的担忧, 104; study of budworm spraying, 研究喷药防治云杉卷叶蛾, 112; study of fish with tumours, 研究鱼类肿瘤, 196

U. S. Food and Drug Administration: regulations concerning chemical residues in food, 美国食品药品监督管理局: 关于食品中化学残留物的规定, 116, 148, 149, 151; on pesticide residues in milk, 关于牛奶中的农药残留, 139; bans use of heptachlor on foods, 禁止食品中出现七氯, 140; on dangers of chlordane, 关于氯丹的危害, 144; jurisdiction, 管辖范围, 150; recommendations on chemicals with cancer-producing tendencies, 建议对可能致癌的化学物质实行"零容许", 182, 183

U. S. Forest Service, 美国林务局, 55, 112, 206

U. S. Office of Plant Introduction, 美国植物引种办公室, 10

United States Pharmacopeia,《美国药典》, 161

U.S. Public Health Service, 美国公共

卫生服务部, 37, 73, 114, 147—148
University of Melbourne, 墨尔本大学, 162
University of Minnesota Medical School, 明尼苏达大学医学院, 65
University of Wisconsin, 威斯康星大学, 93; Agricultural Experiment Station, 威斯康星大学农业实验站, 64; research in chromosome abnormality, 研究染色体异常 176
Upper Klamath Lake, Oregon, 俄勒冈州, 克拉马斯湖上游, 38
Urbana, Illinois, Dutch elm disease in, 伊利诺伊州乌尔瓦纳, 94
Urethane, 聚氨酯, 174; as cancer-producing agent, 有致癌作用的化学物质, 192, 195

Vedalia beetle, 澳洲瓢虫, 210, 288
Vegetation, roadside, spraying, 植被：路边喷药, 56—59; importance of, 植被的意义, 60—61; selective spraying of, 选择性喷药, 61—62
Viruses, as substitute for chemical insecticides, 病毒, 化学杀虫剂的替代方案, 237—238
Vitamins, protective role against cancer, 维生素, 预防癌症的作用, 193—194

Wald, George, 乔治·瓦尔德, 163
Wallace, Dr. George, 乔治·华莱士, 86, 87, 89, 92, 100
Waller, Mrs. Thomas, 沃勒夫人, 130

Warblers, 莺鸟, 91
Warburg, Professor Otto, 奥托·沃伯格, 188—190
Wasp, Tiphia vernalis, 春臀钩土蜂, 80, 238; muddauber, 泥蜂, 203; horseguard, 沙蜂, 203; *Polistes*, 长脚马蜂, 205
Water: pollution by pesticides, 水体：农药污染, 38—48; salt-shore, pesticidal pollution of, 盐沼海岸带农药污染, 121—126; polluted by detergents, 洗涤剂污染, 195—196。又见 Fish
Waterford, Connecticut, trees injured by spraying at, 康涅狄格州沃特福德镇, 喷药损毁树木, 58
Waterfowl, spraying a threat to, 水禽受到喷药的威胁, 40—41, 122
Webworms, biological warfare against, 生物武器防治结网毛虫, 237, 238
Weed control, insect enemies used for, 用昆虫天敌来治理杂草, 67—69
Weed killers, 除杂草剂, 29—31, 56—59。又见 Crabgrass and her-

bicides

Weevil, strawberry root, 草莓根象甲, 50; boll, 棉铃象甲, 116—117

West Virginia, bird population reduced in, 西弗吉尼亚州鸟类数量减少, 85

Wheeler Reservoir, Alabama, 亚拉巴马州惠勒水库, 117

Whiskey Stump Key, Florida, 佛罗里达州威士忌斯坦普岛, 122

Whitefish Bay, Wisconsin, decline of warblers in, 威斯康星州的白鱼湾, 莺鸟数量减少, 91

Wild cherry, sprayed, fatally attractive to livestock, 野樱桃树喷药, 对家畜具有致命的吸引力, 63

Wildlife losses from pesticides, 农药导致野生动植物丧失, 70—71; in Japanese beetle spraying, 日本丽金龟喷药项目中野生动植物的丧失, 74—76, 77—79; in Dutch elm disease spraying, 荷兰榆树病喷药项目中野生动植物的丧失, 87—94; in England, 英格兰野生动植物的丧失, 101—103; in rice fields, 稻田中野生动植物的丧失, 103—104; in forest spraying, 森林喷药造成野生动植物丧失, 107, 109, 110—14。又见 Birds, Mammals 及各种动植物

Winge, Ojvind, 温格, 191

Wisconsin, University of, 威斯康星大学, 93; Agricultural Experiment Station, 威斯康星大学农业试验站 64; chromosome research at, 威斯康星大学染色体研究, 176—177

Woodcocks, 丘鹬, 90, 137

Woodticks, 林蜱, 221

World Health Organization, antimalarial campaigns of, 世界卫生组织抗疟战役, 22; Vene-zuelan cats killed by spraying of, 委内瑞拉喷药使猫遭到毒杀, 77; and problem of insect resistance, 昆虫抗药性问题, 216, 217

X-ray, sterilization of insects by, X光照射使昆虫不育, 227—231

Yellow fever, flare-ups of, 黄热病一再爆发, 220

Yellowjackets, 黄蜂, 203

Yellowstone River, fish destruction in, 黄石河鱼类死亡, 112

图书在版编目(CIP)数据

寂静的春天/(美)蕾切尔·卡森著;熊姣译.—北京:商务印书馆,2020(2023.6重印)
ISBN 978-7-100-18891-3

Ⅰ.①寂… Ⅱ.①蕾… ②熊… Ⅲ.①环境保护—普及读物 Ⅳ.①X-49

中国版本图书馆CIP数据核字(2020)第147358号

权利保留,侵权必究。

寂静的春天
〔美〕蕾切尔·卡森 著
熊　姣 译

商　务　印　书　馆　出　版
(北京王府井大街36号　邮政编码100710)
商　务　印　书　馆　发　行
北京通州皇家印刷厂印刷
ISBN 978-7-100-18891-3

2020年9月第1版　　开本 850×1168　1/32
2023年6月北京第3次印刷　印张 12⅛
定价:58.00元